U0221024

河南省哲学社会科学规划项目阶段性成果（批准号：2020BKC001）

明清时期河南商业会馆建筑群装饰研究

彩画艺术

陈磊 著

序言

陈磊同志的《明清时期河南商业会馆建筑群装饰研究——彩画艺术》一书即将付梓，这是她在古代建筑彩画保护领域的又一研究力作，也是河南省在古代建筑保护研究方面的最新学术成果。

河南地处中原，融会东西，贯通南北，是中华民族和文明的重要发祥地，有着“天然的中国历史博物馆”之称。在中华五千年文明史中，河南处于中国政治、经济、文化中心长达 3000 多年，先后有 20 多个王朝建都河南，在这里留下了丰厚的历史文化积淀，也留下了丰富的古代建筑遗产。彩画作为附属于古代建筑的文化要素，是其重要组成部分。河南现存的古代建筑彩画，以明清时期地方手法彩画为主，地域特色突出，蕴含信息丰富。这些斑驳的彩画，在历经岁月洗礼之后，对古代历史、科技、人文、经济等方面的研究依然有着不可替代的重要价值。但是长期以来，河南古代建筑彩画保护研究工作相对滞后，正如陈磊所说：“总观既有成果，多以官式建筑彩画、江南地区彩画为主，对中原地区地方手法彩画研究极少。”

近年来，随着我国文物保护科技水平的提升，河南也在积极推动古代建筑彩画的保护和研究工作。作为河南省文物建筑保护研究院的业务骨干，陈磊同志长期奋战在古代建筑保护工作的一线，在付出艰辛努力的同时，也取得了突出成绩。尤其是在古代建筑彩画保护研究方面，十多年来，她几乎跑遍河南省留存彩画的文物建筑保护单位，分门别类调查了古代会馆、民居、宗教建筑、陵墓建筑等，基本摸清了河南省古代建筑彩画的遗存状况，发表了多篇学术论文，出版了《河南木构建筑彩画——明清卷》等研究专著。

多年来，陈磊同志持之以恒，深耕细作，为河南古代建筑彩画保护付出了大量的心血和汗水。她主持的“明清时期河南商业会馆建筑群装饰研究”课题，被列入 2020 年度河南省哲学社会科学规划项目。她通过走访了解、实地调查、测量绘图、录像拍照等，对河南明清时期会馆的建筑装饰进行深入细致的调查研究。在调查开封山陕甘会馆、洛阳山陕会馆、社旗山陕会馆、邓州汲滩山陕会馆、辉县山西会馆、禹州十三帮会馆等十余处彩画保存较好的建筑群时，她详细记录彩画的人文历史、工艺手法、图案内容、保存现状、周边环境等，并综合分析各会馆的地域特点、历史价值、图案衍变、损毁程度、保护措施等。经过两年多的努力，她收获了很多新的发现，取得了新的研究成果。以洛阳山陕会馆为例，会馆大殿遗存的沥粉贴金鱼跃龙门、海屋添筹和工笔清代官员着朝服半身像等彩画，在河南都是首次发现，其中沥粉贴金海屋添筹在故宫西六宫廊檐檩枋也有遗存；而在会馆大殿垫栱板发现的以“黄历”为主体内容的彩画，以及在显赫位置墨书的“大清道光肆年”题记，与会馆保存的重修山陕会馆碑刻的记载时间相互印证，具有很高的研究价值。在这些工作的基础上，陈磊撰写了《明清时期河南商业会馆建筑群装饰研究——彩画艺术》一书，这是新的学术研究成果的总结，在一定程度上改变了河南古代建筑彩画研究力量薄弱的现状，填补了中原地区会馆建筑彩画研究的空白，推动了构建系统全面的河南古代建筑彩画研究体系的进度。实地调查是学术研究的坚实基础，学术研究是保护维修的科学依据。《明清时期河南商业会馆建筑群装饰研究——彩画艺术》的出版，具有重要的现实意义，尽管还存在对周边地区有关彩画的比较研究较少等不足和缺憾，但瑕不掩瑜。

学术研究没有平坦的大道。如果说学术研究和科学发现有偶然机遇的话，那么这些机遇只会留给那些学有素养的人，善于独立思考的人，具有锲而不舍精神的人。希望陈磊同志不畏艰险，沿着学术探索之路努力攀登。

是为序。

河南博物院院长

马萧林

马萧林

2021 年 11 月 30 日

序言

陈磊同志这部著作所研究的彩画，是中国古代木构建筑表面的一种特殊艺术装饰。彩画，在中国漫长的历史中，在各个地理文化区域普遍存在，它既有装饰美化的作用，也是对建筑的一种保护措施，同时还有标示建筑等级、展现民风民俗、体现精神追求等多重意义。

木构彩画主要存在于东亚地区，中国是其重要源流和主要根脉。中国彩画何时起源，虽然目前尚无定论，但根据木构建筑和彩绘陶器考古发现等，有学者提出很有可能在新石器时代即已出现（见杨建果、杨晓阳的《中国古建筑彩画源流初探》）。到了有文字记载的历史时期，《论语》中有“山节藻棁”，《礼记》中有“楹，天子丹，诸侯黝”，《左传》中有“秋，丹桓宫楹”的记载。特别是北宋李诫编著的《营造法式》，对当时官式建筑彩画的制度、料例、功限都作出了较详细的规定，这也是对中国古代建筑彩画的第一次系统阐述。自此始，其后历代官式建筑虽有变迁，但技艺承袭仍是主流，体现了中华文明的一脉相承。

古代建筑彩画，历经岁月洗礼，时至今日已具有重要的历史、艺术和科学价值，成为珍贵的文化遗产。20 世纪以来，国际组织和中国政府分别颁布了一系列宪章准则、法律法规、实施办法等，对这类特殊的、十分珍贵的文化遗产进行科学保护。如，1964 年第二届历史古迹建筑师及技师国际会议通过的《威尼斯宪章》、2003 年国际古迹遗址理事会通过的《壁画保护修复和保存准则》等国际规则，1982 年以来中华人民共和国颁布的《中华人民共和国文物保护法》以及《中华人民共和国文物保护法实施细则》等，都对古代建筑彩画的保护作出了规定和要求，为我国古代建筑彩画保护研究提供了重要的法律保障、理论支撑和实践指导。

对我国古代建筑及建筑彩画的调查和研究，最早开始于 18 世纪中叶欧洲建筑师在中国旅行后编写的带有猎奇色彩的有关建筑、服饰等的著作。19 世纪末和 20 世纪初日本的建筑、美术领域的学者加入了研究中国建筑的行列，出版了一批专业著作，但还属于文化学和美术学层面的认知。20 世纪 20 年代，梁思成、刘敦桢先生等从海外留学回国，形成了以中国营造学社为主的研究力量，开展了针对古代建筑及建筑彩画的调查、测绘和研究等工作。中华人民共和国成立后，文物工作者在抢救保护古代建筑的同时，对彩画的保护研究也进行了有益的探索实践，涌现出一批以王仲杰、边精一、马瑞田先生为代表的古代建筑彩画研究专家，并出版了《中国建筑彩画图集》《中国古建筑油漆彩画》《中国古建彩画艺术》等专业著作，逐步形成具有中国特色的保护研究模式。河南省文物部门历来重视古代建筑彩画的保护和研究，因地理、历史等诸多因素的影响，曾经多姿多彩的官式建筑彩画已寥寥无几，但一部分具有河南特色的地方手法古代建筑彩画保留了下来，十分珍贵。以河南省文物建筑保护研究院为主的科研机构和专业人员，长期坚持古代建筑彩画的保护研究工作，取得了累累硕果，研究水平大幅度提高。

就目前而言，在河南古代建筑彩画研究方面，当属陈磊同志的研究成果最为丰硕。她毕业于清华大学建筑学院，并有美术专业的学历优势，在河南省文物建筑保护研究院长期从事科研工作。她开启了河南古代建筑彩画调查研究的先河，填补了河南省古代木构建筑彩画研究的空白，取得了喜人的学术成果：主持编制的《武陟嘉应观彩画保护修复设计方案》《登封城隍庙彩画保护修复设计方案》得到国家文物局批准并实施；在核心期刊发表了《浅议河南文物建筑彩画保护研究》《周口关帝庙建筑彩画艺术研究》《曲阜孔庙启圣殿彩画初步研究》《周口关帝庙柱础雕刻艺术阐释》等学术论文；出版了《河南木构建筑彩画——明清卷》等专业著作。鉴于陈磊同志扎实的研究基础，一贯收徒严苛、年过七旬的王仲杰大师接收陈磊为徒，这也是他北京之外的唯一弟子。陈磊同志以大师为榜样，孜孜不倦，虚心求教，刻苦钻研，学以致用。她将河南古代建筑彩画与北京故宫官式建筑彩画做比较，进一步探索河南古代建筑彩画的地方手法特点，主持了一系列研究课题，如“河南会馆建筑彩画调查研究”，荣获 2019 年度河南省社科联调研课题一等奖；“明清时期河南商业会馆建筑群装饰研究”，获批 2020 年度河南省哲学社会科学规划项目，等等。

《明清时期河南商业会馆建筑群装饰研究——彩画艺术》是陈磊同志最新的精品力作。在工作实践中，陈磊同志运用先进的保护理念和技术措施，潜心研究明清时期河南商业会馆建筑彩画的真实性、完整性、独特性，学术能力得以全面提升。她撰写本书，为制定科学规范的保护规划措施打下坚实基础。该书分为七章，首先阐述了河南现存明清时期商业会馆建筑彩画的基本概况和主要特征，在此基础上她分析了其营造技术、工艺程序和文化因素，并与官式建筑彩画、周边地区彩画做了比较研究，使读者对商业会馆的产生、发展、辉煌、没落的历史有一个较系统的了解，对明清时期中原地区的社会发展、商业贸易、科举制度、民俗文化等有一个较全面的认识。之所以选择商业会馆建筑彩画做专门的研究探讨，正如作者在书中所言，“会馆建筑是明清时期古建筑遗产中的一朵亮眼的奇葩”；“商贾遵循‘流连顾客、雕红翠绿’的经商要诀，花费巨额资金对会馆建筑进行雕饰，把建造技术与艺术完美地融为一体”。我想，这既是文物保护研究的需要，也是作者新颖的探索视角、广阔的研究视野和鲜明的学术个性吧。

具有河南特色的地方手法古代建筑彩画，是中国古代建筑彩画不可或缺的重要组成部分，研究内容还有很多，探索之路还很漫长、很艰辛。《明清时期河南商业会馆建筑群装饰研究——彩画艺术》只是作者在漫长学术道路上的又一阶段性成果，难免还存在着文献利用不太全面、实验性研究比较缺乏等不足。但就目前研究阶段来说已经达到新的高度，瑕不掩瑜。我相信这部力作的出版，一定能够把河南古代建筑彩画的保护和研究，推向一个新的历史阶段。

是为序。

河南省文物局原局长

中国文物学会原副会长

杨焕成

2021 年 11 月 20 日

目录

第一章

引言

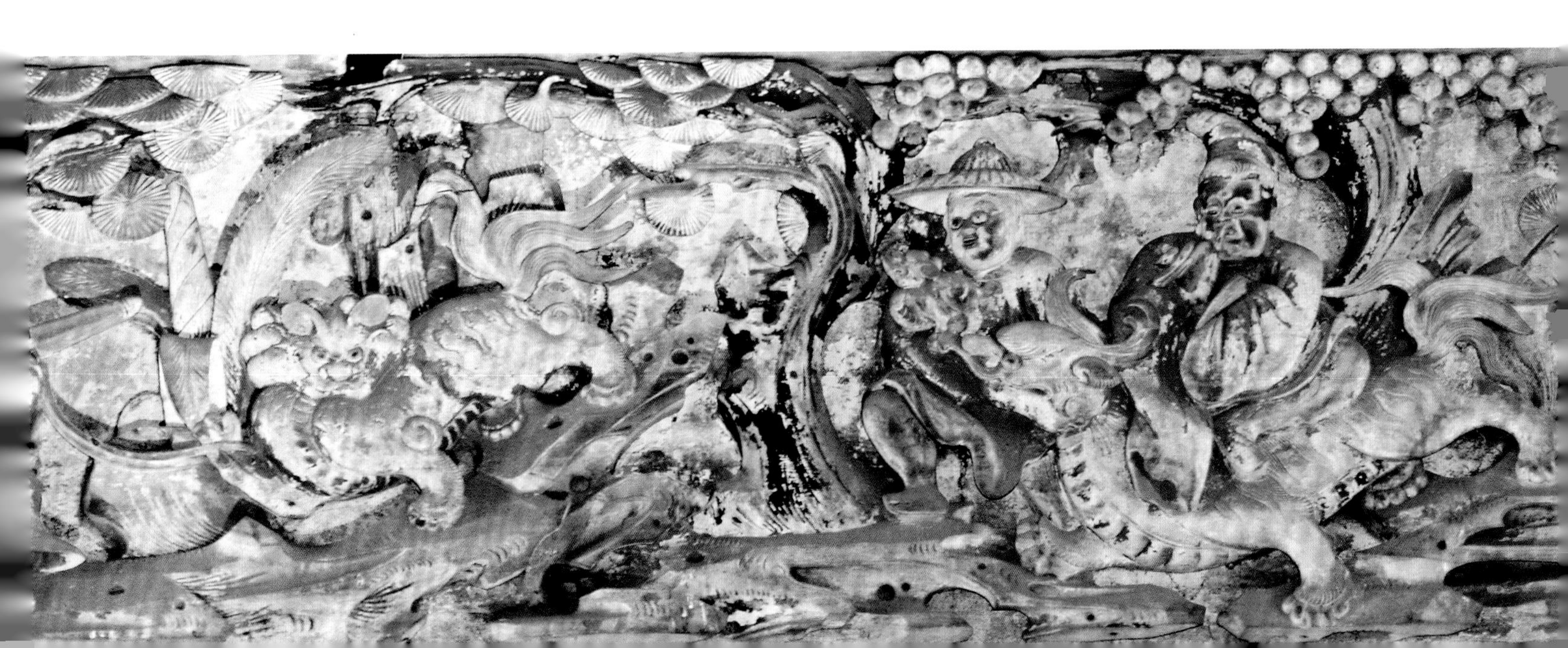

第一章·引言

河南地理位置十分重要，古为中国四方交通之咽喉，有数条古道从这里经过，西北可达关中，西南通云、贵、川，东出盆地北上至北京，东达山东。黄河水路横穿而过，淮河自河南桐柏山区发源向东流去，颍河一线古为重要水上商道，唐白河与丹江诸水均入汉水达长江。水网最丰富的南阳盆地，自春秋战国以来就是中国南北货物中转枢纽，可见，河南作为扼控中国四方的交通枢纽，战略地位极为重要，古代统治者多定都于此实非偶然。

如此发达的交通，使河南自古以来就是中国商品经济最活跃和发达的区域之一。河南各枢纽城市出现的大量商业建筑，最有代表性的当属明清时期随资本主义萌芽的兴起而出现的会馆建筑。南来北往的商贾，不仅将各地的商品汇集至此，且将各地的建筑文化带到了河南，使得河南的商业建筑异彩纷呈。

据现有资料，明代至民国初年，河南建有会馆196所，其中为数最多的是山西与陕西两地商人共建的山陕会馆，共79所，另有山西会馆36所，本省商人在异地（其他州府）建会馆（公馆）13所，行业会馆9所，陕西会馆7所[①]。

会馆最早出现的年代已无文献可考。从明代中叶到清代咸丰、同治时期，河南各类会馆纷纷出现，进入了大发展时期。明清时期人口的迁徙，形成了“湖广填四川”等移民现象，各地移民大多以庙、寺、宫、观标明自己的存在，纷纷建设移民会馆。清代，随着商人资本的积累，大量商人设立的工商会馆开始出现，“以妥神明，以慰行旅，以安仕客”。

明清会馆建筑群根据其性质和作用可以分为工商会馆（包括行业会馆、同乡商人会馆）、试馆、移民会馆。按地域来分，几乎各省都有会馆，现存较多的主要有山陕会馆、广东会馆、湖广会馆、福建会馆、江浙会馆等。按行业来分，有玉石业的长春会馆、戏曲界的梨园会馆、打铁行的老君庙、屠沽行的桓侯宫、橹船帮的王爷庙等。

分布于河南境内的会馆建筑，无论经济实力强弱，均抢占商业要冲而建，甚至于会馆中设市，以扩大市场份额。商贾遵循“流连顾客、雕红翠绿”的经商要诀，花费巨额资金对会馆建筑进行雕饰，把建造技术与艺术完美地融为一体，使河南的会馆建筑成为明清建筑类型中的一枝奇葩。各会馆均有行会组织，维持行业秩序、管理会馆建筑，这是中国最早的行会组织，证明了河南古代商品经济十分发达。

洛阳潞泽会馆、山陕会馆和开封山陕甘会馆是河南黄河流域会馆建筑的典型代表。它们位于中国古代两大古都，代表着不同地域的商业集团，对中国商品经济的发展起到了重要作用。淮河流域的颍河水运干道上，分布着周口关帝庙、怀邦会馆及舞阳北舞渡会馆等建筑遗存，这些会馆是河南怀邦商人拓展商业版图的重要基地，也是山陕商人和东南商贾进行商品流通的重要商埠。最为发达的商品交流中心在

①王伟：《洛阳山陕会馆研究》，郑州，中州古籍出版社，2016。

南阳盆地，东部唐河上游的潘赵二河与通向各条古道交会处的赊店古镇，西部丹江与商洛和云、贵、川诸古道交会处的淅川荆紫关古镇和中部的南阳府，形成了以众多会馆建筑为核心的三大商业建筑组群。其中，东西两路的城镇因商而起，在促进南北经济互通、发展中起到了至关重要的作用。在明清时期，南阳盆地活跃着中国南北十几个省的商贾集团，南至福建、广东，北达关外诸区，以山陕"二商"势力最大，豫商、宛商集团亦在此崛起和发展。这使得南阳盆地成为当时中国商品经济最为繁荣的区域之一。保存至今的社旗山陕会馆，是中国现存规模最大、最完整，建筑与艺术价值最高的会馆建筑。淅川荆紫关镇为中国现存规模最大、蕴含商业文化信息最丰富的商业城镇。

目前保留下来的河南明清会馆建筑，主要以山陕商帮的会馆建筑居多。而且，这些会馆建筑都具代表性，整体保存较好，建筑形制完善，装饰精美。其布局基本坐北朝南，主要为庭院组合式平面布局方式，沿中轴线设几重院落，大致形成前导、观演、祀神和办公生活等功能分区，同时辅以跨院作为其他功能空间。主要建筑有照壁、辕门、门楼、戏楼、钟鼓楼、厢房或看楼、月台、拜殿、正殿、配殿、寝殿或春秋楼。极个别规模较小的会馆建筑也有面朝商业街道开门的，院落采用东西走向。

会馆在整体上采用庙馆合一的建设布局，常以戏楼、拜（正）殿、大殿、后（寝）殿为主体建筑，依次排列在中轴线上，分别形成前、中、后院落空间。其中，戏楼与拜（正）殿之间的院落成为共享空间，集中了观戏、宴请、祭祀等功能，一般处于中轴线的前部，形成会馆空间的开放前区；同时，由于紧靠入口，亦为公共活动的大批人流提供了便捷的集散条件。在此之前，往往还有前导过渡空间，即由照壁与山门和两侧建筑围合而成。会馆往往以本土神或行业神信仰来强化同乡同业观念与内部原则秩序，因此，供奉神位的大殿成为整个布局的中心。会馆建筑群为强化主体建筑的尊贵和雄伟，常采用加强对称性的方式，将看楼、钟鼓楼、配殿等分设在戏楼和拜（正）殿的两侧，围合成庭院，以辅助建筑的简单造型和较小的体量，烘托主体建筑。

会馆建筑是明清时期古建筑遗产中的一朵亮眼的奇葩。

作为中国古代建筑极具特色的重要组成部分，彩画是研究中国建筑工艺、工程技术和古代文化的重要对象，是中国古代建筑本体装饰研究领域中的一项重要课题。学术界有关传统彩画的研究，涉及建筑学、历史学、社会学、民俗学、伦理学和符号学等学科，论述颇多，成果丰富，内容主要包括彩画历史、图案及其传统工艺等，其中尤以官式彩画的研究成果最为集中，从早期的宋代彩画到晚期的明清彩画，从总体状况到详细做法均有涉及。如对《营造法式》中彩画作的研究，有郭黛姮于2001年发表在《营造》第1辑上的《宋〈营造法式〉五彩遍装彩画研究》、清华大学陈晓丽的硕士论文《对宋式彩画中碾玉装及五彩遍装的研究和绘制》等。对明清时期官式彩画的研究，有梁思成先生所著的《清式营造则例》，王璞子先生所著《工程做法注释》等。在理论操作与实践结合方面，如边精一所著《中国古建筑油漆彩画》，马瑞田先生的《中国古建彩画艺术》，蒋广全先生的《中国清代官式建筑彩画技术》。何俊寿、王仲杰两位前辈合著的《中国建筑彩画图集》，对中国古代建筑中明清官式建筑各类构件彩画种类、属别区分、纹饰造型特点、各种组合关系做了介绍。在彩画历史、图案及分析断代方面，王仲杰先生的《明、清官式彩画的概况及工艺特征》一文全面分析了明清官式彩画纹饰的全貌、等级配备制度、演变历程及工艺工序做法。张秀芬《元、明、清官式旋子彩画分析断代》将元代建筑单一构件遗物中发现的彩画实物遗存与现存元代建筑本体彩画做了对比分析，总结了元代官式旋子彩画的结构构成及工艺工序特点。明清时期官式彩画相关述论在各类学术期刊亦有散见，此处不再赘述。

这些研究，无疑对河南明清时期建筑彩画的研究具有重要的借鉴作用和实践指导意义，但具体针对河南地区的彩画研究成果、针对河南地区会馆建筑彩画的专题研究则相对较少，目前仅见宋国晓在对部分河南古建筑现存彩画进行实地考查基础上撰写的《中原古代建筑彩画初探》和《浅论中原古建彩画与官式彩画的异同》两篇文章。文章对中原古代建筑彩画的传承关系和保护现状做了论述，并对中原古建筑彩画和官式彩画的区别做了扼要分析。笔者根据自己和同事的调查资料，也撰写过数篇研究文章公开发表，但仍感觉不足以展现河南省内古建筑彩画的全貌，尤其是关于异彩纷呈的河南会馆建筑遗存彩画目前并没有出版专著，而国内明清会馆彩画的专题研究亦基本没有，故此述之。

本书主要对河南明清时期会馆彩画进行基础性的综合研究，研究对象为已公布的全国重点文物保护单位、河南省文物保护单位及重要的地市级文物保护单位的会馆建筑明清时期的彩画。这些会馆建筑彩画基本保存较好，能够充分代表明清时期河南会馆建筑彩画的整体情况。这些古建筑彩画，绝大部分留存于明清时期木构建筑上，绝对时间为明洪武元年（1368 年）到清宣统三年（1911 年），具体为：豫西地区的洛阳山陕会馆（清）和洛阳潞泽会馆（清）；豫西南地区的社旗山陕会馆（清）、邓州汲滩山陕会馆（清）；豫北地区的新乡辉县山西会馆（清）；豫中地区的许昌禹州怀邦会馆（清）、禹州十三帮会馆（清）、神垕山西会馆（清）、北舞渡山西会馆（清）和郏县山西会馆（清）；豫东地区的开封朱仙镇关帝庙（清）和开封山陕甘会馆；豫东南地区的周口关帝庙（清）。

在具体研究内容方面，主要包括：建筑彩画的纹饰结构、色彩构成、营造技术等研究；建筑部位与彩画整体结构的对应性分析；建筑彩画的时代特征分析；建筑彩画与建筑性质的关系研究；建筑彩画的地区特征分析；建筑彩画所反映的文化习俗分析。在整体框架和思路上，先介绍河南现存明清会馆建筑遗存彩画的基本情况，在此基础上，对这一时期彩画的基本特征做进一步的梳理和分析，从图案构成、色彩、比例关系等方面入手，按明代、清前期、清中期、清晚期四个时间段落，分别加以分析和讨论，对不同时期的彩画特征和演变规律作出初步的结论。然后，讨论河南明清时期彩画的营造技术，包括工具与原料、方法与技术、工艺程序等，对彩画的营造技术做全面概括。在上述材料和结论的基础上，将河南明清时期会馆建筑彩画与明清时期官式彩画、山西地区明清彩画、江南地区明清彩画做对比研究，以提炼出河南明清时期会馆建筑彩画的独特之处，总结中原地区彩画与官式、山西地区、江南地区彩画的交流与融合情况。

对这部分彩画的研究，具体价值体现在以下两个方面。

一是基础研究的需要。彩画是古建筑的重要组成部分，亦是我国民族建筑本体装饰的重要特征之一。建筑彩画既受建筑总体艺术的影响，又具有自身的特质和演变轨迹。它们同古建筑一样，呈现出动态的变化态势。彩画具有装饰、保护、彰显建筑等级等功能，对研究中国传统文化和建筑技艺具有重要意义。近年来对古建筑彩画的研究著述较多，但是涉及河南古建筑彩画的研究却较少，对于河南会馆遗存彩画的专题研究则更少。河南作为中华文明的重要发祥地之一，建筑彩画类文化遗产比较多。明清时期，河南虽不是中国的政治经济中心，但位处中原，承袭传统，且文化、技术等方面兼融四方，作为历史文化信息重要载体的古建筑彩画，博采众长，并逐步形成自身的鲜明特色。据王仲杰先生研究，宋代官式彩画起源于河南，而明清彩画又与宋代宫式彩画一脉相承。所以，河南地区的会馆建筑彩画是中国建筑文化遗产的重要组成部分，它与其他地区的会馆建筑彩画一道，共同呈现了中国古建筑、古建筑彩画在传统文化和技艺方面的形成、发展和整合历程。笔者通过实地调查，对河南明清时期会馆建筑彩画进行系统整理，从构图、色彩、纹样和工艺等方面对保存较完整的彩画进行较为全面的分析，找出河南明清彩画的基本特征，分析其与明清时期官式彩画及其他地区建筑彩画的异同。这有助于加强河南古建筑研究领域的薄弱环节，从而提高中国古代建筑彩画研究的整体性和连贯性。

二是遗产保护的需要。会馆建筑彩画是其所依托的建筑本体装饰的具象艺术表现，是珍贵的、重要的、需加强保护的人类文化遗产。从目前河南省古建筑保护的总体情况看，尽管管理者认识到了会馆建筑彩画的重要性，并采取了许多积极有效的措施，但保护力度仍然需要进一步加强。而且近年来，各地为了

开发旅游资源，许多重要的建筑彩画被新做的、不符合传统工艺的彩画所代替，失去了其原有的历史信息和历史价值。河南古建筑彩画的保存环境与保存状态面临着极大的考验，如不及时进行保护与研究，若干年后，这种独特的历史文化遗产将面临着消失的风险。通过对河南明清时期木构建筑彩画进行总体的整理研究，可以唤起社会各界对建筑彩画的重视，可以增强业界对它们的认知，提高传统彩画的保护与修复水平。

第二章 会馆建筑彩画概貌

◎洛阳山陕会馆和洛阳潞泽会馆

◎周口关帝庙

◎南阳社旗山陕会馆和邓州汲滩会馆

◎开封山陕甘会馆、朱仙镇关帝庙

◎辉县山西会馆

◎许昌禹州怀邦会馆及十三帮会馆

第二章·会馆建筑彩画概貌

图 2-1-1 山陕会馆现状鸟瞰

目前河南保存较好的明清时期会馆建筑彩画主要有洛阳山陕会馆、洛阳潞泽会馆、卫辉山西会馆、开封山陕甘会馆、开封朱仙镇关帝庙（山陕会馆）、许昌禹州怀帮会馆、许昌禹州十三帮会馆、禹州神垕山西会馆（关帝庙）、舞阳北舞渡山西会馆、郏县山西会馆、周口关帝庙（周口山陕会馆）、南阳社旗山陕会馆、南阳邓州汲滩会馆。对以上建筑，笔者都进行了重点实地调查，本章依据会馆建筑位置及建筑年代，对这些建筑彩画的基本情况做初步介绍。

第一节 洛阳山陕会馆和洛阳潞泽会馆

1. 山陕会馆

洛阳山陕会馆位于洛阳老城南关菜市东街，兴建于清朝康熙五十年（1711 年），重修于嘉庆年间及道光十五年（1835 年），是全国重点文物保护单位。会馆坐北面南，现存中轴线建筑自南向北有照壁、山门、戏楼、拜殿、大殿，两侧有西门楼及外僧住屋三座、东西木牌楼、东西僧住屋各两座、东西廊房、东西厢房及东西配殿（图 2-1-1）。现存有彩画的建筑有山门、戏楼、拜殿、大殿、两侧厢房和廊房外檐（图 2-1-2）。山陕会馆彩画遗存整体较为完整，中轴线建筑彩画遗存完整程度高于两侧厢房。

山门：坐北朝南，由东西两座边楼和中（门）楼组成。屋顶形式较为复杂，门楼为歇山，两侧边

楼外侧为歇山式、内侧则为硬山式。山门彩画残损严重，仅挑檐檩、枋有以攒当为单位的小池子，沥粉贴金等稍可辨认，后檐遗存彩画见有龙纹、凤纹、花卉、寿纹、麒麟和锦纹等（图2-1-3），均隐约可见，不甚清晰。组合形式也无从考证。保留颜色亦较少，可见少量的金色和青色。

戏楼：又称舞楼，面阔五间，进深三间，高两层，平面呈“凸”字形，分南北两部分，面北外凸。空间上分上下两层，下层为通道，上层为舞台和休演厅，舞台面北外凸与拜殿相对，其顶设天花（图2-1-4）。

舞楼外檐彩画残损较为严重，南立面隐约可见斑驳的青、绿、金色，结构纹饰不详。北立面斗栱彩画剥落，几乎无色彩可寻，仅个别昂嘴有少许沥粉纹样。可喜的是在明间挑檐檩正中攒当间有一“海屋添筹”池子彩画，虽颜色不可辨，但两只沥粉仙鹤相对飞向海屋较为清晰（图2-1-5）。此“海屋添筹”与拜殿西次间后檐金檩“海屋添筹”相呼应。次间平板枋找头为方心式，仅结构可见，纹饰和色彩不可寻（图2-1-6至图2-1-8）。大额枋下木雕施彩“鱼跃龙门”，龙门以阁楼的形式出现（图2-1-9）。

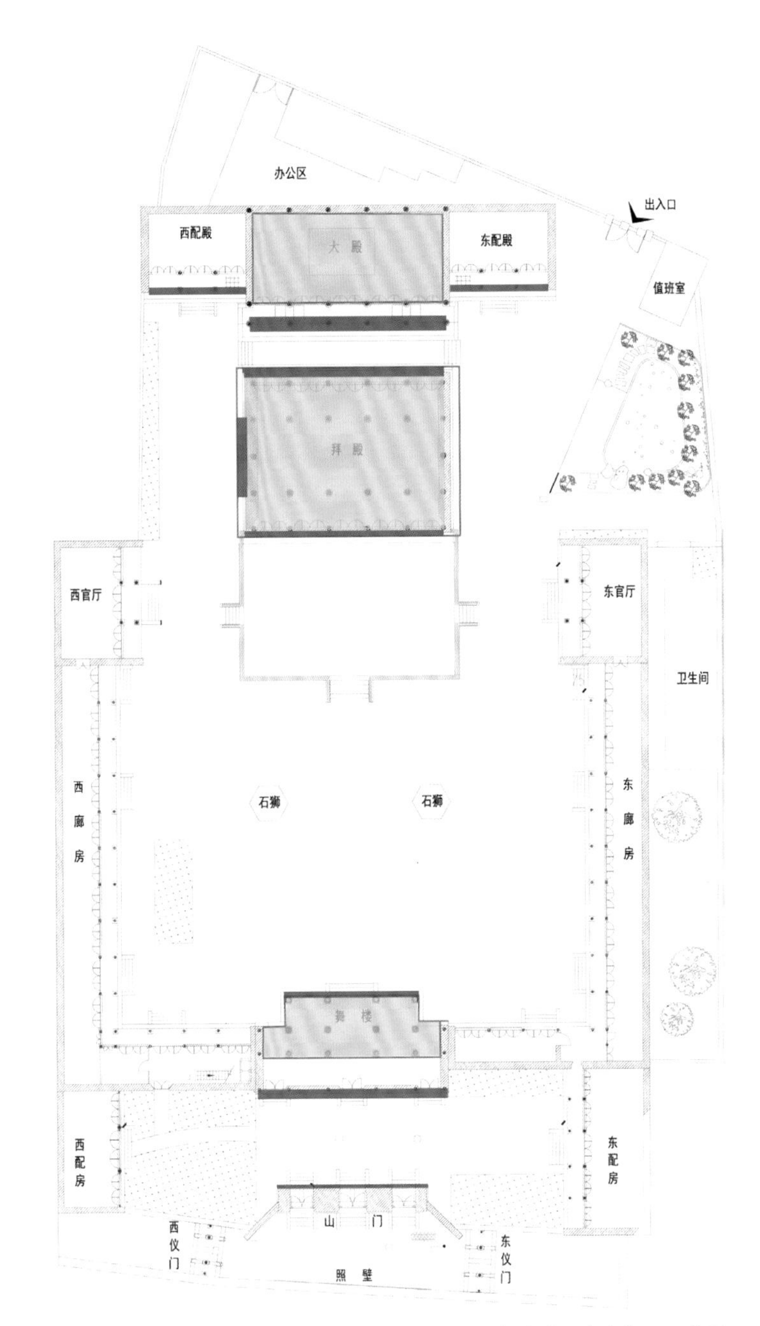

图2-1-2 山陕会馆彩画遗存位置示意图

图2-1-3 山门外檐残存彩画

图 2-1-4 戏楼北立面明间斗栱攒当彩画

图 2-1-5 海屋添筹池子彩画

图 2-1-6 平板枋二狮戏绣球池子

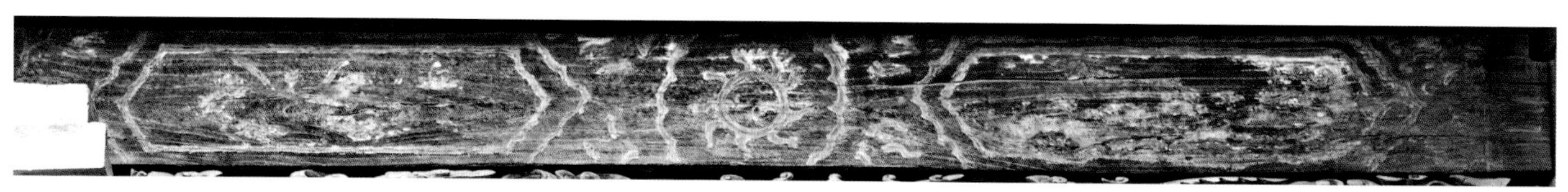

图 2-1-7 大额枋池子

图 2-1-8 垫栱板人物彩画

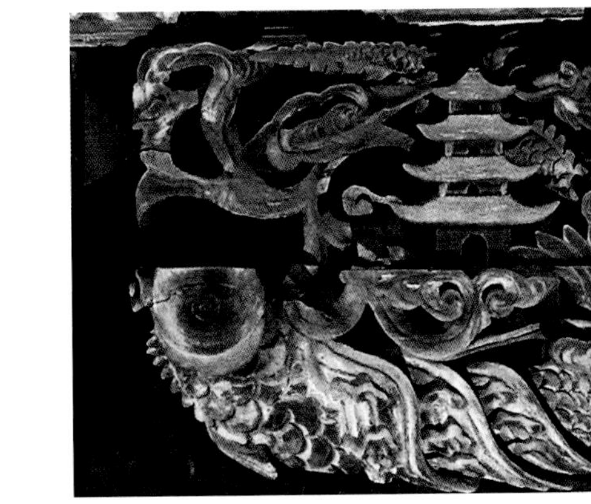

图 2-1-9 木雕敷彩——鱼跃龙门

戏楼四根天花梁的彩画形式和清代金琢墨石碾玉旋子官式彩画非常接近。戏楼四缝大梁基本为矩形，大梁彩画位于两侧面和一底面（图 2-1-10 至图 2-1-12），为花卉、龙钻牡丹花卉方心旋子彩画。天花梁方心所占比例较大，约为 54%，超出梁架彩画通长一半，与清代的官式旋子彩画常用的“三停”（即各占 1/3）式构图差异明显。梁侧面有意往底面伸展，以加大侧面旋花作画空间，方心宽 450 毫米，大于底面掐池子（宽 180 毫米）。天花梁侧面绘找头旋花，为一整两半加单路涡旋瓣形式，整旋子和半旋子均为三路旋瓣。旋花最外层为宽 90 毫米头路咬合形花瓣；旋花的第二层即二路旋瓣，为宽 100 毫米舒展花瓣形；旋花第三层即三路旋瓣，为宽 20 毫米拉长如意纹；旋花花心即旋眼呈直径 150 毫米花朵形，由两片相咬合的花瓣组成（图 2-1-13）。箍头与整旋花间无皮条线。半旋花与棱线间无岔口 ，加一单路旋花，旋瓣为涡旋纹，宽 50 毫米。棱线（心）宽 60 毫米（图 2-1-14）。明间天花梁绘红地退晕花卉，次间同缝天花梁绘龟背锦纹。所绘制的方心头内呈宝剑头形，外为一坡多折内弧式的画法。明间面和次间面的方心图案与棱线图案均有明显区分，明间为裸露型金龙戏珠，而次间用简洁型龙钻牡丹，其中龙体用片金工艺做法，而鳍、毛发为拶退工艺做法。牡丹写生，为金琢墨拶退工艺做法（图 2-1-15）。

图 2-1-10 天花梁明间面方心裸露型龙纹

图 2-1-11 天花梁次间面方心隐现型龙纹

图 2-1-12 天花梁底面彩画

图 2-1-13 找头一整两半旋花

图 2-1-14 两半旋花及方心头

图 2-1-15 天花梁龙钻牡丹方心

四缝天花梁底采用官式掐池子的结构。旋花与侧面不同，大致可以分为四层：第一层的旋眼做橄榄核形状，与清代官式“鸣蝉”做法相似；第二层为连珠形；第三层呈旋瓣状；第四层则绘连珠式单路旋花、涡旋纹旋花。咬合花瓣宽 90 毫米（图 2-1-16）。

天花彩画残损严重，残留的部分也并不集中，而是分散各处，其中以东稍间留存较多。根据现场勘察情况判断，戏楼硬天花不设支条，东稍间为海墁式红蝠流云，余为花卉，浅黄地、黑纹，外勾白边（图 2-1-17）。

内檐大额枋、平板枋为带盒子的方心式构图。外檐挑檐枋对应斗栱攒当设掐池子，池子内绘龙钻牡丹、凤钻牡丹及四时花卉，各池子画面自成一体（图 2-1-18）。

拜殿：坐北向南，与戏楼相对而置，面阔五间，进深三间，单檐歇山式。现存彩画内檐完整，为地方手法浓郁的旋子彩画。外檐彩画残损较重，依挑檐檩遗存基本可判定其为青绿掐池子彩画。无论外檐和内檐，均大量使用贴金或金线，以此彰显该殿等级。

外檐彩画以前檐（南立面）保存较好，其他三面残损较重，尤其两山面垫栱板彩画几乎无存。前檐挑檐檩彩画以斗栱攒当青地池子为基准单元，斗栱正上绿地池子相间隔，依次排列。池子边框分硬卡子和软卡子，池子内绘龙、凤、狮子、博古、锦纹、花卉等，均沥粉贴金（图 2-1-19）。斗栱彩画以青为主，绿为辅，缘线皆贴金，坐斗有雕刻并施画，其他斗画如意纹，栱臂皆雕三幅云、卷草纹。无论斗、升、翘、昂均遵此规，昂嘴彩画似火珠沥粉贴金（图 2-1-20）。

垫栱板为青地沥粉贴金升降龙，绿仅为点缀色（图 2-1-21）。平板枋彩画结构同挑檐檩，池子纹饰为二狮戏绣球、花卉锦纹等（图 2-1-22）。大额枋敷彩高浮雕八仙人物、鱼跃龙门、鹿、鹤、松等（图 2-1-23）。西山明间斗栱足材枋遗存青地沥粉贴金鱼跃龙门（图 2-1-24）。椽身彩画残损严重，几不可辨，仅东次间椽头见有沥粉小整团旋花。旋花层次分明，旋眼呈圆形，外置一路似连珠的旋瓣，头路旋瓣为舒展花瓣形，与殿内旋花瓣呼应（图 2-1-25）。外檐柱头彩画结构类型丰富多样，有类似流苏的连续破菱形、适合矩形、单破菱形等（图 2-1-26）。后外檐大额枋明间结构形式与殿内穿梁相同，其他次间、稍间大额枋彩画则为盒子找头小方心式结构。

图 2-1-16 天花梁底旋花

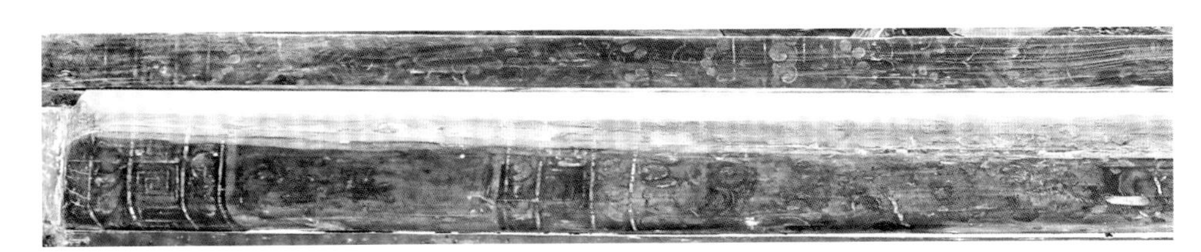

图 2-1-18 内檐平板枋、大额枋彩画

图 2-1-17 天花彩画

图 2-1-19 明间挑檐檩彩画

图 2-1-20 明间斗栱彩画

图 2-1-21 明间垫栱板彩画

图 2-1-22 明间平板枋彩画

图 2-1-23 外檐明间大额枋浮雕敷彩八仙

图 2-1-24 西山明间正心枋彩画鱼跃龙门

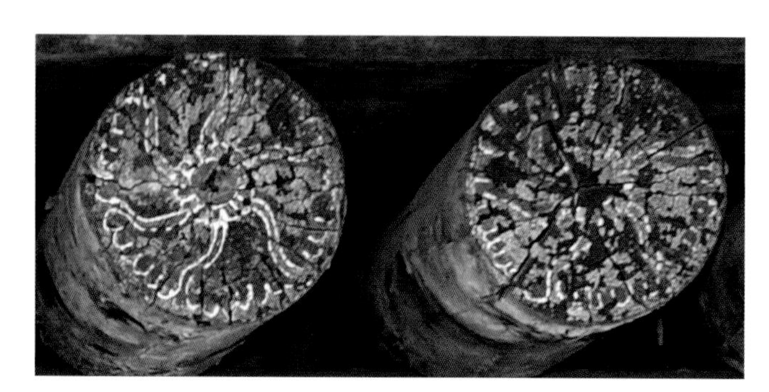
图 2-1-25 椽头彩画

内檐梁的自然原形材截面，其彩画同戏楼天花梁的规矩矩形材一样分为两侧面和一底面，底面画幅较窄。出于结构受力问题，三架梁梁跨度较短，彩画仅做单池子方心式，方心为青地内饰花卉、福寿、蝴蝶。三架梁随梁彩画结构同三架梁，纹饰仅为花卉，有绿地、红地和深香色地（图 2-1-27）。

明间、次间五架梁彩画结构形式有别。明间五架梁为方心盒子式。盒子外轮廓为长方形，青地沥粉贴金麒麟。箍头为青退晕扯不断纹，方心为青地沥粉贴金凤衔盘长（图 2-1-28）。次间五架梁箍头为一整两扇（一扇为 1/4 整旋花）旋花方心式，整旋花外轮廓基本为正圆形，与旋眼正圆呼应，四路旋瓣风格迥异，头路缓折圆形带退晕，二路旋瓣为涡旋形，三路如伸展鸟翅羽，四路旋瓣为水滴形，圆旋眼内置咬合花瓣。扇形旋花约是整旋花的 1/4，旋瓣类型同整旋，旋眼内花瓣为莲瓣。方心头内为小锐角外一坡多折内弧式画法，方心为青地缠枝花卉（图 2-1-29）。

图 2-1-26 外檐柱头彩画

图 2-1-27 三架梁及随梁彩画

图 2-1-28 明间五架梁彩画

明间和次间七架梁彩画结构相同，均为盒子旋子方心式，方心上下均不设置棱线，方心约占构件长的1/4，与戏楼相比，明显缩短。方心头的结构形式与戏楼相同，内侧为锐角形，外侧为一坡多折内弧式。（图 2-1-30、图 2-1-31）

明间箍头为连续青退晕“卍”字，明间盒子为红地沥粉贴金如意、戟磬、薰炉、器物、花卉、瑞禽等。找头旋花仅为两个破旋花加两路旋花，破旋花呈扇形，是整旋花的1/4，旋花为四路，旋眼为莲瓣形。方心有岔口，方心内为青地沥粉裸露金龙（图 2-1-32）。

图 2-1-29 次间五架梁彩画

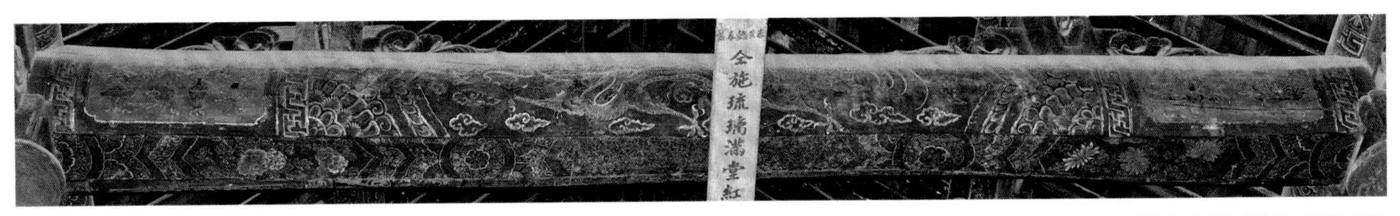

图 2-1-30 明间七架梁彩画

图 2-1-31 次间七架梁彩画

图 2-1-32 七架梁明间盒子、箍头彩画

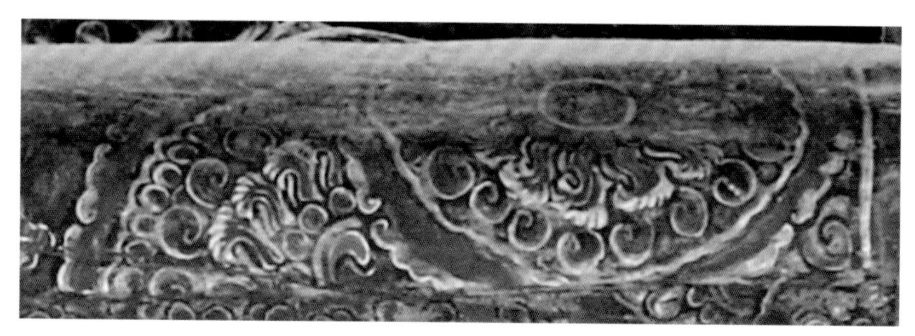

图 2-1-33 次间五架梁找头旋花

图 2-1-34 次间七架梁找头旋花

图 2-1-35 七架梁底面两端池子彩画

次间箍头为青退单晕扯不断纹。盒子为青地锦纹。找头旋花为一半两扇，“半”为整旋花的 1/2，“扇”为整旋花的 1/4。半旋花同五架梁旋花；扇形旋花二路由单花瓣变为相对双瓣形。方心无岔口，方心为青地沥粉贴金龙钻牡丹（图 2-1-33、图 2-1-34）。

五架梁、七架梁底面彩画根据木材的长度设结构纹饰。底面彩画宽度小于侧面宽度（立高），仅有侧面高度的 1/3。五架梁底面以脊檩为中线，分设一半两扇旋子方心，方心内饰卷草花卉。七架梁底面则为三段旋子方心式彩画，中间方心为单色线形卷草花卉且大于两端，两端方心南端为彩色牡丹，北端为彩菊（图 2-1-35）。

穿枋梁截面近方形，枋底面积略小于侧面（立面）面积。侧面以脊檩为中线设工字箍头，分南北双方心，方心均为绿地。明间两方心为沥粉贴金裸露金龙；次间南方心为沥粉贴金龙戏珠，北方心为沥粉贴金凤戏戟磬。枋底面结构同七架梁，方心内纹饰均为单色线形卷草纹（图 2-1-36、图 2-1-37）。

檩桁和檩枋彩画交替使用方心式和掐池子式：上金檩、隔架枋（檩垫枋）分别用掐池子式、方心式（图 2-1-38）；中金檩、隔架枋则分别为旋花小盒子方心式、掐池子式(图 2-1-39）；下金檩、隔架枋分别为无旋花长盒子方心式、掐池子式（图 2-1-40）。方心、池子纹饰丰富多样，戟磬、炉鼎、莲藕、风竹、花卉、龙凤、白鹤、虎、天马、海屋添筹等。方心地色为青、绿、红、深香色、香色等。

图 2-1-36 穿枋梁明间面彩画

图 2-1-37 穿枋梁次间面彩画

图 2-1-38 上金檩、隔架枋彩画

图 2-1-39 中金檩、隔架枋彩画

图 2-1-40 下金檩、隔架枋彩画

内檐平板枋为箍头小方心式，箍头位置在两角科斗栱万栱栱臂之外，小方心长度仅与斗栱、万栱栱臂相同，置平身科斗栱之下，找头不施画留白露原木纹。大额枋依斗栱攒当对应设置小池子，池子心沥粉贴金（图 2-1-41、图 2-1-42）。柱头内檐为上下设箍头的小池子，池子内画四季花卉（图 2-1-43）。斗栱彩画基本同外檐，垫栱板留存彩画较多，内容有笔、书、画、乐器、戟磬、插屏、炉鼎、寿桃、黄历、瑞兽、金鱼、花卉等，每块装饰纹样不同，蕴含的寓意丰富。在明间后檐垫栱板更是出现了官员画像（图 2-1-44 至图 2-1-50）。

图 2-1-41 内檐平板枋大额枋彩画

图 2-1-42 内檐带柱头的平板枋大额枋彩画

图 2-1-43 内檐柱头彩画

图 2-1-44 明间后内檐垫栱板官员画像彩画

图 2-1-45 金鱼彩画

图 2-1-46 石榴、佛手、如意彩画

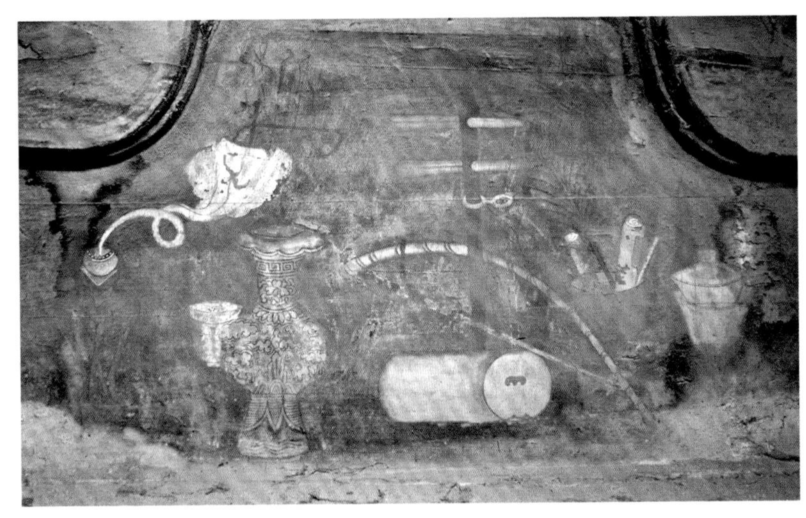

图 2-1-47 二胡彩画

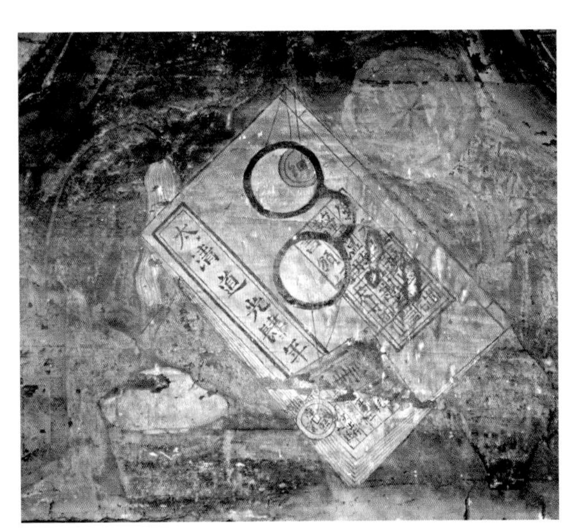

图 2-1-48 黄历拂尘彩画

图 2-1-49 山水界画

图 2-1-50 一鹭莲科彩画

大殿：坐北面南，置于拜殿之后，面阔五间，进深二间，带前廊悬山式。彩画与拜殿风格基本一致，为地方手法所绘方心式旋子彩画。梁的截面基本是未加工自然材，三面施画，底面宽度更窄（图 2-1-51）。明间与次间、稍间的七架梁方心结构有明显不同。明间七架梁方心并不居中，而是偏南靠近门口方向，找头旋花南端略短于北端（图 2-1-52）。明间七架梁方心长约为整梁架长度的 40%，与官式结构相比明显加长。而五架梁与三架梁各部分长度大致相等，与官式结构近似。

明间三架梁为旋子方心式结构，一整两扇（1 扇等于 1/4 整）旋花，整旋花外轮廓基本为正圆形，与旋眼正圆呼应，两路旋瓣各不相同，头路为咬合花瓣形，花瓣外缘退单晕，二路旋瓣为鸟翅羽形，外缘亦单退晕，旋眼为红色三莲瓣抱合形。扇形旋花约是整旋花的1/4，三路旋瓣，头路二路旋瓣类型同整旋，三路瓣为红色莲瓣形，素旋眼。方心头内为小锐角，外为一坡多折内弧式画法，方心上下无棱边，绘青地狮子戏绣球、缠枝花卉等（图 2-1-53）。

五架梁为带盒子旋子方心式，方心上下无棱边，方心为红地麒麟戏金凤组合，凤和麒麟则用裸露型片金手法。旋子为两破加双退晕加两路。破旋为三路，头路为咬合花瓣形，二路为凤羽形，三路为红色莲瓣形，素旋眼。绘卷草活箍头，盒子为卷草花卉（图 2-1-54）。

七架梁方心为青地金龙钻五彩工笔牡丹。找头旋花为一整两扇（1 扇等于 1/4 整）旋花，整旋花外轮廓基本为正圆形，与旋眼正圆呼应。两路旋瓣各不相同，头路为咬合花瓣形，花瓣外缘退单晕，二路旋瓣为扇面花瓣形，外缘亦单退晕，旋眼为红色三羽翅瓣抱合形。扇形旋花约是整旋花的 1/4，旋瓣、旋瓣路数及旋眼皆同整旋。盒子外框做退晕烟云岔口，内置器皿、水果及花卉（图 2-1-55）。梁底为三段式掐池子，两池子间设两破加一整旋花，方心内为单色卷草花卉（图 2-1-56）。

图 2-1-51 大殿明间梁架彩画

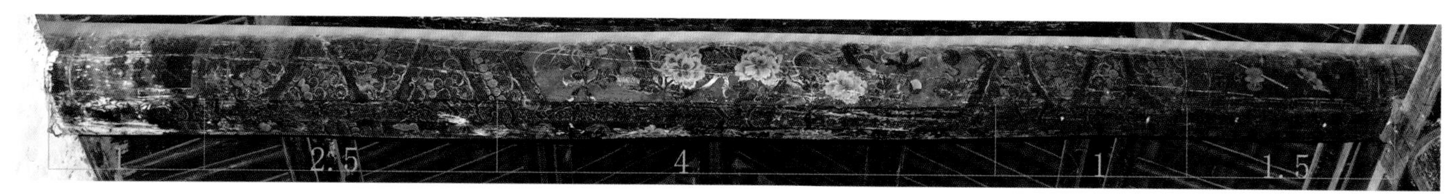

图 2-1-52 次间七架梁彩画结构

图 2-1-53 明间三架梁彩画

图 2-1-54 明间五架梁彩画

图 2-1-55 明间七架梁彩画

图 2-1-56 明间七架梁底面彩画

次间和稍间梁架彩画结构同明间不同。三架梁找头为一整两扇旋花。旋花形式有两种，一种旋花头路为鸳鸯咬合形花瓣，二路为舒展花瓣，圆形旋眼内置三片莲花瓣；另一种旋花头路为涡旋形，二路为莲花瓣，旋眼为十字加银锭扣形。方心为红地卷草花卉（图 2-1-57）。五架梁旋花为四路，头路为涡旋瓣，二路为莲花瓣，三路为三瓣涡旋咬合形，四路同二路，旋眼为三片莲花瓣，方心为绿地卷草花卉。梁底则是海墁花卉（图 2-1-58）。七架梁旋花形式更为活泼，头路为涡旋花瓣形，二路为红色莲荷花瓣，三路为涡旋纹，四路为菊花瓣，旋眼为三片舒展鸟翅羽花瓣，次间方心为红地龙钻牡丹，稍间为青地龙钻牡丹。梁底为半旋花掐（卡）池子、半拉瓢掐池子、1/4 旋花掐池子等构图（图 2-1-59）。箍头样式多变，同一根梁两端的纹饰也不相同，有连续十字形、连续如意纹形、复合仰覆莲形、硬夔纹形、连续工字纹形（图 2-1-60、图 2-1-61）。盒子纹饰多样，明暗八仙、富贵吉祥、福寿平安等题材灵活组合出现（图 2-1-62、图 2-1-63）。

内檐檩桁、檩枋方心式彩画和掐池子式彩画交替出现，纹饰图案同拜殿。值得指出的是明间脊檩三个池子并不均等，中间池子稍大于两侧，在矩形池子内设上裹圆包袱，包袱心设绿地坐龙，形态威武，躯体翻转，包袱边棱设青地缠枝花卉，包袱外棱角地设红地升龙，升龙动态飘逸（图 2-1-64 至图 2-1-67）。随檩枋彩画结构同拜殿。

图 2-1-57 次间三架梁找头旋花

图 2-1-58 次间五架梁找头旋花

图 2-1-59 次间七架梁找头旋花

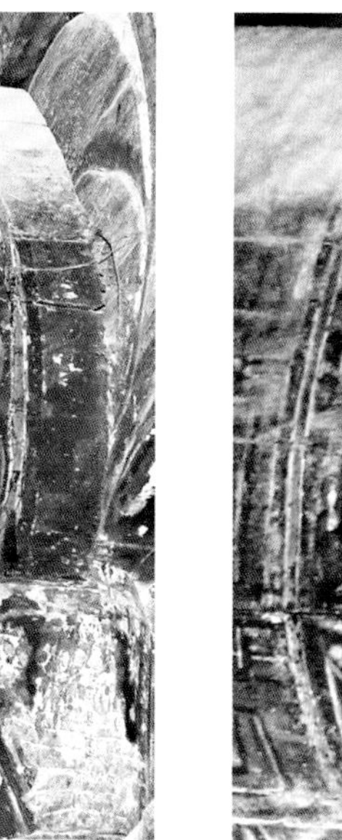

图 2-1-60 次间箍头彩画

图 2-1-61 稍间箍头彩画

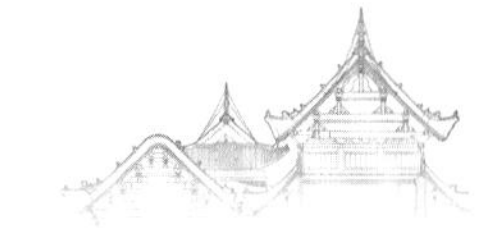

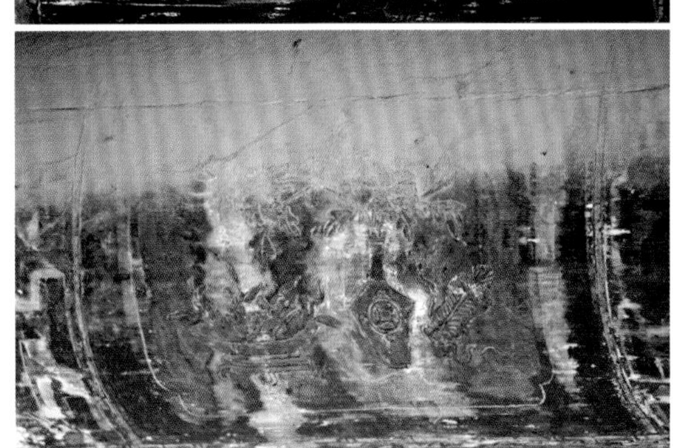

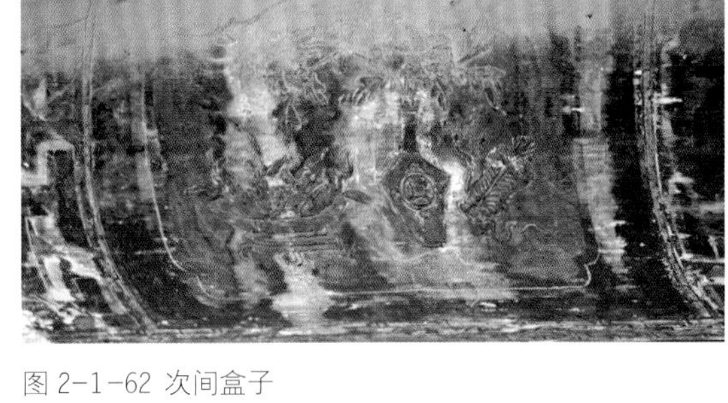

图 2-1-62 次间盒子

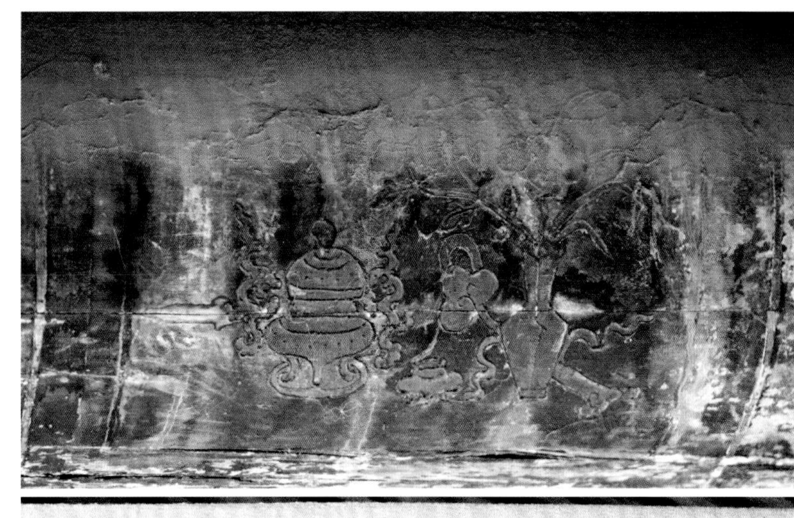

图 2-1-63 稍间盒子

图 2-1-64 明间脊檩彩画（中部）

图 2-1-65 明间金檩彩画

图 2-1-66 次间脊檩（局部）彩画

图 2-1-67 次间金檩彩画

外檐平板枋绘海墁二龙戏珠、龙凤钻牡丹，大额枋为高浮雕和透雕并用，贴金。檐檩、随檩枋和机枋均依斗栱攒当设小池子，每个池子均自为一幅整体画面（图 2-1-68）。

斗栱彩画，外檐比内檐更奢华，缘线皆贴金，坐斗雕刻并施画，其他斗底皆画莲瓣，栱臂雕刻忍冬纹饰并施画。柱头彩画较长，约占柱高的 1/10，沥粉贴金花卉，有上下箍头（图 2-1-69、图 2-1-70）。前檐明间走马板绘写意杏林春燕、墨荷等（图 2-1-71）。山花则画花卉、风景（图 2-1-72）。

调查时，在明间檩垫枋底部发现有“清雍正十年（1732 年）十一月二十八日山陕众商创修大殿五间左右配殿各三间告竣吉祥谨志公纪”墨书题记；西次间檩枋底部留有各匠作主要匠师名讳，其中绘工有吴元庆、李志学、张解（或魁）聚等。东次间随檩枋则绘着首事人（即管理人）等。从墨书笔迹看，三间题记应为一人所书（图 2-1-73）。中轴线外的两侧廊房、厢房和大殿旁配殿，仅外檐留存彩画，局部可见沥粉痕迹，除少量不全的花卉纹饰外，彩画结构、构图、颜色均不能辨。

上述拜殿及大殿彩画的整体结构、色彩配置、细部纹饰、工艺做法等，为便于对比，以简表形式述之。（见洛阳山陕会馆拜殿、大殿彩画配置简表）

图 2-1-68 明间前外檐平板枋海墁二龙戏珠

图 2-1-69 明间外檐斗栱彩画

图 2-1-70 外檐柱头彩画

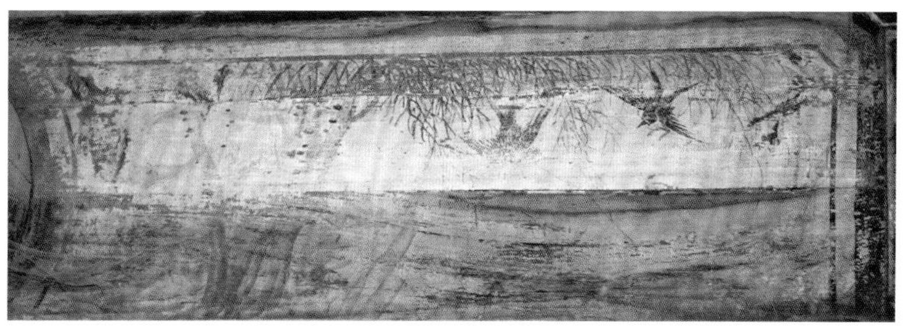

图 2-1-71 走马板杏林春燕彩画

图 2-1-72 山花兰菊彩画

图 2-1-73 西次间檩枋底部匠师名讳

洛阳山陕会馆拜殿、大殿彩画配置简表

1. 拜殿

建筑 / 位置		梁顺序	旋子组合形式	方心形式	方心地色	方心纹饰、工艺	盒子纹饰、工艺
拜殿明间	西缝	三架梁	无	独方心	青地	双蝶拱寿	无
		三架随梁	无	独方心	红地	黑叶子花卉	无
		五架梁	无	方心盒子式	绿地	沥粉金凤八宝	两盒子青地沥粉贴金麒麟
		七架梁	两扇 + 一路	方心有岔口无棱线	青地	沥粉全裸金龙	南：红地，戟磬、博古、绶带、如意、喜鹊降临。北：红地，沥粉贴金如意、博古、佛手、果盘、喜鹊降临
		七架梁穿枋	一半两扇	方心有岔口无棱线	绿地	沥粉金龙钻牡丹	无
		前檐单步梁	无	花卉锦纹地	紫色	沥粉贴金绶带、犀角	无

续表

建筑 / 位置		梁顺序	旋子组合形式	方心形式	方心地色	方心纹饰、工艺	盒子纹饰、工艺
拜殿明间	西缝	前檐双步梁	一半两扇	方心有岔口无棱线	红地	沥粉贴金凤追麒麟	无
		后檐单步梁	无	无	无	无	绿地花卉死盒子
		后檐双步梁	无	长矩形带外框	青色	沥粉贴金如意、博古、水果、花卉	绿地花卉死盒子
	东缝	三架梁	无	独方心	青地	双蝶拱寿	无
		三架随梁	无	独方心	红地	黑叶子花卉	无
		五架梁	无	方心盒子式	绿地	沥粉金凤八宝	两盒子青地沥粉贴金麒麟
		七架梁	两扇 + 一路	方心有岔口无棱线	青地	沥粉全裸金龙	南：红地，绶带、如意、博古、凤临、犀角；北：红地，沥粉贴金，如意、博古、绶带
		七架梁穿枋	一半两扇	方心有岔口无棱线	绿地	沥粉金龙钻牡丹	无
		前檐单步梁	无	花卉锦纹地	紫色	犀角，绶带，沥粉贴金、如意	无
		前檐双步梁	一半两扇	方心有岔口无棱线	红地	沥粉贴金凤追麒麟	无
		后檐单步梁	无	无	无	无	绿地花卉死盒子
		后檐双步梁	无	长矩形带外框	青色	沥粉贴金如意、戟磬、博古、花卉	绿地花卉死盒子
拜殿东次间	东缝	三架梁	无	独方心	褐色地	双蝶拱寿	无
		三架随梁	无	独方心	红地	黑叶子花卉	无
		五架梁	一整两扇	方心有岔口无棱线	绿地	缠枝花卉	无
		七架梁	一半两扇	方心有岔口无棱线	青地	沥粉贴金龙钻五彩牡丹	锦纹盒子
		七架梁穿枋	两扇	方心有岔口无棱线	青地	沥粉贴金双狮戏绣球	一半两扇方心
		前檐单步梁	无	无	无	无	绿地，沥粉贴金卷草花卉
		前檐双步梁	一半两扇	方心有岔口无棱线	红地	沥粉贴金龙	无
		后檐单步梁	无	无	无	无	绿地，沥粉贴金，卷草西番莲
		后檐双步梁	一半两扇	方心有岔口无棱线	青地	沥粉贴金龙	无
	西缝	三架梁	无	独方心	褐色地	双蝶拱寿	无
		三架随梁	无	独方心	红地	黑叶子花卉	无
		五架梁	一整两扇	方心有岔口无棱线	绿地	缠枝花卉	无
		七架梁	一半两扇	方心有岔口无棱线	青地	沥粉贴金，龙钻五彩牡丹	锦纹盒子

续表

建筑 / 位置		梁顺序	旋子组合形式	方心形式	方心地色	方心纹饰、工艺	盒子纹饰、工艺
拜殿东次间	西缝	七架梁穿枋三方心式	一半两扇	方心有岔口无棱线	青地	沥粉贴金行龙（中方心）	南北为一半两扇绿地卷草花卉方心
		前檐单步梁	无	无	无	无	绿地沥粉贴金折枝菊花
		前檐双步梁	一半两扇	方心有岔口无棱线	红地	沥粉贴金龙	无
		后檐单步梁	无	无	无	无	青地沥粉贴金折枝牡丹
		后檐双步梁	一半两扇	方心有岔口无棱线	红地	沥粉贴金，凤戏牡丹	无
拜殿西次间	东缝	三架梁	无	独方心	褐色地	绶带	无
		三架随梁	无	独方心	红地	黑叶子花卉	无
		五架梁	一整两扇	方心有岔口无棱线	绿地	缠枝花卉	无
		七架梁	一半两扇	方心有岔口无棱线	青地	沥粉贴金，龙钻五彩牡丹	锦纹盒子
		七架梁穿枋双方心式	一半两扇	方心有岔口无棱线	绿地	沥粉贴金，南金龙戏珠北沥粉贴金，北凤逐如意	无
		前檐单步梁	无	无	无	无	青地，沥粉贴金，缠枝西番莲
		前檐双步梁	一半两扇	方心有岔口无棱线	红地	沥粉贴金行龙	无
		后檐单步梁	无	无	无	无	绿地，沥粉贴金，缠枝西番莲
		后檐双步梁	一半两扇	方心有岔口无棱线	青地	沥粉贴翔凤戏牡丹	无
	西缝	三架梁	无	独方心	青地	绶带、葫芦	无
		三架随梁	无	独方心	红地	黑叶子绣球花	无
		五架梁	一整两扇	方心有岔口无棱线	绿地	缠枝花卉	无
		七架梁	一半两扇	方心有岔口无棱线	青地	沥粉贴金龙钻五彩牡丹	锦纹盒子
		七架梁穿枋	一半两扇	方心有岔口无棱线	绿地	锦纹	盒子置中，青地，沥粉贴金麒麟戏凤、戟磬、如意、绶带、盘长
		前檐单步梁	无	无	无	无	青地，沥粉贴金，缠枝西番莲
		前檐双步梁	一半两扇	方心有岔口无棱线	青地	沥粉贴金转身龙	无
		后檐单步梁	无	无	无	无	青地，沥粉贴金缠枝西番莲
		后檐双步梁	无	方心有岔口无棱线	红地	沥粉贴金行龙	无盒子框，绿地，黑卷草白缘边
拜殿西稍间	东缝（与西次西缝同架）	三架梁	无	独方心	青地	绶带葫芦	无
		三架随梁	无	褐色	绿地	黑叶子绣球花	无

续表

建筑 / 位置		梁顺序	旋子组合形式	方心形式	方心地色	方心纹饰、工艺	盒子纹饰、工艺
拜殿西稍间	东缝（与西次西缝同架）	五架梁	一整两扇	方心有岔口无棱线	黑地	缠枝花卉	
		七架梁	一半两扇	方心有岔口无棱线	青地	沥粉贴金，龙钴五彩牡丹	锦纹盒子
		七架梁穿枋三方心式	一半两扇	方心有岔口无棱线	红地	卷草花卉（中方心）	锦纹盒子
			方心有岔口无棱线	红地	卷草花卉（中方心）	两端方心均为红地卷草花卉	两端方心均为红地卷草花卉
		前檐单步梁	无	无	无	无	紫色花卉锦纹地沥粉贴金花卉
		前檐双步梁	无	方心有岔口无棱线	红地	绿麒麟白缘边	无盒子框，绿地，黑卷草白缘边
		后檐单步梁	无	无	无	无	红地黑叶子折枝菊花
拜殿东稍间	西缝（与东次东缝同架）	三架梁	无	独方心	青地	绶带、葫芦	无
		三架随梁	无	褐色	绿地	黑叶子绣球花	无
		五架梁	一整两扇	方心有岔口无棱线	黑地	缠枝花卉	无
		七架梁	一整两扇	方心有岔口无棱线	青地	沥粉贴金龙钴五彩牡丹	锦纹盒子
		七架梁穿枋	一整四扇	方心有岔口无棱线	青地	锦纹	
		前檐单步梁	无	无	无	无	绿地菊花
		前檐双步梁	一整四扇居中	方心有岔口无棱线	青地	锦纹半方心	无
		后檐单步梁	无	无	无	无	香色地，白菊花
		后檐双步梁	一半两扇	方心有岔口无棱线	青地	锦纹方心	无

2. 大殿

建筑 / 位置		梁顺序	旋子组合形式	方心形式	方心地色	方心纹饰	盒子
大殿西次间	西缝	三架梁	一整两扇，整旋心为十字别	方心有岔口无棱线	红地	白缘线，黑色缠枝花卉	无
		五架梁	一整两扇	方心有岔口无棱线	绿地	白缘线，黑叶子，红色缠枝花卉	南：红地花卉锦纹。北：红地黑色博古
		七架梁	一半两扇 + 一扇（大）两扇（小）	方心有岔口无棱线	红地	沥粉贴金龙钴黄色牡丹	南：黑地，仙童、书函、博古。北：黑地，沥粉贴金如意、博古
	东缝	三架梁	一整两扇，整旋心十字别	方心有岔口无棱线	红地	白缘线，黑色缠枝花卉	无
		五架梁	一整两扇	方心有岔口无棱线	绿地	白缘线，黑叶子，红色缠枝花卉	南：红地，花卉锦纹。北：红地，黑色博古

续表

建筑 / 位置		梁顺序	旋子组合形式	方心形式	方心地色	方心纹饰	盒子
大殿明间	东缝	七架梁	一半两扇 + 一扇（大）两扇（小）	方心有岔口无棱线	红地	沥粉金龙钻五彩牡丹	南：黑地，仙童、竹笛、博古。北：黑地，沥粉贴金博古
		三架梁	一整两扇	方心有岔口无棱线	青地	狮子滚绣球	无
		五架梁	两扇 + 一路组合	方心有岔口无棱线	红地	沥粉贴金凤追麒麟	南：黑地，牡丹。北：绿地，黑叶子，白缘线，卷草花卉
		七架梁	一整两扇	方心有岔口无棱线	绿地	沥粉贴金龙钻五彩牡丹	南：黑地，退晕，烟云、筒子、花卉、西瓜、博古。北：黑地，无纹饰，素盒子
	西缝	三架梁	一整两扇	方心有岔口无棱线	青地	狮子滚绣球	无
		五架梁	两扇 + 一路组合	方心有岔口无棱线	红地	沥粉贴金凤追麒麟	南：黑地，梅花。北：绿地，黑叶子，白缘线，卷草花卉
		七架梁	一整两扇	方心有岔口无棱线	绿地	沥粉金龙钻五彩牡丹	南：黑地，退晕，烟云、筒子、花卉、石榴、博古。北：黑地，无纹饰，素盒子
大殿东次间	西缝	三架梁	一整两扇	方心有岔口无棱线	香色地	黑色博古	无
		五架梁	一整两扇	方心有棱线无岔口	绿地	缠枝红花卉	南：花卉锦纹。北：五福拱寿
		七架梁	一半两扇 + 两路组合瓣	方心有岔口无棱线	红地	沥粉金龙钻五彩牡丹	南：黑地，蝙蝠、仙桃。北：黑地，沥粉贴金如意、博古
	东缝	三架梁	一整两扇	方心有棱线无岔口	香色地	黑色博古	无
		五架梁	一整两扇	方心有棱线无岔口	绿地	缠枝红花卉	南：花卉锦纹。北：五福拱寿
		七架梁	一扇（大）两扇（小）+ 两路组合瓣	方心有岔口无棱线	红地	沥粉贴金龙钻五彩牡丹	南：绿地，红蝙蝠、元宝、花篮；北：黑地，沥粉贴金佛手、梅花、博古
大殿东稍间	西缝	三架梁	一整两扇	方心有岔口无棱线	绿地	退晕卷草	无
		五架梁	一整两扇	方心有棱线无岔口	青地	沥粉贴金二凤逐日	南：青地，南瓜。北：青地，仙桃
		七架梁	一半两扇	方心有岔口无棱线	红地	沥粉贴金龙钻五彩牡丹	南：黑地，红莲藕。北 1：犀角、博古、石榴。北 2：黑叶子花卉
	东缝（山面）	三架梁	一整两扇	方心有岔口无棱线	青地	退晕卷草	无
		五架梁	一整两扇	方心有棱线无岔口	绿地	沥粉贴金，二凤逐日	南北盒子均为红地，缠枝西番莲
		七架梁	一半两扇	方心有岔口无棱线	红地	沥粉贴金，龙钻五彩牡丹	南北均为两扇旋子方心，方心为绿地，沥粉贴金，博古
大殿西稍间	西缝（山面）	三架梁	一整两扇	方心有岔口无棱线	青地	退晕卷草	无

续表

建筑 / 位置		梁顺序	旋子组合形式	方心形式	方心地色	方心纹饰	盒子
大殿西稍间	西缝（山面）	五架梁	一整两扇	方心有棱线无岔口	绿地	沥粉贴金，二凤逐日	南北盒子均为红地，缠枝西番莲
		七架梁	一半两扇	方心有岔口无棱线	红地	沥粉贴金，金龙钻五彩牡丹	两扇旋子方心式，南方心为绿地，沥粉贴金，花篮、博古；北方心为绿地，沥粉贴金，如意有鱼（余）、博古
	东缝	三架梁	一整两扇	方心有岔口无棱线	青地	退晕卷草	无
		五架梁	一整两扇	方心有棱线无岔口	绿地	沥粉贴金，二凤逐日	南北盒子均为绿地，水果、花卉
		七架梁	一半两扇	方心有岔口无棱线	红地	沥粉贴金，龙钻黄牡丹	南：黑地，平安如意、折枝玉兰。北 1：绿地，珊瑚、绶带、折枝梅花。北 2：盒子残损不可辨

注：

①“旋子彩画”为梁思成先生在 1934 年著《清式营造则例》中首次正式命名，从此业界一直延续该称谓。

② 一整两半旋花：旋子彩画找头内的花纹，为适应构件宽度由一整团旋花及两半团旋花构成的旋花组合（蒋广全：《中国清代官式建筑彩画技术》）。本书将整团旋花简称为“整”，将 180° 旋花简称为“半”，将小于 180° 的旋花简称为“扇”。河南地区匠师对此没有统一叫法。洛阳山陕会馆旋子组合采用以一朵整旋花、两朵半旋花为主的标准的一整两半，兼有半旋花和 1/4 整旋组成“一半两扇”的形式。

2. 洛阳潞泽会馆

潞泽会馆位于洛阳市瀍河区，坐北向南，东临瀍河，西靠市区，南临洛河。古洛河河道宽阔，水运繁荣，是中国古代著名的水上交通要道。潞泽会馆择此而建，是中国古代“择地取胜”经商思想的展现。潞泽会馆系清代乾隆九年（1744 年）由居住洛阳的潞安府（今山西长治）、泽州府（今山西晋城）两地商人集资所建，初建为供奉关公的关帝庙，后改为会馆。抗日战争胜利后至 1949 年前，此处为潞泽中学。目前保留有舞楼、大殿、后殿、钟鼓楼、东西配房、东西厢房、西跨院倒座、正房等建筑，为全国重点文物保护单位（图 2-1-74）。

潞泽会馆现有建筑群由两进院落组成，总平面呈长方形，主体建筑沿中轴线对称布置。其第一进院落分别为舞楼、东西连楼、钟楼、鼓楼、东厢房、西厢房、大殿；第二进院落为后殿、东配殿、西配殿。主院落西侧为小巧简朴的西跨院。现占地面积 15750 平方米，建筑面积 3600 平方米。潞泽会馆建筑群布局严谨、气势宏大，装饰物雕刻技艺精湛。

舞楼又名戏楼，位于会馆中轴线最前端，两山墙与东西耳房及钟鼓楼连为一体。舞楼外观为重檐歇山顶，布筒板瓦顶，绿琉璃剪边。面阔五间，进深三间，通高 16.31 米。舞楼被分为南北两部分，南部为门楼，重檐，面阔五间，进深仅三步架。北部为戏楼，重檐，面阔五间，进深两间，七步架。梁架一层为进深三间带前廊用四柱，二层为进深三间用四柱五架梁对双步梁，斗栱为五踩单栱造，栱、翘均被雕刻成各种卷草形状，耍头被雕刻成龙首或象首。斗栱内拽均无栱及枋，平身科耍头后尾均加长超过金

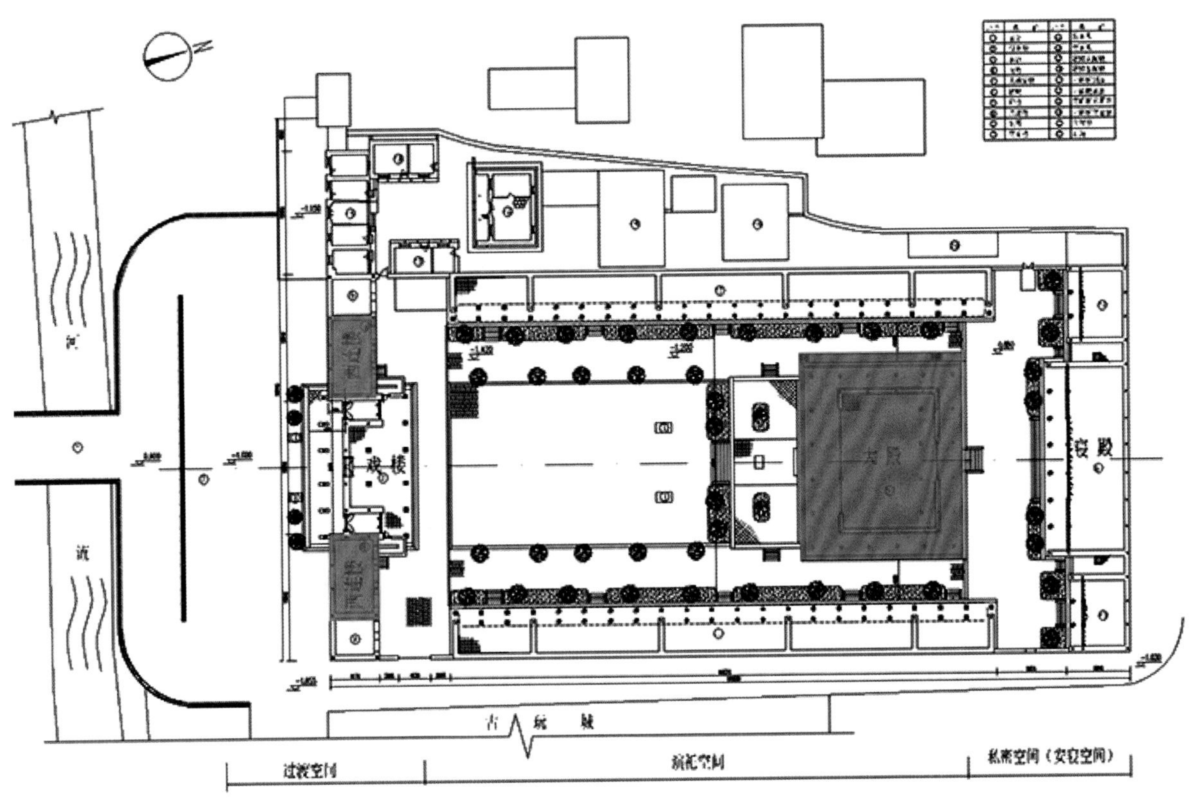

图 2-1-74 潞泽会馆总平面图

檩中线，在后尾与金檩间设一叉柱以作平衡。明间实踏门两侧各立一石狮，姿态庄严而安详；内分三层，一层为过道，二层为戏台，三层为阁楼。戏台可由两边的石砌踏道登临。戏楼二层雀替分别雕刻出龙、鹿、麒麟、牡丹、卷草等各种吉祥图案，均为精美的透雕。现舞楼彩画为近代重绘。

东西连楼面阔三间，进深两间，高两层，灰瓦建筑。后檐彩画遗存略好于前檐。仅挑檐檩、平板枋和大额枋有掐池子彩画。大额枋所绘二凤逐日较为清楚（图 2-1-75）。

挑檐檩五段分池子，每间正中池子最大，内绘软夔龙，池子边框为扯不断纹；两边池子稍短于中间池子，池子内为花卉，池子边框为多折长方形，池子间饰连珠带。两端头池子最小，绘简单花卉图案（图 2-1-76）。平板枋仅见沥粉龙纹。

大额枋为三段式，中段较长，内绘双凤逐日。两端为海墁花卉锦（图 2-1-77）。

大殿为重檐歇山布筒板瓦顶，绿琉璃剪边，设黄绿琉璃菱心以示其崇高地位。殿平面呈长方形，殿前设月台。殿面阔七间（21.18 米），进深六间（17.87 米），通高 18.42 米。大殿梁架为进深四间，前带双步廊，后带单步廊，用五柱，七架梁上承五架梁和三架梁。一层斗栱为三踩单栱造，栱、翘均被雕刻成各种卷草形状，耍头被雕刻成象首，无内拽栱枋，平身科耍头后尾加长超过金檩中线，在后尾与金檩间设一叉柱以使内外平衡。二层斗栱为五踩单栱重昂造，栱均被雕刻成各种卷草形状，耍头被雕刻成龙首或象首，平身科耍头后尾结构同一层。一层雀替均被透雕出各种龙钻牡丹图案，线条流畅，富丽繁缛，装饰性强。

由于保护不当，大殿外檐彩画残损较严重，仅平板枋隐约显示原海墁式彩画沥粉凹凸痕迹，部分仅辨识出龙凤外形及牡丹花卉（图 2-1-78）。

大殿内檐彩画仅西山梁架彩画留存较完整，彩画结构形式清晰（图 2-1-79）。由于保护不当，其他梁架彩画仅部分梁上有遗存。从现存彩画研判，该殿内梁架彩画为三面自然材方心三段式，但梁底面较窄。

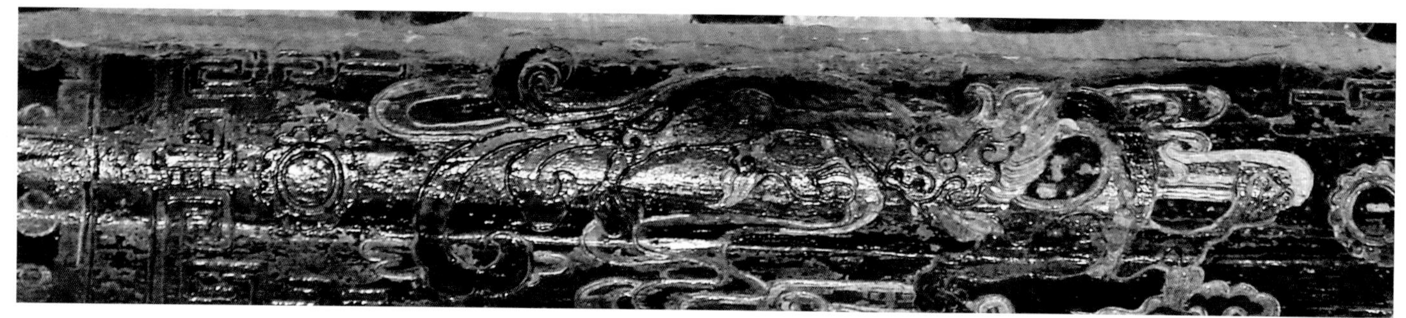
图 2-1-75 挑檐檩中间池子

图 2-1-76 挑檐檩端头盒子

图 2-1-77 挑檐檩及大额枋

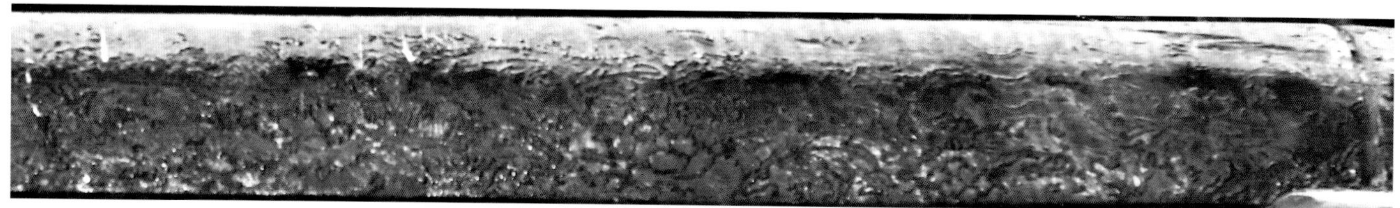
图 2-1-78 外檐平板枋海墁式

图 2-1-79 西山梁架彩画

七架梁为箍头盒子方心式彩画。箍头贴金，绘二龙戏珠；盒子边框较宽，为绿色净地，盒子内为绿色贴金盘长纹；方心头与箍头间小找头约为盒子一半长，绿地贴金，绘博古鼎炉器物。方心头为角叶形，方心为青地贴金二龙戏珠（图 2-1-80、图 2-1-81）。梁底面彩画以箍头断开，分为三段，中间为贴金席锦纹（图 2-1-82）。

五架梁箍头为贴金扯不断纹；盒子为锦纹地套贴金麒麟如意小盒子；方心头为角叶形，方心为青色地沥粉贴金，绘双凤戏珠，梁底面彩画残损较为严重，无法辨识（ 图 2-1-83）。

三架梁底面为掐池子式，侧面为方心盒子式。方心为红地贴金凤，两侧找头为破方心式，纹饰为贴金花卉（图 2-1-84）。

寝殿为重层单檐悬山绿琉璃瓦顶，面阔七间（43.06 米），进深四间（9.92 米），通高 13.8 米。寝殿梁架为进深两间，前带双步廊，用三柱，五架梁对双步梁，上承三架梁。斗栱为五踩单栱重昂造，栱均被雕刻成各种卷草形状，耍头被雕刻成龙首或象首，平身科耍头后尾亦加长超过金檩中线并在后尾与金檩间设叉柱。由于近代的保护不当，寝殿、东西配殿、东西厢房的遗存彩画均被现代油漆严重覆盖，失去其原有的价值。

图 2-1-80 七架梁方心龙纹

图 2-1-81 七架梁盒子

图 2-1-82 七架梁底面彩画

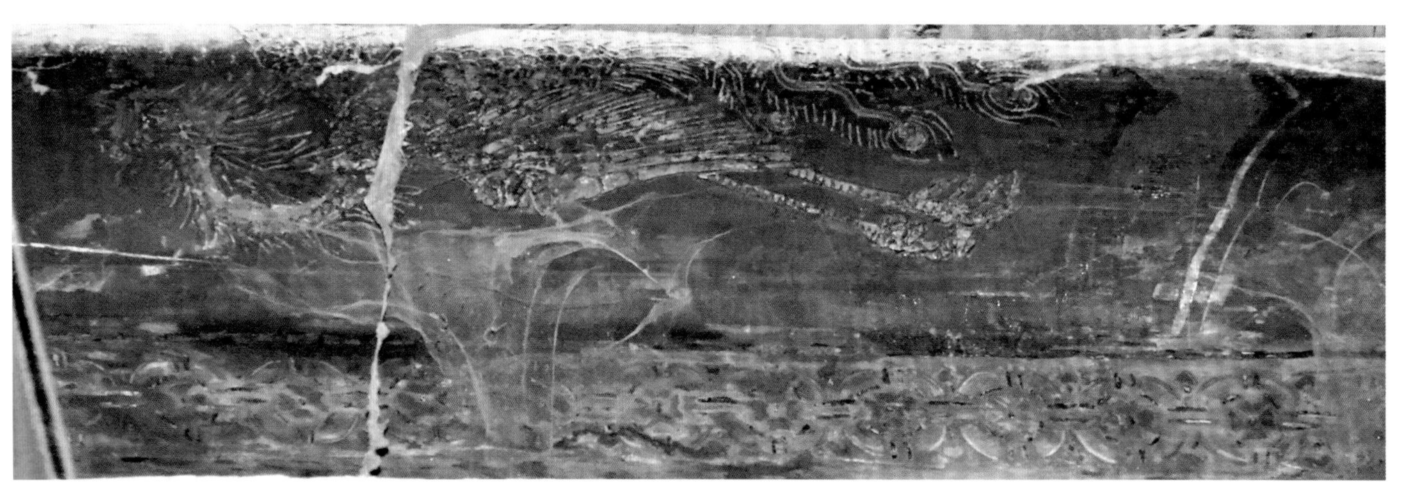
图 2-1-83 五架梁方心凤纹

图 2-1-84 三架梁彩画

第二节 周口关帝庙

周口关帝庙位于周口市沙河北岸，建于清代，由山西、陕西两地商贾集资兴建，是当时的重要商埠，因此又名山陕会馆，为全国重点文物保护单位。庙内现存乾隆四十八年（1783 年）《重修关圣庙诸神殿香亭钟鼓楼并照壁僧室戏房及油画诸殿铺砌庙院碑记》，该碑记记载："周口河北旧有山陕会馆，中祀大殿创自康熙三十二年（1693 年），五十二年傍建河伯、炎帝二殿，丁酉年建药王殿并东廊房，壬寅年建财神殿并西廊房禅院僧舍。雍正九年（1731 年）重修大殿建香亭，十三年建午楼、山门。乾隆八年建老君殿，十五年建钟鼓楼，三十年建马王、酒神、瘟神殿及石碑坊、马亭、戏房，此皆前人创建尽善，庙宇巍峨可观，但历年久远风雨飘圮倾□者多，四十六年山陕商贾各捐囊资慨然乐输于寞天育等督工重修香亭、钟鼓楼、药王、瘟神殿及马亭、舞楼照壁、僧室、戏房并彩画诸殿两廊铺砌内外庙院，至四十八年大功告竣。基宇犹是而美轮美奂规模增新矣……"可知周口关帝庙最迟在康熙三十二年即已存在。其后的百年间，营建活动不断。

周口关帝庙现存三进院落，建筑 140 余间，占地 25600 平方米。建筑坐北朝南，沿中轴线对称布局（图 2-2-1）。飨殿、大殿、炎帝殿、河伯殿、拜殿以及东西看楼留有彩画（图 2-2-2）。

飨殿是庙内中轴线上最南端的一座建筑，建于雍正九年，单檐歇山式建筑，面阔五间，进深三间，木构皆有彩绘。外檐部分残损严重，仅见少许青、绿色彩。殿内彩画虽有损毁，但基本可辨。彩画形式包括包袱式、海墁式和掐池子式，技法比较规范。梁架侧面与底面彩画为一整体面画，随木构件自然过渡。三架梁两端绘外青内绿单退晕双层角叶包头（即包袱头），方心绘青地金狮滚绣球（图 2-2-3）。五架梁用盒子方心海墁式，箍头线与方心头共用。两端绘宋锦地花卉长方形死盒子，盒子内绘花鸟、人物等，均无重复，素副箍头。方心内绘海墁贴金凤钻牡丹，黄地，沥粉（图 2-2-4 至图 2-2-7）。黄地在官式和地方手法中均非常罕见。

图 2-2-1 现状鸟瞰

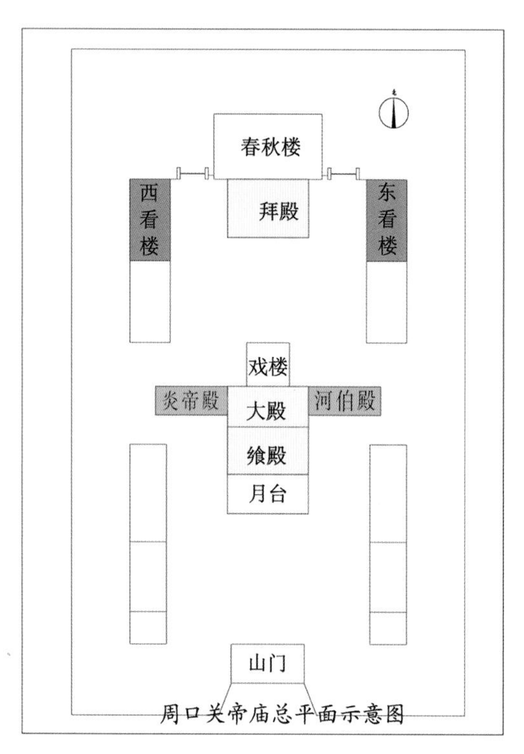

图 2-2-2 遗存彩画示意

图 2-2-3 飨殿三架梁梁头彩画

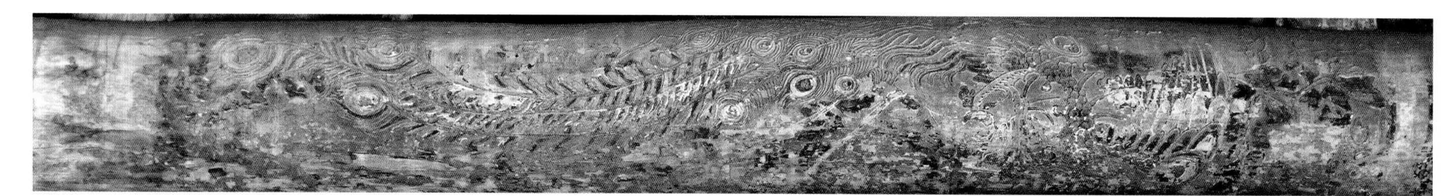
图 2-2-4 飨殿五架梁方心

图 2-2-5 飨殿明间梁架彩画

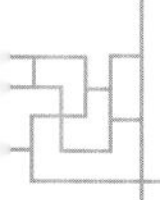

图 2-2-6 明间五架梁盒子

图 2-2-7 明间五架梁盒子

七架梁箍头盒子为海墁方心式，双角叶形方心头，青、绿双色，内绘沥粉贴金巨龙，红地，沥粉。龙身回旋，两侧面为波浪形，自然咬合，但截然分开；盒子呈长方形“死盒子”式，图案不可辨，死箍头。每间檩桁仅两端置锦纹死盒子，素箍头，中间绘海墁松木纹。随檩枋同样以间断白刷饰，两端绘海墁松木纹、盒子方心。内檐额、枋掐池子，属官式手法。斗栱无纹饰，只叠韵，即素式手法（图 2-2-8、图 2-2-9）。

大殿在飨殿北侧，康熙三十二年（1693 年）建造，是该院落内较早建造的建筑。大殿为带前廊悬山式，面阔五间，进深二间。内外木构架均保存有彩画。内檐为带盒子的海墁式，保存较为完整；外檐为池子式，残损较为严重。

外檐明间大额枋为不同形式的池子，次间为海墁式，青地，上浮雕夔龙博古。平板枋为方心盒子，挑檐檩、外拽枋均以斗栱攒当位置为参照绘设池子，各池子画面自成一体（图 2-2-10）。明间的挑檐檩南端绘沥粉贴金凤戏牡丹，凤的形态与内檐五架梁所绘相同，牡丹残损，可见粉色花蕊；外拽万栱枋在攒当之间绘青蝴蝶和红牡丹组合的小池子，基本保存完整（图 2-2-11）。

图 2-2-8 飨殿明间七架梁海墁彩画

图 2-2-9 飨殿次间七架梁南半部（龙首）、北半部（龙尾）彩画

图 2-2-10 外檐平板枋和大额枋彩画

图 2-2-11 外拽万栱枋池子

内檐大木彩画与飨殿基本一致(图2-2-12至图2-2-14)。三架梁为海墁式，五架梁和七架梁设箍头，活盒子海墁式。其中三架梁绘红地青色绿枝叶卷草西番莲，叶子绘画技法具有外来风格，与北京恭王府乐道堂的前卷后檐梁头侧面所绘相似（图 2-2-15）。类似彩画手法在乾隆时期的故宫建筑中也有发现，呈现了中西合璧的绘画风格。三架梁的红地色泽与七架梁并不相同，应该是色彩成分有别。五架梁采用

图 2-2-12 大殿明间梁架彩画

图 2-2-13 大殿次间梁架彩画

图 2-2-14 稍间梁架彩画（与图 2-2-13 为同缝两面）

青地海墁沥粉贴金五彩凤凰与沥粉拶退牡丹的组合，所绘金凤采用裸露型（图 2-2-16、图 2-2-17）。牡丹多为下垂形式，姿态不同。相邻两朵颜色不同，粉色间以大朱相隔，花头边线沥粉、贴金，花朵渲染，枝叶拶退；盒子、箍头形式多样，明间交替使用柿蒂纹、回纹（图 2-2-18、图 2-2-19），次间用水波纹、涡旋纹（图 2-2-20），均贴金。所绘盒子的造型变化较多，梁架两端各绘聚锦，有几何、器物、瓜果、动物等多种形式。其中佛手指尖向下，与官式造型相反。盒子内绘人物、花卉、水果等，各不相同（图 2-2-21 至图 2-2-28）。

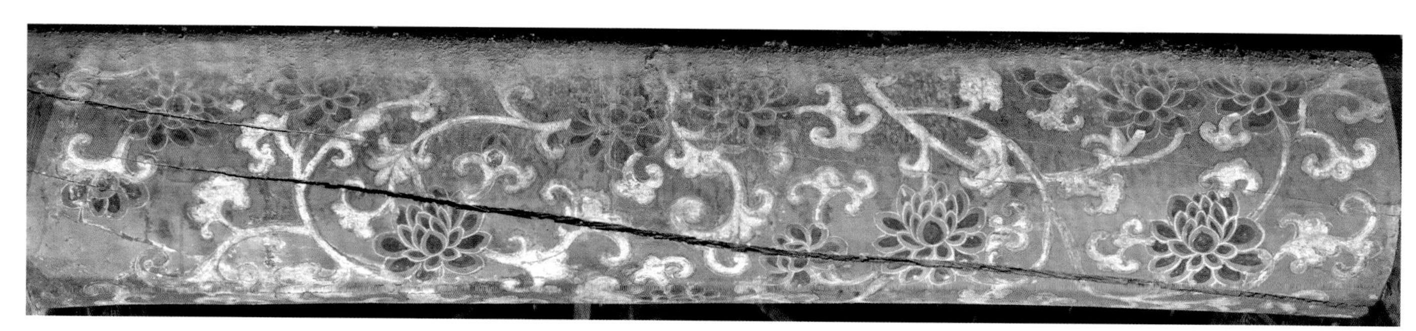

图 2-2-15 明间三架梁海墁缠枝莲彩画

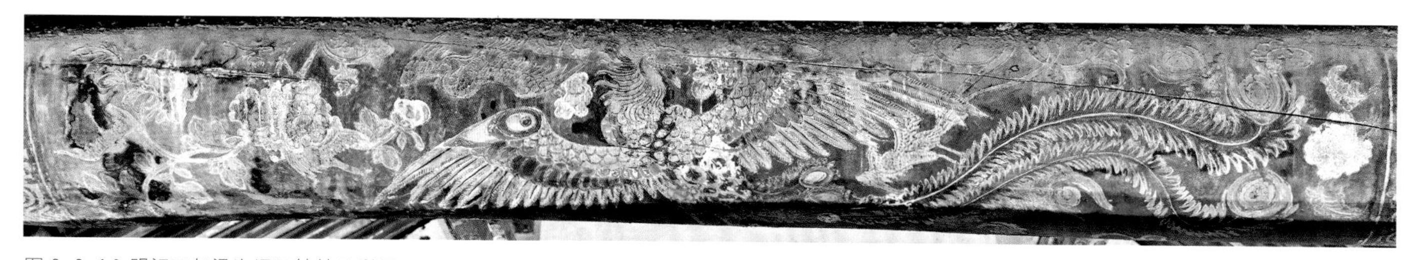

图 2-2-16 明间五架梁海墁凤钻牡丹彩画

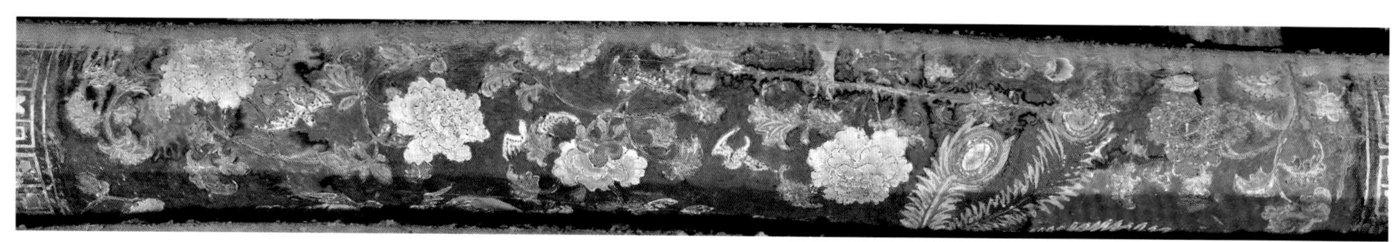

图 2-2-17 次间五架梁次间面海墁凤钻牡丹彩画

图 2-2-18 水波纹箍头

图 2-2-19 回纹花朵连续箍头

图 2-2-20 涡旋纹箍头

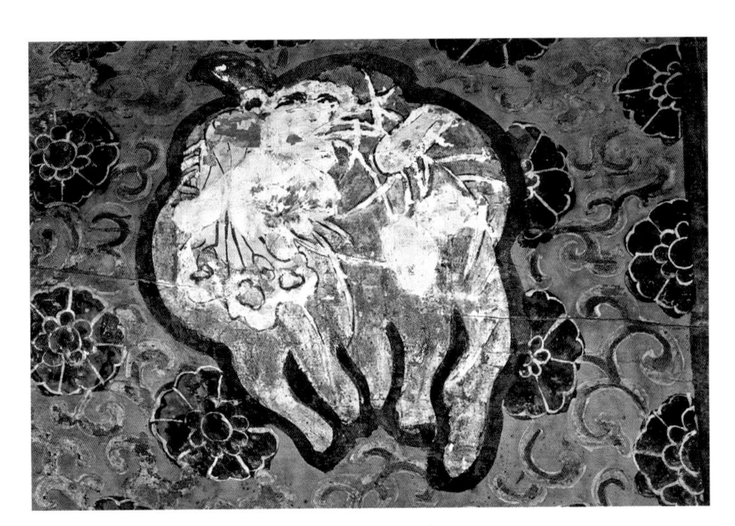

图 2-2-21 五架梁明间西缝南端盒子

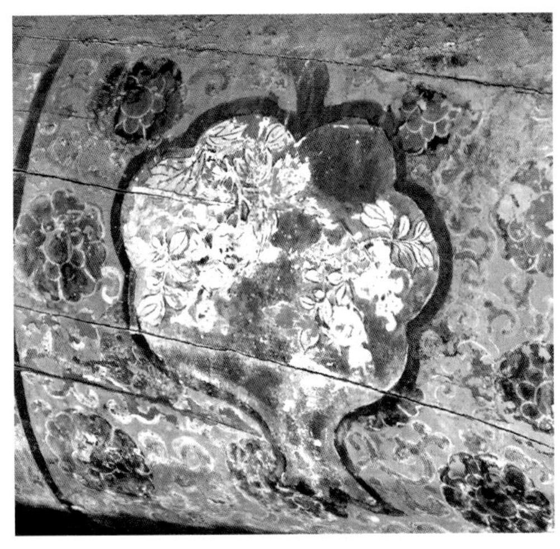

图 2-2-22 五架梁明间西缝北端盒子

图 2-2-23 五架梁明间东缝南端盒子

图 2-2-24 五架梁明间东缝北端盒子

大殿七架梁绘红地海墁五彩龙云纹和金蝙蝠，龙纹、蝙蝠纹均用描金做法，龙为裸露型，同清代官式做法（图 2-2-29 至图 2-2-31）。方心和盒子之间用双箍头，近盒子端箍头青色，退单晕。盒子内绘苏画聚锦或锦纹地开光，形式多样，采用清代官式平金地做法，内容多是各种吉祥图案（图 2-2-32 至图 2-2-40）。近方心处箍头以片金蝴蝶和近圆形牡丹交替，牡丹形态与方心内不同，红色晕染（图 2-2-41）；与三架梁、五架梁比较，七架梁的彩画技艺明显精细。檩桁和随檩枋合为一个作画单元，分别以开间为单位，使用回纹掐箍头海墁松木纹（图 2-2-42）。檩垫枋同样以开间为单位，绘掐箍头海墁万鹤流云纹（图 2-2-43）。

图 2-2-25 五架梁东次间西缝南端盒子

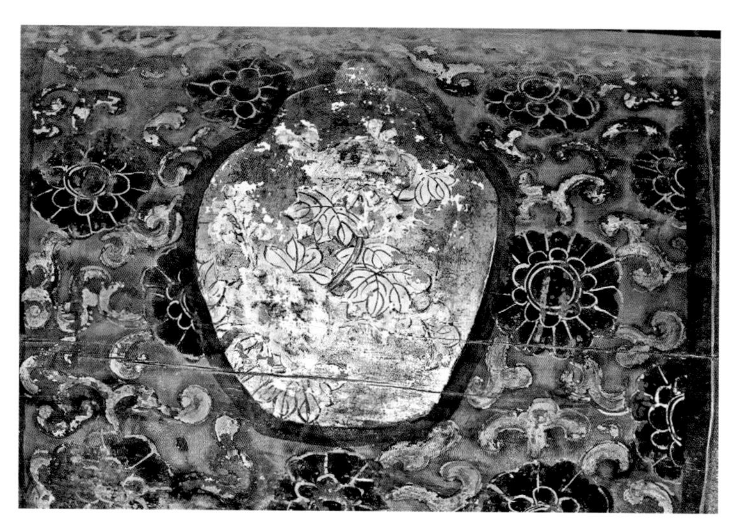
图 2-2-26 五架梁东次间西缝北端盒子

图 2-2-27 五架梁东次间东缝南端盒子

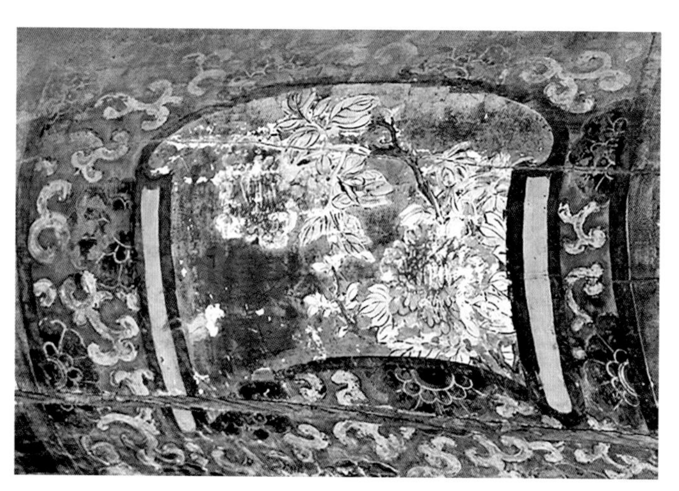
图 2-2-28 五架梁东次间东缝北端盒子

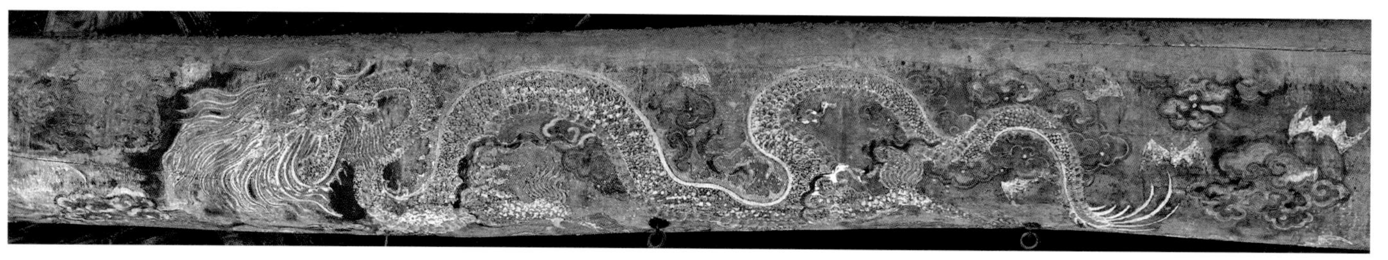
图 2-2-29 明间七架梁彩画

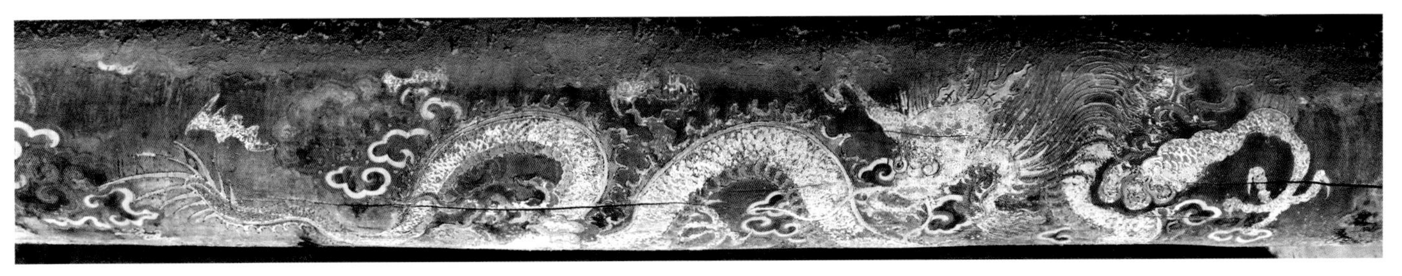

图 2-2-30 次间七架梁彩画

图 2-2-31 稍间七架梁彩画

图 2-2-32 明间东缝七架梁南端盒子

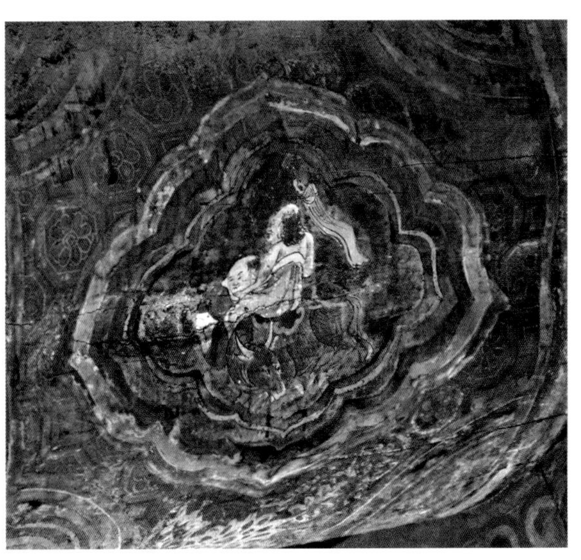

图 2-2-33 明间东缝七架梁北端盒子

图 2-2-34 明间西缝七架梁南端盒子

图 2-2-35 明间西缝七架梁北端盒子

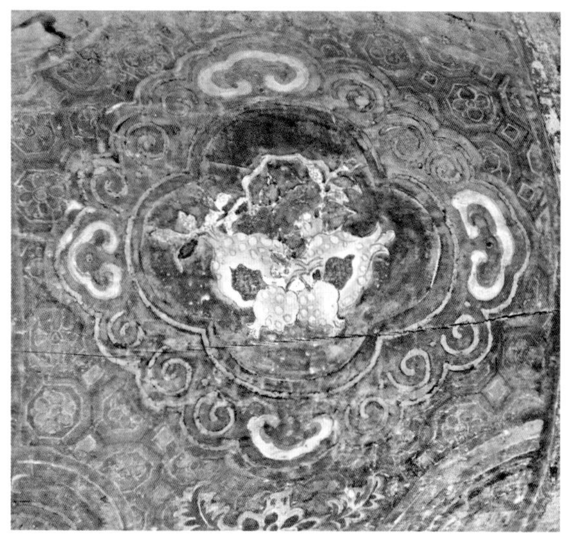

图 2-2-36 西次间七架梁东缝南端盒子

图 2-2-37 西次间七架梁东缝北端盒子

图 2-2-38 西次间七架梁西缝南端盒子

图 2-2-39 西次间七架梁西缝北端盒子

图 2-2-40 西稍间七架梁西缝北端盒子

图 2-2-41 片金蝴蝶、近圆形牡丹连续箍头

图 2-2-42 檩、枋彩画

图 2-2-43 隔架科枋绘万鹤流云彩画

河伯殿和炎帝殿位于大殿两侧。两座殿均为前廊悬山式，面阔三间、进深二间，建于康熙五十二年（1713 年）。外檐彩画结构残存较少，不可辨，颜色遗存不全，仅能辨出青绿二色（图 2-2-44、图 2-2-45）。河伯殿梁架彩画残损严重，颜色几乎不辨。炎帝殿梁架彩画依木材侧面、底面分别作画，侧面宽于底面（图 2-2-46）。炎帝殿大梁为不对称式盒子方心旋子彩画(图 2-2-47)。方心头绘角叶包头，双层。方心内绘凤钻牡丹，其外为锦纹找头。北端见有箍头、盒子。炎帝殿大梁为不对称盒子方心式旋子彩画。旋花一整两扇，箍头为复合式宽箍头。南端单死盒子，绘人物；北端双死盒子，纹样不辨。大梁方心朝明间面为五彩龙纹，次间面大梁为狮子滚绣球和凤钻牡丹（图 2-2-48、图 2-2-49）。檩、檩枋彩画不可辨。

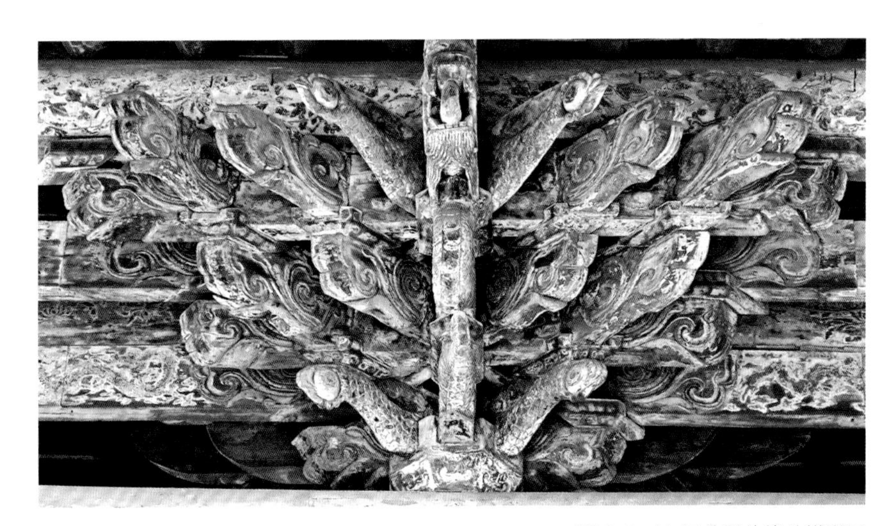

图 2-2-44 河伯殿外檐斗栱彩画

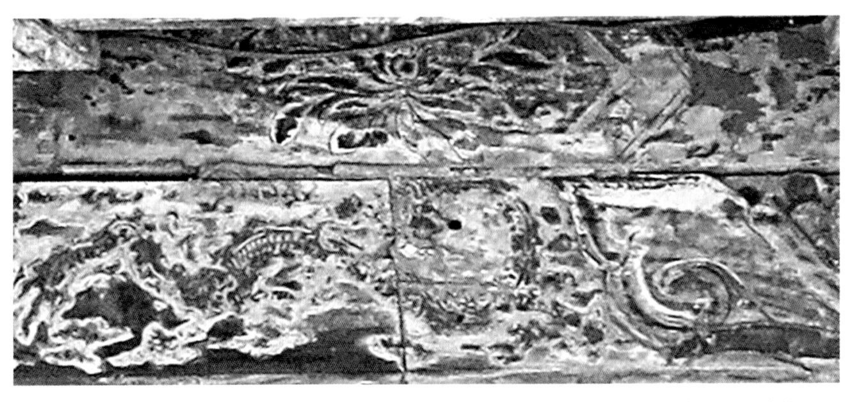

图 2-2-45 炎帝殿外檐斗栱拽枋彩画

图 2-2-46 炎帝殿明间梁架彩画

图 2-2-47 炎帝殿次间五架梁彩画

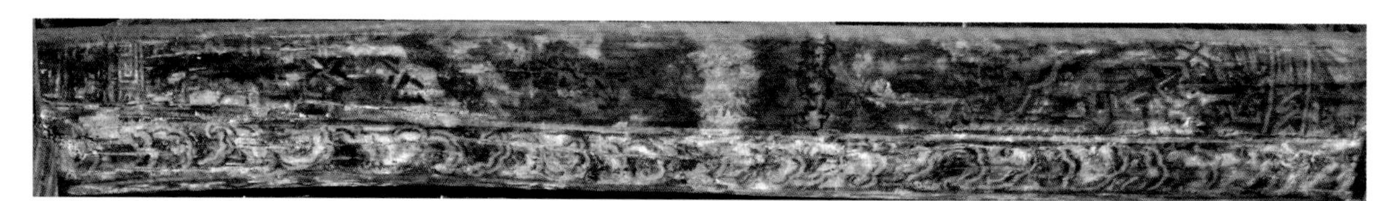

图 2-2-48 炎帝殿三架梁彩画

图 2-2-49 两半旋子方心

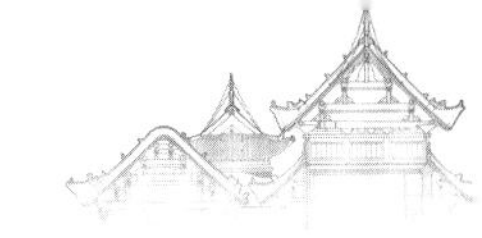

拜殿位于大殿之后，建于嘉庆五年（1800 年），单檐卷棚式歇山顶，面阔五间，进深三间。外檐彩画保存较差，漫漶不清。内檐的大木构件彩画大部分保存较差，但可辨清彩画结构（图 2-2-50）。月梁仅两端见有色彩，结构、内容不可辨。四架梁为宋锦纹反搭包袱式彩画。六架梁为包袱式方心彩画，包袱头为角叶纹，方心绘凤钻牡丹，红地。檩为松木纹彩画，掐箍头（图 2-2-51）。脊檩垫枋彩画见有箍头、扯不断纹和锦纹等（图 2-2-52）。随梁枋纹饰多样，有宝剑、硬夔龙、金鱼、海墁花卉等，底面有龙腹、大朱方胜、蝙蝠等（图 2-2-53）。

东西看楼位于春秋楼两侧，面阔五间，进深二间，单檐悬山。外檐彩画已不可辨。内檐结构、纹饰可辨，色泽较差。内檐彩画结构基本属地方手法的三停式方心旋子彩画，五彩、无金。旋花一整两破。方心没有绘制棱线，方心头近直角。旋花五路，二、四路为红色（图 2-2-54）。三架梁方心为凤钻富贵，红地，或者万鹤流云。底面绘如意云瓣，二方连续翻转，宽度略窄（图 2-2-55）。五架梁方心内绘龙钻富贵，红地雅五墨做法，还见有流云（图 2-2-56）。找头盒子内容丰富，有“渔”“樵”“耕”“读”和水墨山水等（图 2-2-57、图 2-2-58）。底部绘蝉肚纹。檩桁、枋和大额枋、平板枋均为三段式，方心绘组合花卉，找头旋花打破官式的一整两破式，按檩的长度呈不规则组合，两端绘锦纹衬地聚锦型盒子。

根据碑记，关帝庙彩画于乾隆四十六年（1781 年）开始绘制。结合看楼脊檩枋上“嘉庆二十二年四月初四卯□上梁首事吉和合、牛统元主持广修，木工胡友哲，泥工颜仁信，玉工□康□□”题记，大殿脊檩枋上“道光十六年桂月二十六日巳时上梁大吉……主持广修，木工王大□等，□工 □水章”题记，以及河伯殿、炎帝殿脊檩枋上“道光十六年桂月……”等墨书题记，推断本组建筑彩画属清代中期，约在乾隆四十六年至道光十六年（1836 年）之间（图 2-2-59 至图 2-2-61）。

图 2-2-50 拜殿明间梁架彩画及雕刻敷彩

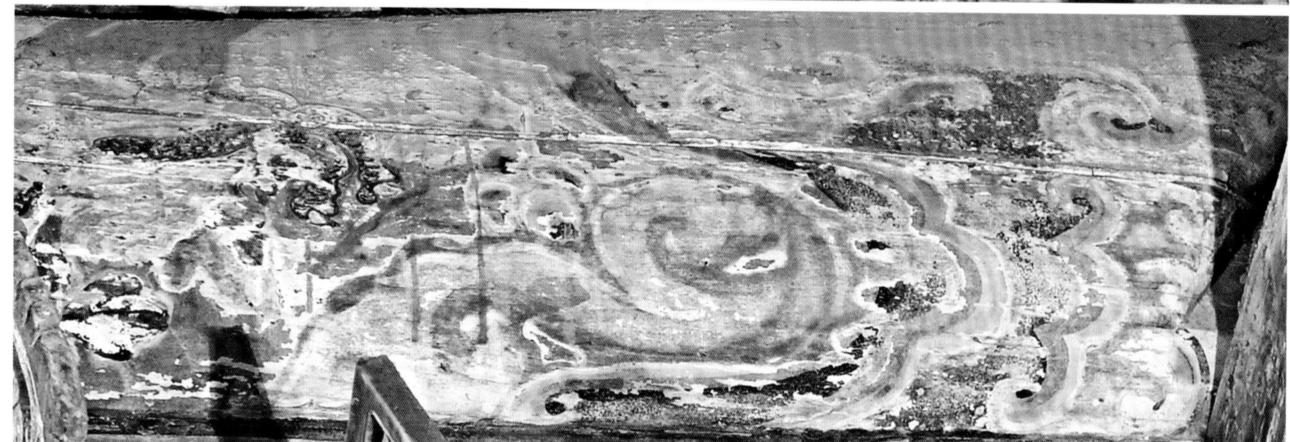
图 2-2-51 明间六架梁南、北端梁头

图 2-2-52 檩枋彩画

图 2-2-53 拜殿明间随梁枋雕刻及彩画

图 2-2-54 西看楼梁架彩画

图 2-2-55 东看楼西次间五架梁方心找头

图 2-2-56 东看楼五架梁盒子

图 2-2-57 西看楼三架梁盒子

图 2-2-58 东看楼脊檩、枋彩画

图 2-2-59 西看楼脊檩、隔架枋彩画

图 2-2-60 各工种匠人名字题记

第三节 南阳社旗山陕会馆和邓州汲滩会馆

1. 社旗山陕会馆

社旗山陕会馆位于社旗县城内西部，坐北朝南，现东西最宽 62 米，南北最长 152.5 米，建筑面积 6100.44 平方米。有各式建筑二十余座。整组建筑布局严谨，排列有序，装饰富丽气派，简繁适宜，现为全国重点文物保护单位。社旗山陕会馆建于清乾隆至光绪年间（1736—1908 年），山陕商贾“周知四方，遍访匠师，集工锤之技于庙建”。

现存会馆分主院、西跨院两部。主体建筑位于主院区中轴线上，建筑为三进院落，以中院为最大（图 2-3-1）。自前而后依次为琉璃照壁、悬鉴楼及两侧钟鼓二楼、大拜殿、大座殿及两侧药王殿与马王殿。悬鉴楼前（南立面）为半开敞式导引空间，其前设铁旗杆、双石狮，主院第一进东西两侧为东西辕门。悬鉴楼后（北立面）与大拜殿间设东西廊房，大座殿后原有春秋楼，今仅存基址。西跨院自南而北原有四进院落，今仅存最北之道坊院，由门楼、凉亭、接官厅及东西厢组成（图 2-3-2）。现该建筑组群有历史遗存彩画的建筑为悬鉴楼、大拜殿和大座殿。

悬鉴楼：又称“舞楼”，位于会馆的中部偏南，与大拜殿、大座殿遥相呼应，是会馆的主要建筑之一。悬鉴楼坐南朝北，分南北两部。南部为门楼，俗呼“山门”；北部为楼之主体，即舞楼，以木隔断

① 陈磊，杨予川：《河南木构建筑彩画——明清卷》，天津，天津大学出版社，2019年。

图 2-3-1 社旗山陕会馆现状鸟瞰①

分隔出舞（戏）台与后台。舞台内大木构架皆为二朱地海墁式彩画，梁架纹饰为行龙祥云、四季花卉等（图 2-3-3 至图 2-3-8）。分隔舞楼木隔断明间为隔扇形式，两次间则为古建筑的屏门。屏门设带斗栱木质屋顶并施彩画，其彩画形式为海墁式（图 2-3-9）。

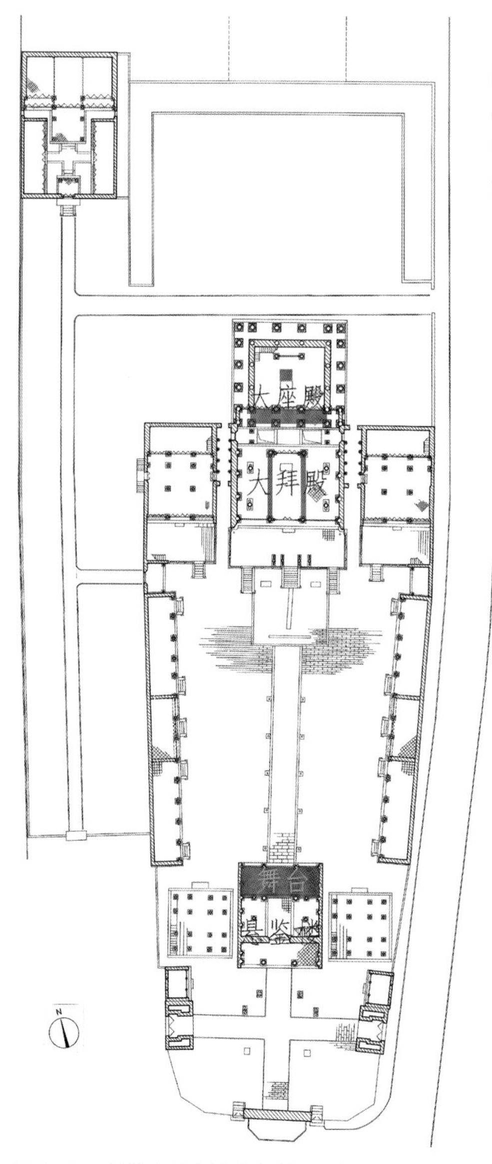

图 2-3-2 社旗山陕会馆遗存彩画示意图

图 2-3-3 舞楼梁架彩画

图 2-3-4 舞楼东山六架梁彩画

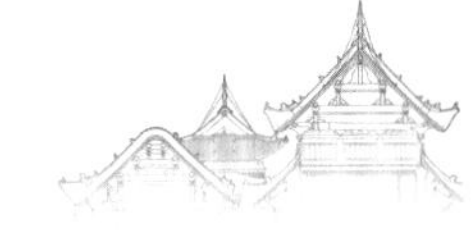

图 2-3-5 舞楼檩章丹地海墁水云纹

图 2-3-6 东次下金檩彩画

图 2-3-7 前檐金檩彩画及细部

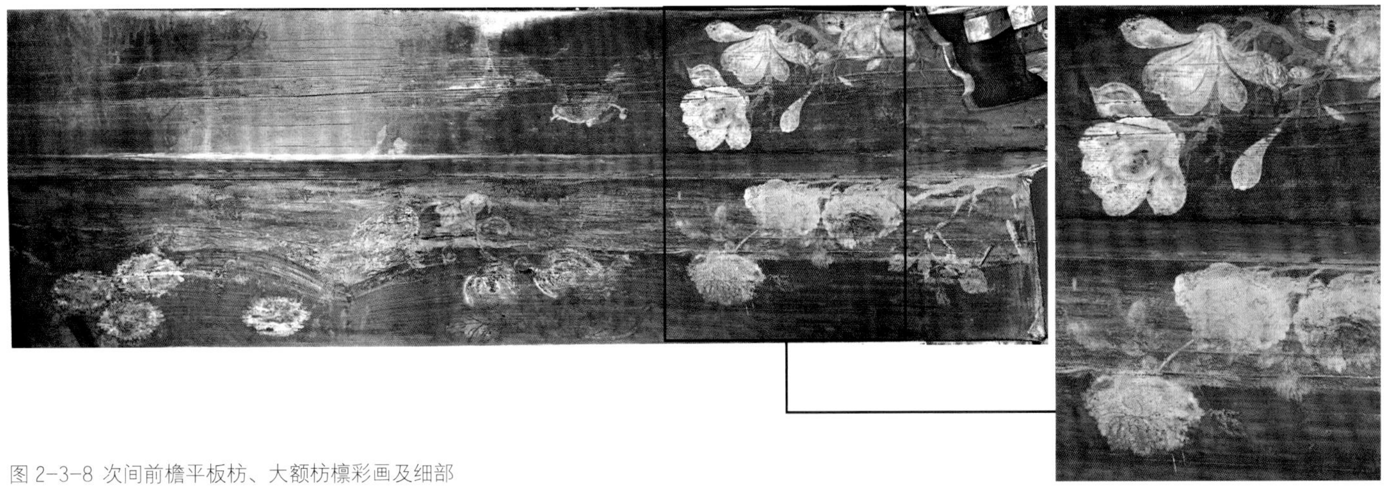

图 2-3-8 次间前檐平板枋、大额枋檩彩画及细部

图 2-3-9 屏门斗栱雕刻彩画

大拜殿：位于山陕会馆中轴线后部，南与悬鉴楼遥相呼应，北侧紧连大座殿，面阔、进深均为三间，单檐歇山卷棚琉璃屋面，为信徒参拜大座殿内关羽神像及商贾聚会议事之处。该殿内檐除两缝六架梁为红地沥粉巨龙外，其余梁檩为黑色断白，但画工粗糙，与舞楼相比差距较大，云纹较呆板（图 2-3-10）。殿外檩枋以斗栱攒当为单位设池子，由于年久，仅局部可见沥粉云龙及花卉（图 2-3-11）。

大座殿：位于大拜殿之北，面阔、进深均为三间，周围设回廊。前外檐额枋、雀替为高浮雕与透雕相结合，并施彩贴金，金柱额枋及雀替为高浮雕与透雕相结合，表面贴金（图 2-3-12、图 2-3-13）。柱头堆塑龙首，龙首施彩，局部贴金（图 2-3-14），梁头档有高浮雕财神（图 2-3-15）。殿内楼板天花仅留存明间正中一块方形圆鼓子，彩画图案为道教八卦，圆鼓子外边棱为扯不断纹，内环则为白地红色八卦方位，天花心为黑、红阴阳鱼图案，圆鼓子外四岔角为白地黑、红展翅蝙蝠图案（图 2-3-16）。

图 2-3-10 大拜殿七架梁彩画

图 2-3-11 大拜殿柱头斗栱正心枋青地花卉

图 2-3-12 大额枋浮雕敷彩贴金

图 2-3-13 雀替浮雕敷彩

图 2-3-14 柱头塑彩、大额枋和雀替浮雕敷彩

2. 邓州汲滩山陕会馆

明清时期，南阳盆地邓州商业经济活跃，在邓州兴建的会馆有 15 处之多。在这些会馆中，以汲滩的“山陕会馆”最为讲究，为邓州市文物保护单位。

汲滩镇为邓州名镇，西临白河支流湍河。据载，明清时期，湍河是豫西南一带主要的水运航道。湍河水深流急，每年夏秋时节，河水上涨，一艘艘商船从汉江进白河，再驶入湍河，停靠在汲滩湍河岸边的青石码头上，卸下各种各样的货物，经陆路运往山陕地区。汲滩镇是邓州货运的集散地，经济活跃，非常繁华，有“小汉口”之美誉，大批商贾聚集于此地。汲滩镇同社旗镇、石桥镇、瓦店镇一样，是明清时期南阳中部白河流域著名的水陆码头。山西、陕西大批商贾看中此地，合资在此建立山陕会馆，作为山陕商人聚会议事之地，在此他们不仅交流信息、接待商人、停放货物，也敬神感灵、祈福禳祸。

图 2-3-15 财神浮雕敷彩

汲滩山陕会馆原名山陕关帝庙，规模宏大，整个建筑群坐北朝南，原有大门、照壁、石牌坊、钟鼓楼、乐楼、拜殿、大殿、春秋楼、东西厢房等多座建筑，布局完整，气势雄伟。目前仅存大门、照壁、拜殿、大殿及东西配殿等六座建筑，碑刻六通。仅拜殿和大殿有彩画遗存。

根据山陕会馆院内现存建筑题记及《重修拜殿碑记》《汲滩镇山陕庙运粮碑记》《增修照壁碑记》记载，山陕会馆初建于清雍正五年（1727 年），雍正十三年增修乐楼，嘉庆二十四年（1819 年）增修照壁，并一直持续到民国期间仍有增修。

大门面阔一间，为高墙门形状，上部为砖雕斗栱、椽飞承托瓦顶屋面，两侧为砖雕花卉纹饰砖柱，左右紧接围墙及照壁。

图 2-3-16 天花彩画

图 2-3-17 拜殿明间梁架雕刻及彩画

图 2-3-18 六架梁龙首形吞口方心头及梁头卷草

图 2-3-19 四架梁寿纹方心及敷彩驼墩

图 2-3-20 月梁彩画及敷彩龙凤驼墩

拜殿创建于清乾隆四年（1739 年），重建于乾隆二十六年（1761 年）。面阔三间（11.6 米），进深三间（8.7 米），单檐硬山卷棚式建筑，灰筒板瓦覆顶。下有台基。前有宽 9.5 米、深 4 米、高 0.5 米的月台，东西两端有花墙。拜殿卷棚东西次间前后檐额枋均雕刻为月梁形（图 2-3-17）。檐下置三踩单翘斗栱，次间正心栱栱身雕刻为鱼形，饰鱼鳞纹，头朝坐斗，尾承散斗。该建筑山墙部位仍使用梁架，主体构架为六架梁对前后抱头梁。六架梁彩画为“寿”字，大方心式。方心头为龙首形吞口，方心内均匀置圆形“寿”字，“寿”字外缘轮廓为连续青色卷草纹，方心地为绿色。梁头高浮雕卷草，此卷草巧妙与梁彩画方心头龙吞口结合绕为龙身。梁上的驼墩均为高浮雕卷草花卉纹（图 2-3-18）。四架梁彩画结构形式同六架梁，仅方心内“寿”字纹为两个（图 2-3-19），其上驼墩为高浮雕龙凤装饰彩纹。月梁彩画结构形式与六架梁亦同，方心内饰单“寿”纹（图 2-3-20）。两脊檩下有题记两处，题记前后均为龙首，东为坤卦，西为乾卦。后部题记为“大清乾隆四年岁次己未九月十六日辰时创建拜殿三间谨志”；前部题记为“大清乾隆二十六年岁次辛已十月初二日午时会议扩大重建愿永远吉祥如意”（图 2-3-21）。该建筑使用了部分南方建筑的结构和装饰，将南北建筑风格兼容并蓄，很有特点。脊檩与随檩枋共同组合一整体，为下搭包袱式，前后檐包袱为不同内容（图 2-3-23）。

图 2-3-21 脊檩彩画

图 2-3-22 前脊檩南立面彩画

图 2-3-23 前脊檩北立面彩画

大殿原名山陕关帝神殿，面阔三间，进深三间，单檐硬山顶，灰筒板瓦覆顶。台基与拜殿同高，山墙前部同拜殿连为一体，东西各置券门一座。大殿前檐柱、金柱顶部外侧均斜杀，明间用雕花木块代替平身科斗栱。柱头及次间平身科为雕花异形栱。该建筑构架主体为五架梁对前廊穿梁。梁上驼墩为花卉浮雕。脊檩下题记为“旹清雍正五年岁次丁未八月初五日卯时立柱上梁创建山陕关帝神殿奉直大夫知邓州事加一级……永远吉祥如意”（图 2-3-22、图 2-3-23）。

该殿梁架彩画残损较重，仅依稀可辨其方心式结构形式。明间脊檩为找头方心式。找头为双箍头，多退晕方心头。方心为双套式，内为反搭包袱式，外为花卉小池子。包袱为红地降龙，龙面较为凶狠，龙身为青色（图 2-3-24 至图 2-3-28）。

西次间脊檩随枋底两端分别题录泥水匠、画匠和解匠、梓匠名讳（图 2-3-29、图 2-3-30）。

汲滩山陕会馆建筑精巧，装饰华丽，纪年清晰，为研究南阳清代交通、商业的发展提供了珍贵的资料，为研究南阳清代早中期建筑的历史特征提供了可靠的实物证据。

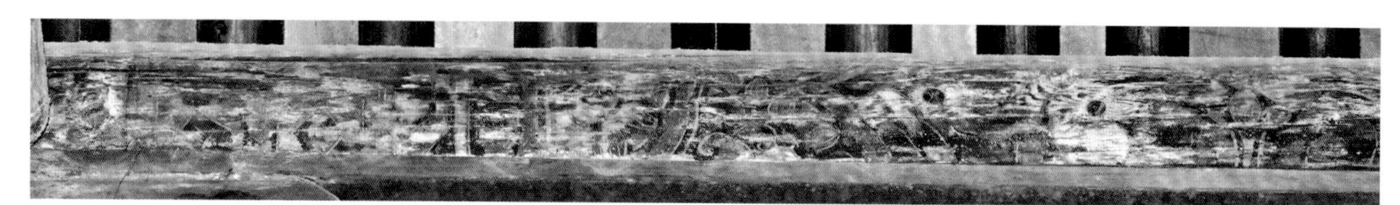

图 2-3-24 次间上金檩找头

图 2-3-25 三架梁头、五架梁局部彩画

图 2-3-26 脊檩北立面彩画

图 2-3-27 明间前檐下金檩三件及平板枋、大额枋彩画

图 2-3-28 次间五架梁找头

图 2-3-29 西次间脊檩隔架枋南端题梓匠、解匠名讳

图 2-3-30 西次间脊檩隔架枋北端题泥水匠、画匠名讳

第四节 开封山陕甘会馆、朱仙镇关帝庙

1. 山陕甘会馆

山陕甘会馆位于开封市徐府街路北，是一座布局严谨、建造考究、装饰华丽的清代古建筑群，其因巧夺天工的木、石、砖雕等建筑装饰和幽雅恬静的庭院建筑形式而名闻遐迩，是我国古代建筑艺术宝库中的一颗璀璨的明珠，现为全国重点文物保护单位。

明清时期，开封交通便利，为晋商贸易重地。旅居开封的山西商人日益增多，遂于清康熙年间在开封老会馆街（今龙亭东侧）集资建造“山西旅汴同乡会馆”，简称“山西会馆”，目的在于同乡联谊互助，举办节日庆典、进行贸易洽谈等。清乾隆年间陕西旅汴商人与山西旅汴商人联合，选定徐府旧址修建山陕会馆。会馆的前半部为关帝庙，西部和后半部为办公场馆。据馆内所立石碑载，会馆关帝庙初建时为“修立大殿祀关圣帝君，接檐香亭五间，旁构两庑，前起歌楼，外设大门，庙貌赫赫奕，规模闳敞”，证明有大殿、戏楼、东西厢房及大门。清道光四年（1824 年）大殿前又建前厅，以天沟相连，形成一座规模宏伟的正殿。清道光五年，于大殿前建牌楼一座。道光十八年重修牌楼，之后又扩建厢房，并建钟、鼓二楼。同治三年（1864年）重修后道院。光绪年间，甘肃旅汴商人加入会馆，将其改称山陕甘会馆。光绪二十八年（1902年）于大殿后建春秋楼。自此，一组完整的关帝庙建筑群得以完成。

山陕甘会馆，现仅存关帝庙部分，整体布局坐北朝南，中轴线对称布局，东西宽38~45米，南北长97米，面积约3880平方米，由南向北依次有照壁、东西翼门、戏楼、钟鼓楼、牌楼、正殿、东西厢房、东西跨院等建筑。

正殿，为会馆现存中轴线最北端的建筑。从南向北依次由前厅、拜殿、大殿三座建筑以天沟连接而成，平面布局呈"凸"字形。大殿面阔五间，进深三间，为九架前后廊结构，九檩八架椽，是硬山式建筑。前后檐部无斗栱，后檐明间设门。屋面灰筒板瓦覆顶，绿琉璃瓦剪边，正脊为浮雕龙凤牡丹花脊，脊中央置有狮驮宝瓶。目前，山陕甘会馆仅大殿留存有部分彩画（图2-4-1）。

七架梁及七架梁随梁为直边反搭包袱式彩画。包袱框为红色扯不断纹，方心内为花卉，包袱外为锦纹，箍头为扯不断纹（图2-4-2）。

脊檩彩画为圆边反搭包袱式彩画，包袱内饰花卉，包袱外找头为席锦纹，箍头为扯不断纹(图2-4-3)。

图2-4-1 大殿梁架遗存部分彩画

2. 朱仙镇关帝庙（山陕会馆）

关帝庙位于开封市开封县朱仙镇，与岳飞庙相邻，坐北向南，原建筑格局不详，现仅存拜殿，面阔五间，进深一间，卷棚歇山顶，旋子彩画。

明间东缝西立面：月梁结构不清，可辨青绿色。四架梁为池子式，中池子为长方夔纹，南北为圆形小池子，席锦纹地，箍头为回纹，底面为青绿连续回纹。六架梁为方心式，方心红地金龙，回纹箍头，绿地，锦纹长方盒子，梁底为青绿回纹。明间西缝东立面同明间东缝西立面（图 2-4-4 至图 2-4-6）。明间两根月梁残损较重，仅北侧可辨方心旋子带盒子一整两扇。随檩枋可见“康熙四十七年重修”字样。金檩为方心式旋子彩画，方心内图案为海墁团花，整旋花、旋眼为红色，外四路为绿色晕边，小方盒子为锦纹，檩枋三件构图一致，箍头竖直成直线，前檐金檩同后檐，随檩枋底面为连续回纹图案（图 2-4-7）。大额枋仅两端头可见锦纹。斗栱大小斗底均为红地莲瓣。

东山面平板枋有箍头盒子，为海墁锦纹式。东稍间后檐檩旋花为一整两破（整为 1/2，破为 1/4），方心式旋子彩画，方心内为整团花，盒子为席锦纹，东山内拽厢栱连枋底为连续锦纹。外檐斗栱前檐栱昂为海墁回纹，后檐斗栱纹饰不同于前檐，平板枋底面为连续回纹。

图 2-4-2 大殿次间七架梁彩画

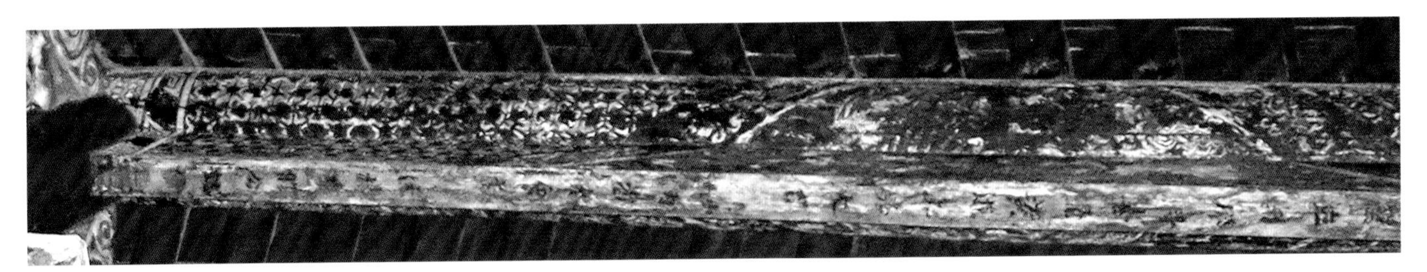

图 2-4-3 大殿明间脊檩彩画

图 2-4-4 明间梁架次间面彩画

图 2-4-5 明间梁架彩画

图 2-4-6 后檐金檩、金枋彩画

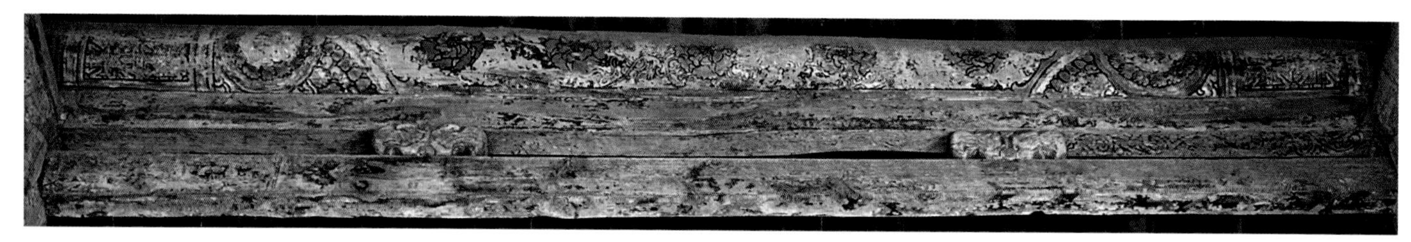

图 2-4-7 后檐下金檩、金枋彩画

第五节 辉县山西会馆

辉县山西会馆位于辉县市区南大街西端路北，又称“关帝庙”，系山西商人在辉县建立的聚会场所。会馆创建于清乾隆二十五年（1760 年），嘉庆二年至十七年（1797—1802 年）陆续增建，始成今日之规模，为河南省文物保护单位。总建筑面积为 2706 平方米。

会馆为一四合院式建筑群，中轴线上建有大门、戏楼、拜殿、正（大）殿；两侧建有两配房、钟楼、鼓楼、东西厢房和两配殿。现有彩画遗存的建筑为拜殿、正殿、钟楼、鼓楼及两配殿（图 2-5-1）。

拜殿：建在须弥座式高台基上，面阔三间，进深二间，单檐歇山卷棚顶。

外檐彩画残损严重，仅挑檐檩局部能辨认出以斗栱攒当为单位的小池子痕迹，池子颜色及纹样不可辨。殿内梁架大木彩画形式多样（图 2-5-2），明间与次间山面梁架彩画自六架梁往下变化较大。

月（二架）梁为海墁锦纹上置方心。四架梁自然材两侧加一底面作画，底面较窄。侧面彩画结构为箍头掐池子式，中间池子为青地花卉，边棱为绿色；两侧池子头为角叶形。明间六架梁为箍头盒子海墁方心式，方心按梁身自然材作画，无梁底面与侧面之分，方心为红地云龙；盒子又分三面作画，有较窄底面，侧面盒子为浅香色地花卉。山面六架梁为三段盒子式，中间盒子大于两端小盒子，中间盒子为红地青游鱼，两端盒子为少见的黄地，图案不清（图2-5-3）。明间八架梁为箍头双盒子小方心式。檩桁和檩枋为海墁式，随檩枋则仅刷饰单色。平板枋在斗栱坐斗中设盒子，平身科或柱头科斗栱下盒子为祥瑞动物，斗栱攒当间盒子则为锦纹图案。斗栱彩画以青绿色刷饰，白色缘线，局部贴金（图2-5-4）。

大殿：面阔三间（12.9米），进深二间（11.4米），悬山顶建筑。梁架彩画箍头盒子方心式，自然材截面，三面作画形式，有较窄梁底面。殿内檩桁彩画则为掐池子式，以隔架科斗栱攒当设池子。山花为国画形式的风景人物画及花鸟画。明间与次间梁架彩画结构相同，构图有别（图2-5-5）。

图2-5-1 辉县山西会馆鸟瞰图

图2-5-2 拜殿明间梁架彩画

图2-5-3 拜殿山面六架梁方心

图 2-5-4 拜殿内檐斗栱彩画

图 2-5-5 大殿明间梁架彩画

明间：三架梁为箍头小找头大方心式，绿色死箍头，红色如意瓣旋花，绿色花卉方心套青地折枝花卉小池子，底面为土红地连续卷草纹（图 2-5-6）。五架梁为青色副箍头，绿色死箍头，青地花卉矩形盒子、锦纹地大方心套长矩形池子，池子为白地人物故事，底面为青色刷饰（图 2-5-7）。七架梁为青色副箍头，绿色死箍头，青色花卉大方心套群青地金龙五彩祥云池子，白地海墁花卉（图 2-5-8）。

次间：三架梁为小找头大方心，方心端头一坡两折，夹角较大，青色副箍头，绿色箍头退一晕；找头为一整两扇，旋花呈凤翅瓣形，方心为软夔龙图案，底面为连续卷草纹（图 2-5-9、图 2-5-10）。五架梁为箍头盒子大方心式，青色副箍头，绿色死箍头，长矩形青色地花卉盒子，红色退晕如意瓣形方心头，黄色地花卉大方心套白人物长矩形池子，池子头呈“〔”形，单色退一晕。七架梁为不对称式箍头盒子大方心，青色副箍头，绿色死箍头，后檐双盒子，外盒子为绿地凤翅瓣团花，内盒子为青色地折枝花卉，前檐无盒子，兽头形方心头，锦纹地大方心套红地凤钻牡丹池子，池子头为如意头形。

两山墙梁架结构形式同明间（图 2-5-11）。挑檐檩以斗栱攒当设池子，池子图案多为花卉（图 2-5-12）。平板枋同样以斗栱攒当设池子，坐斗之下池子图案沥粉贴金。大额枋局部高浮雕施彩贴金，雀替透雕施彩。斗栱青绿刷饰，局部贴金。上层走马板内外檐均绘彩画，外檐题材多样，有名著典故草船借箭和其他民间故事（图 2-5-13、图 2-5-14）；内檐多为山水风景。

大殿两侧配殿、钟楼、鼓楼、戏楼仅挑檐檩留存有彩画，但年代久远，已经不能辨清彩画的结构及纹饰，仅有模糊的轮廓。

图 2-5-6 明间三架梁彩画

图 2-5-7 明间五架梁彩画

图 2-5-8 明间七架梁彩画

图 2-5-9 次间梁架北部彩画

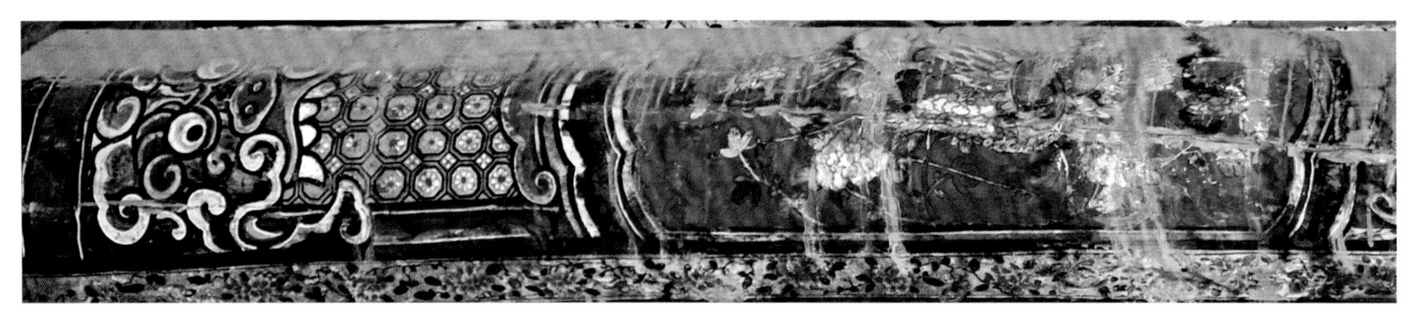
图 2-5-10 次间梁架南部彩画

图 2-5-11 山墙梁架彩画

图 2-5-12 前檐中金檩、隔架枋彩画

图 2-5-13 走马板绘草船借箭故事

图 2-5-14 走马板绘戏曲人物

第六节 许昌禹州怀邦会馆及十三帮会馆

1. 禹州怀帮会馆

禹州怀帮会馆位于许昌禹州市城关西北隅，是怀庆府所属各县在禹县进行中药贸易的巨商富贾集资兴建的行帮会馆建筑，建于清同治十一年（1872 年），因建筑青砖表面模印“怀帮”字样故称怀帮会馆，现为河南省文物保护单位。现存建筑有照壁、山门、戏楼、廊坊、拜殿和大殿等。建筑彩画遗存于拜殿和大殿中。

拜殿：面阔五间，进深一间，单檐卷棚歇山。本殿彩画残损较严重，仅见部分月梁锦纹池子式彩画；四架梁箍头方心式彩画，方心头为双角叶形式；六架梁为箍头方心式彩画，方心内纹饰为沥粉龙钻牡丹（图 2-6-1）。山面四架梁为三段掐池子式彩画，中间池子心为红地麒麟，两端池子心为黑地花卉。檩桁为海墁松木纹彩画，松木纹纹心内绘各种花卉，随檩枋及檩枋底面均为蝉肚纹（图 2-6-2）。山花彩画为传统国画的梅、兰、松、竹等（图 2-6-3、图 2-6-4）。

大殿：与拜殿以勾连搭形式相连，面阔五间，进深三间。殿内梁架为箍头盒子方心式彩画，檩桁彩画为海墁松木纹（图 2-6-5）。三架梁三面作画，底面有蝉肚纹，侧面有模糊龙纹，其他残损较为严重，已难辨清。五架梁三面作画，较宽底面相对形蝉肚纹中置阴阳图（图 2-6-6）。侧面彩画为三段式结构，方心大于两侧找头，方心头呈清代常见一坡两折内扣外弧式，设复合式内箍头。七架梁三面作画，底面纹饰同五架梁，但窄于五架梁（图 2-6-7）。侧面结构形式同五架梁，为箍头不对称盒子大方心式。无论外箍头还是内箍头均为复合式，方心头外端小找头亦为不对称式，纹饰内容丰富，有锦纹、仙童、文房四宝、器物组合等（图 2-6-8、图 2-6-9）。方心头形式同五架梁，方心内纹饰为龙钻牡丹。锦纹地盒子上置“◇”形，“◇”内为红色“福、寿、喜”等。

图 2-6-1 拜殿明间梁架彩画

图 2-6-2 拜殿山面彩画

图 2-6-3 山花彩画及四架梁彩画

图 2-6-4 下金檩、随檩枋、隔架科及隔架枋彩画

图 2-6-5 大殿梁架彩画

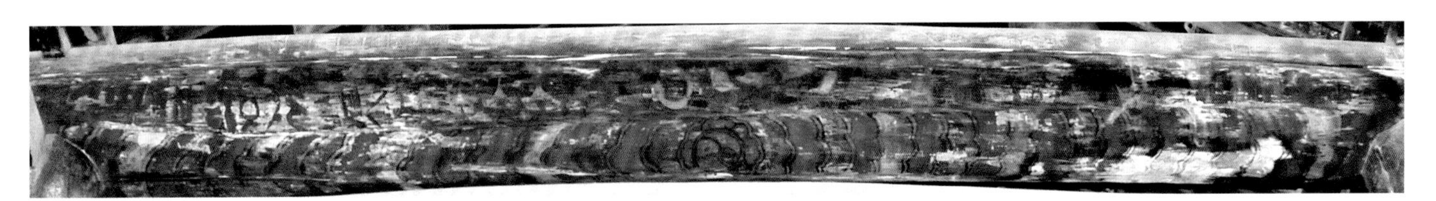

图 2-6-6 大殿五架梁彩画

图 2-6-7 大殿七架梁彩画

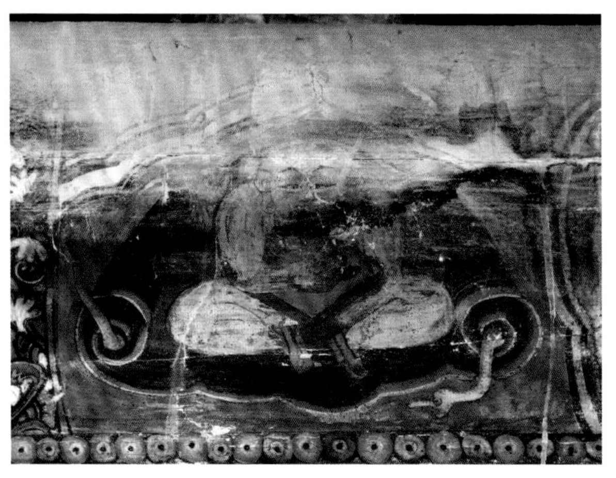

图 2-6-8 七架梁找头盒子 1

图 2-6-9 七架梁找头盒子 2

檩桁、随檩枋和檩枋侧面为海墁松木纹，檩枋底面则为蝉肚纹和连珠纹交替组合。柱头彩画带上下箍头，锦纹地上置矩形盒子。走马板彩画多为传统山水花鸟，局部有人物故事（图 2-6-10、图 2-6-11）。山花彩画多为中国写意山水、花鸟、古诗及中医药理。前檐抱头梁三面作画，底面为相对蝉肚纹，侧面为海墁虎头纹（图 2-6-12）。柱头彩画带上下复合箍头，花锦纹地上置盒子（图 2-6-13）。

前檐挑檐檩以斗栱攒当为单位设小池子，池子内容多为中国吉祥图案。斗栱栱身满绘花卉，斗底绘莲瓣，连枋攒当间图案丰富，有西洋人物画像、西洋建筑画、中国吉祥图案等（图 2-6-14 至图 2-6-18）。平板枋、大额枋及骑马雀替均透雕施彩贴金。

图 2-6-10 走马板人物 1

图 2-6-11 走马板人物 2

图 2-6-12 单步梁彩画

图 2-6-13 柱头彩画

图 2-6-14 斗栱外拽枋彩画——男女人物

图 2-6-15 斗栱外拽枋彩画——赤头鸟

图 2-6-16 挑檐檩斗栱攒当彩画——清代官帽

图 2-6-17 斗栱外拽枋界画——建筑

图 2-6-18 斗栱外拽枋风景画细部

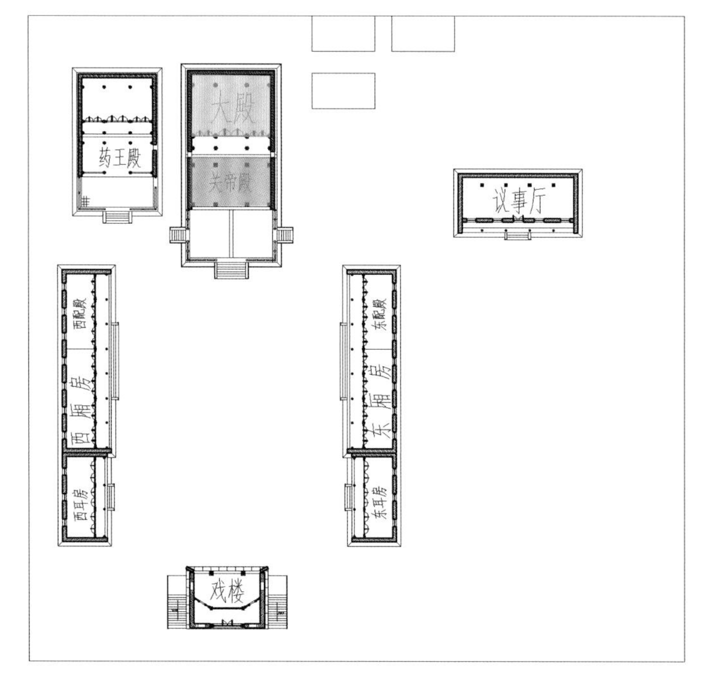

图 2-6-19 十三帮会馆总平面图

2. 十三帮会馆

十三帮会馆是清代禹州城内西北隅四个药商（山西、江西、怀帮、十三帮）会馆之一，清乾隆年间兴业，与山西会馆南北隔路相望，与怀帮会馆东西隔街而坐，组成会馆群落。因其聚集有河南省内马山口、郏县、汝州、商城及省外江苏金陵（南京）、安徽亳州等地的药材行，古人以“十三”为吉祥数将其取名十三帮会议所，统称十三帮。为扩大贸易，提高商业诚信知名度，众人于同治十年（1871年）建成会馆内寺庙建筑。

十三帮会馆是经营中药材贸易的商业场馆，原占地近20000平方米，由映龙池、九龙映壁、山门、花园、戏楼、钟楼、鼓楼、东西厢房、关帝殿、东配火神殿、西配药王殿的庙宇建筑与东跨院议事厅等经营、生活建筑两部分组成，平面为矩形，现存文物建筑为关帝前殿、关帝大殿、药王殿、东西配殿、东西厢房、东西耳房和议事厅。现为河南省文物保护单位。十三帮会馆分庙宇区、商业区、晒货场三部分，庙宇区沿南北纵轴对称设计。遗存彩画位于关帝殿、东火神殿、药王殿、东厢房和西厢房（图2-6-19）。

关帝卷棚殿：为会馆主殿，与东配火神殿、西配药王殿构成该庙宇的核心区，三殿均为前卷棚后悬山勾连搭式组合（图2-6-20）。关帝卷棚殿，面阔三间，进深五椽。该殿梁架为方心式旋子彩画，檩桁为海墁松木纹。梁架彩画结构形式相同，其纹饰布置多样(图2-6-21、图2-6-22)。

明间西缝梁架：月（二架）梁截面为自然材三面作画，侧面为海墁一整两扇旋花，较窄底面为相对蝉肚纹中间置阴阳鱼。整旋近正圆形，旋眼为正圆，头路旋瓣为涡旋瓣，二路和三路均为花瓣形（图2-6-23）。四架梁三段式构图，以檩桁距离分设三长矩形盒子，中间盒子大于两侧盒子，其内纹饰丰富，有宝剑、算盘、清代红顶朝帽、笔、账本等（图2-6-24）。两侧小盒子分别做青地退晕如意烟云筒（图2-6-25），其中一个在如意烟云筒上画游鱼（图2-6-26）。盒子间以锦纹和扯不断双箍头分离，梁两端副箍头加长，以两扇旋花（1扇等于1/4整旋）加一60° 扇形旋花组合出现（图2-6-27、图2-6-28）。梁底为相对蝉肚纹，蝉肚纹中心置外圆内方退晕铜钱。两脊瓜柱分别为杂技童子（图2-6-29、图2-6-30）。

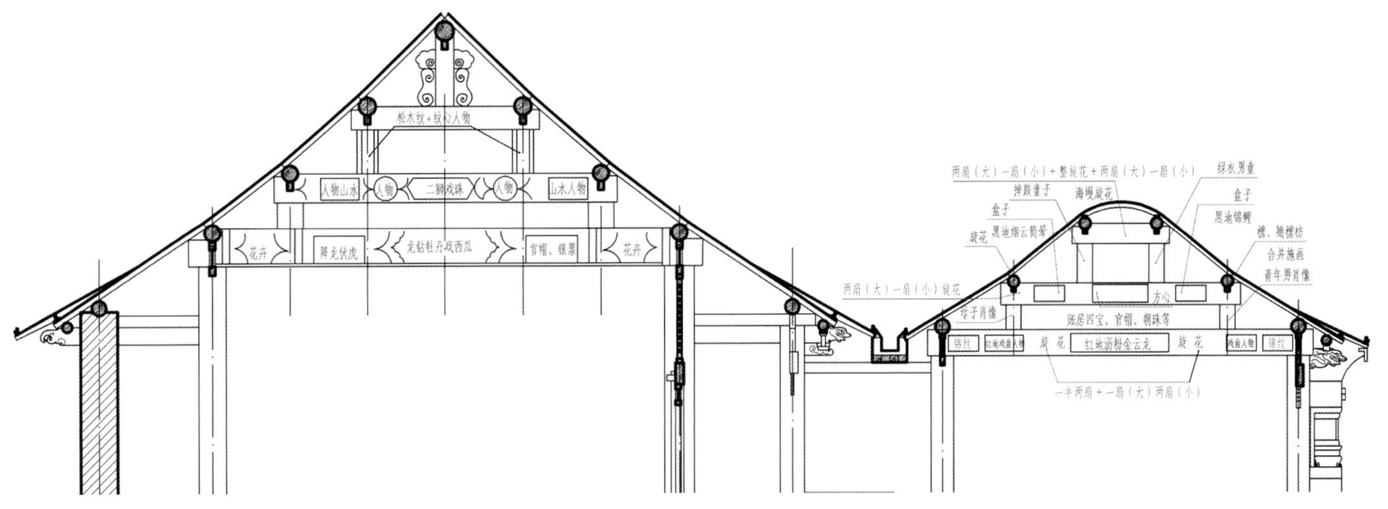

图 2-6-20 卷棚及大殿剖面图

图 2-6-21 明间梁架彩画结构

图 2-6-22 山面梁架彩画

图 2-6-23 月梁明间面和次间面彩画

图 2-6-24 四架梁方心

图 2-6-25 明间四架梁盒子、箍头

图 2-6-26 明间四架梁盒子——游鱼

图 2-6-27 四架梁南端旋花

六架梁为箍头双盒子小方心旋子彩画，方心红地沥粉贴金云龙（图 2-6-31）。两端箍头形式活泼，做如意头与花瓣组合；外盒子为锦纹，内盒子为戏曲人物；由扯不断纹与倒切回纹组成内双箍头；旋子组合加长为“一半两扇”（半为 1/2 整旋旋花，扇为 1/4 整旋）+ “一扇（大）两扇（小）”（大扇即 120° 扇形，小扇为 1/4 整旋）组合（图 2-6-32）。梁底同二架梁，红绿鸳鸯鱼置于其中心，如意行蝉肚纹相向分置（图 2-6-33）。明间金瓜柱人物设盒子头像（图 2-6-34、图 2-6-35）。

图 2-6-28 四架梁北端旋花、梁头

图 2-6-29 瓜柱马步童子

图 2-6-30 瓜柱摔跤童子

图 2-6-31 六架梁方心

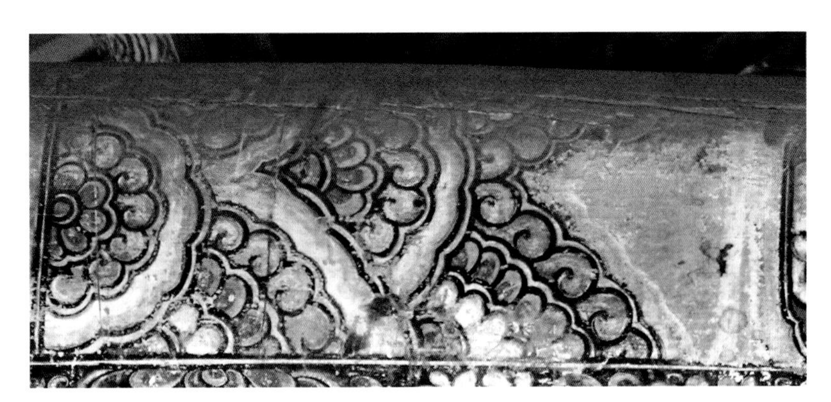

图 2-6-32 旋花组合

图 2-6-33 明间六架梁底面绘相对蝉肚纹彩画

明间东缝梁架相对西缝梁架残损较重，从遗存情况可知其彩画结构同西缝。四架梁方心纹饰为书籍、画筒、书函等（图2-6-36）。南瓜柱为持莲花女童，北瓜柱为为托桃女童（图2-6-37、图2-6-38）。六架梁方心朱地沥粉贴金云龙，大盒子为戏曲人物，小盒子为锦纹。瓜柱南为青年官员胸像（图2-6-39），北瓜柱为女像，残损较重。

图 2-6-34 瓜柱公子像

图 2-6-35 瓜柱抱婴女像

图 2-6-36 文房书案

图 2-6-37 瓜柱持莲花女童

图 2-6-38 瓜柱托桃女童

图 2-6-39 瓜柱青年官员像

东山面四架梁方心锦纹地上置四只退晕烟云筒，每筒内各有不同姿态的中国杂技女童，两端盒子则为戏曲人物（图 2-6-40）。六架梁锦纹地方心上置长矩形方心，方心内容复杂，有珠宝、书籍、寿桃、花翎官帽及“小心灯火”“东成西就”楷书条幅和单“福”字。更为重要的该方心内有“同仁堂”药商光绪二十九年（1905 年）捐资银票图案（图 2-6-41）。

西山面四架梁方心锦纹地上置四个退晕烟云筒，烟云筒内各有不同姿态的金发碧眼西洋男童（图 2-6-42）。南端盒子内两人身背长枪，坐骑高马，城外巡逻；远处城池角楼和近处退晕拱桥为西洋的透视画法（图 2-6-43）。北端盒子内则为中国传统戏曲人物。六架梁方心为生活娱乐主题，有寿桃、烟枪、桥牌、书籍、年画形式的“禄”字，方心留较大岔口（图 2-6-44），两端岔口置红发鹰童（图 2-6-45）和金发鹰童。檩桁绘海墁松木纹，松木纹心内纹饰有人物故事、龙纹、花卉等（图 2-6-46 至图 2-6-49）。柱头为带箍头的道教财神（图 2-6-50、图 2-6-51）。

图 2-6-40 东山四架梁盒子

图 2-6-41 次间六架梁方心

图 2-6-42 西山四架梁方心

图 2-6-43 西山四架梁盒子

图 2-6-44 次间六架梁方心

图 2-6-45 红发鹰童

图 2-6-46 卷棚殿后檐明间金檩松木纹、方心彩画

图 2-6-47 卷棚殿后檐次间金檩松木人物彩画

图 2-6-48 后檐次间金檩松木人物彩画

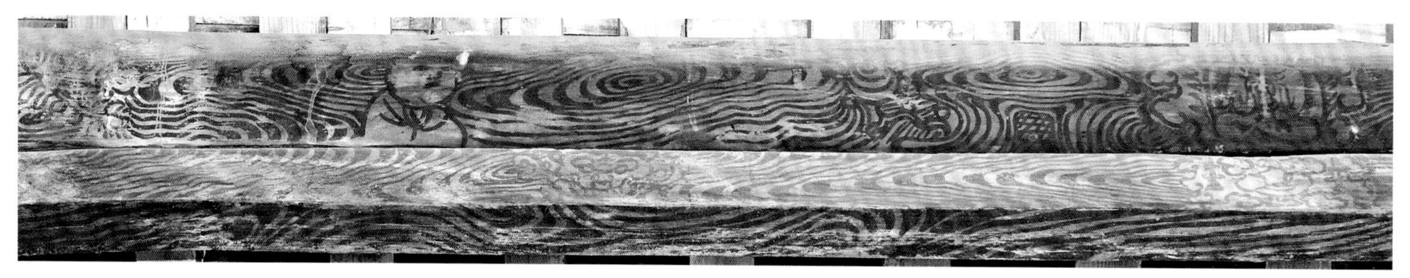
图 2-6-49 后檐次间金檩松木纹人物彩画

图 2-6-50 柱头财神 1

图 2-6-51 柱头财神 2

关帝殿面阔三间，进深三间。梁架彩画为海墁松木纹和旋子方心式（图 2-6-52、图 2-6-53）。三架梁及檩枋彩画一样均为海墁松木纹，松木纹心置花卉、佛像等图案（图 2-6-54、图 2-6-55）。八棱脊瓜柱分画松木纹，八棱金瓜柱分置扯不断纹饰（图 2-6-56）。五架梁和七架梁为三段式旋子双盒子小方心彩画，方心长小于梁长的 1/3。柱头为带箍头旋瓣（图 2-6-57 至图 2-6-60）。

图 2-6-52 后殿明间东缝梁架彩画

图 2-6-53 后殿明间西缝梁架彩画

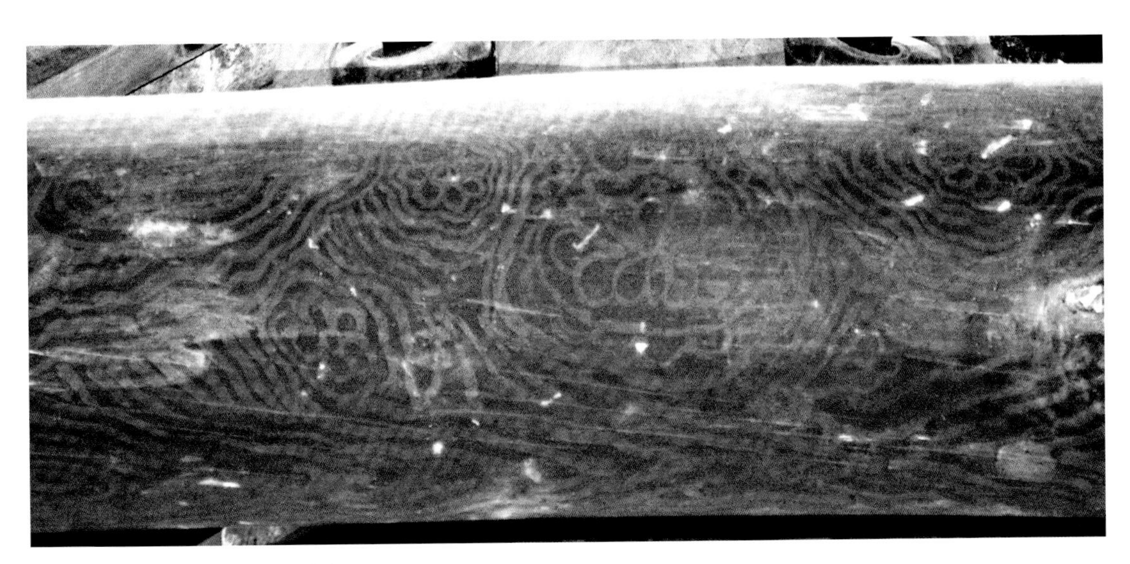

图 2-6-54 三架梁松木纹莲台佛像

图 2-6-55 三架梁松木纹人物

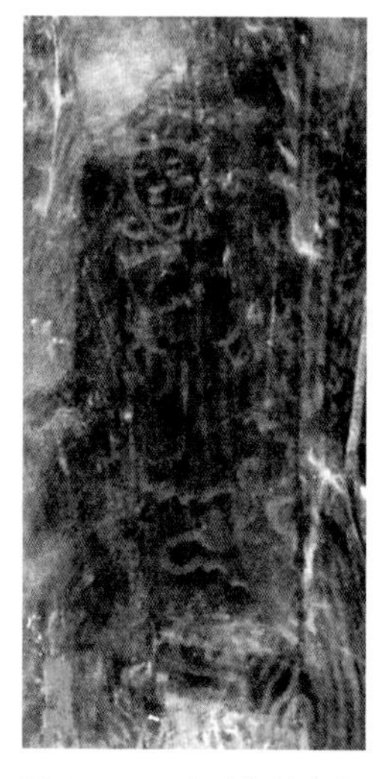

图 2-6-56 金瓜柱松木纹人物

图 2-6-57 五架梁盒子民间故事 1

图 2-6-58 五架梁方心外找头人物肖像

图 2-6-59 五架梁盒子民间故事 2

图 2-6-60 五架梁双狮嬉方心

明间东缝五架梁三面作画，梁底面接近侧面彩画立高的一半。箍头为无退晕单色，矩形盒子内绘中国戏曲人物，南端旋子小找头内置圆形退晕池子，池子内画传统中国女人写真头像，北端旋子小找头内置圆形退晕池子，池子内画西洋传教士头像。方心头呈“<”形，方心为麒麟。七架梁为三段式小方心结构形式，副箍头为水纹，箍头为组合式；双盒子，外端花卉盒子，方心南端盒子黑地，内画清代红顶官帽、题诗扇面、墨书“东成西就”条幅、商号为“永泉茂”的收据，日期落款为光绪二十九年（1903 年）。方心头内龥[①]三折退一晕，方心为红地回首龙，龙吻大张，双目紧盯其眼前切开的西瓜（图 2-6-61、图 2-6-62）。北端里盒子为中国传统人物故事。梁底相对蝉肚纹中间设阴阳鱼，其外缘加扯不断纹饰（图 2-6-63）。

山面五架梁三面作画，梁底面接近侧面彩画立高的一半。箍头形式变化复杂，盒子为中国传统人物故事；旋花组合较长，一改清代官式的以内箍头起向方心方向的排列，而以方心岔口起向外箍头盒子处

① 龥，见于《康熙字典》第1407页。斗龥为中原地区传统建筑特有做法，后逐渐消失。明代，河南地方建筑全有都龥，并且斗龥很明显，龥深达1.5厘米，制作方法也较古朴。清代中叶，地方建筑的斗龥还较明显。清代晚期出现四种情况：第一，少数斗龥明显；第二，有斗龥，但不深，可谓斗栱的标准型斗龥，数量较少；第三，稍存斗龥，数量较少；第四，无斗龥，但斗形与官式建筑不同，数量较多。

图 2-6-61 明间东缝七架梁方心

图 2-6-62 明间东缝七架梁降龙伏虎盒子

图 2-6-63 明间东缝七架梁底彩画

排列组合。方心头为组合式，外方心头呈“<”形，内方心头为角叶式，梁底即海墁形式的相对蝉肚纹，垂直脊檩位置设阴阳鱼，方心纹饰为麒麟。七架梁为三段式小方心结构形式，连珠式外箍头，三重盒子以组合箍头相隔，旋花为一整两扇，双方心头，外方心头呈“<”形，内方心头为角叶式，方心为红地龙钻牡丹（图 2-6-64、图 2-6-65）。

东配火神殿和西配药王殿，分别位于关帝殿两侧，后殿纵轴与关帝殿一致。两殿面阔三间，进深一间，前卷棚后硬山，由勾连搭相接，建筑体量稍小于关帝殿。东配火神殿遗存彩画结构形式与关帝殿基本一致，用色较为简单。西配药王殿残损较重，仅局部可辨出与关帝殿结构相同的彩画痕迹，大多彩画辨识不清，用色与东配火神殿一致（图 2-6-66）。

图 2-6-64 山面梁架彩画

图 2-6-65 七架梁盒子

图 2-6-66 药王殿五架梁找头盒子——换个角度看世界的幼童

东厢房和西厢房：位于中轴线两侧，分别由南五间和北三间相连组成，进深两间，前出廊。彩画仅存北三间。仅梁架彩画可辨，檩枋污染严重，彩画不可辨。三架梁为三面作画形式，侧面构图有两种形式，一种为两掐池子，池子中间为一半四扇半旋花图案，池子内为中国画；另一种为箍头旋子方心式，箍头为连珠带，一半两扇旋花，半为半旋花，扇为1/4旋花，花卉大方心。梁底面较宽，绘同向蝉肚纹。五架梁为箍头盒子大方心式。单色死箍头，前檐为锦纹盒子、后檐为黑地花卉盒子，旋花置于盒子与方心头间，旋花一半两扇加一路。方心头内頔多折，方心为行龙。小八棱瓜柱为盒子式，图案不可辨（图2-6-67、图2-6-68）。

图 2-6-67 东厢房明间梁架彩画

图 2-6-68 西厢房次间梁架彩画

第三章

河南会馆彩画特征

◎纹饰结构
◎色彩构成
◎比例关系
◎方心及旋花造型

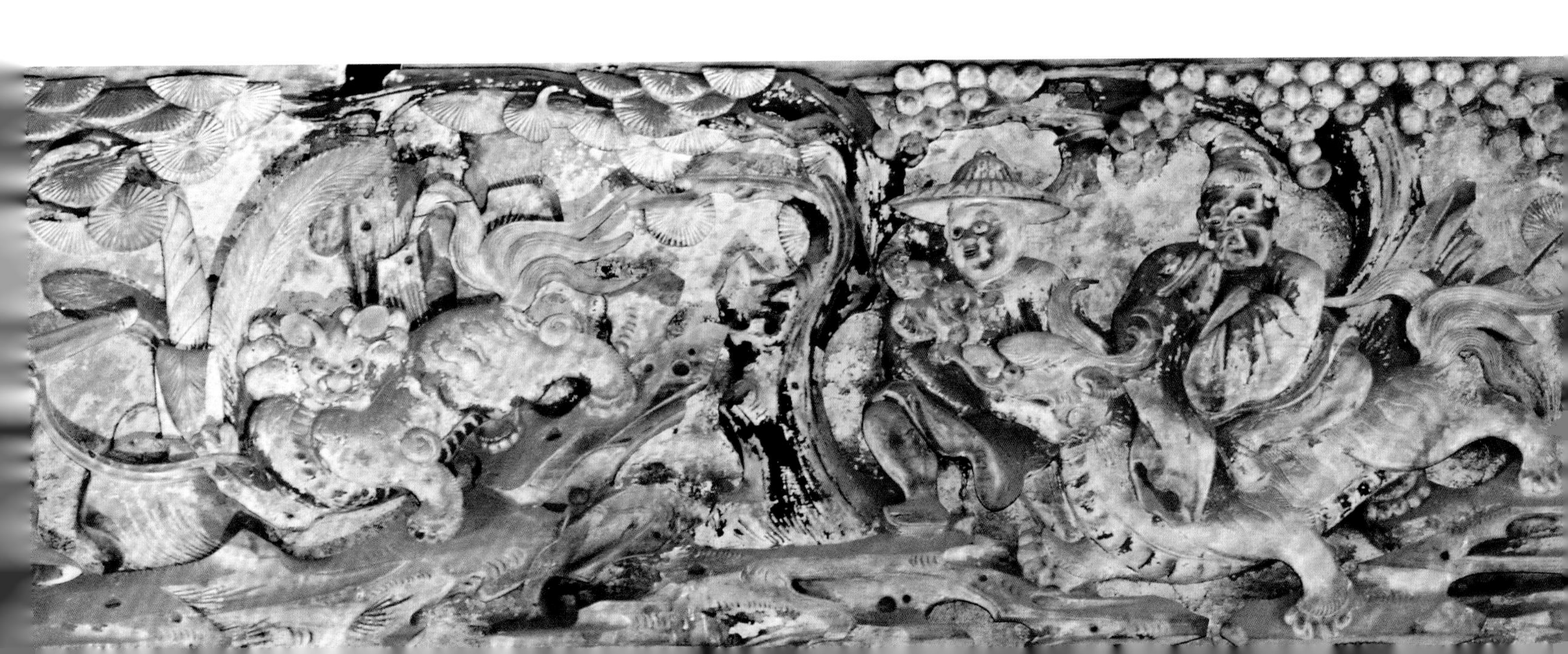

第三章·河南会馆彩画特征

依据会馆建筑群现有单体建筑遗存彩画中时代比较明确、内容大体清晰可辨的一些彩画，对河南明清时期建筑彩画的纹饰结构、色彩构成、比例关系，以及在时代上的演变和地域上的特征进行分析。从目前所调查的河南域内会馆遗存彩画情况看，明清时期河南会馆建筑彩画多为旋子方心彩画、松木纹彩画、方心海墁彩画，一座单体建筑，建筑构件不同，彩画的纹饰结构亦不同。彩画匠师当初在设计施画时，无论矩形材梁枋还是自然材（原木）梁枋，均可"随材就势"地展示出精妙的设计和高超的画技。矩形材梁枋随其自然面施画或根据画面需求借用其他面共同施画。自然材不仅能做到"随材就势"通体施画，亦能做到分面施画，常见檩与随檩枋紧邻构件合并施画。（图 3-1-1 至图 3-1-6）

图 3-1-1 洛阳山陕会馆戏楼天花梁矩形材三面施画

图 3-1-2 洛阳山陕会馆拜殿七架梁原木自然材三面施画

图 3-1-3 周口关帝庙大殿五架梁原木自然材通体施画

图 3-1-4 周口关帝庙飨殿七架梁原木自然材通体施画

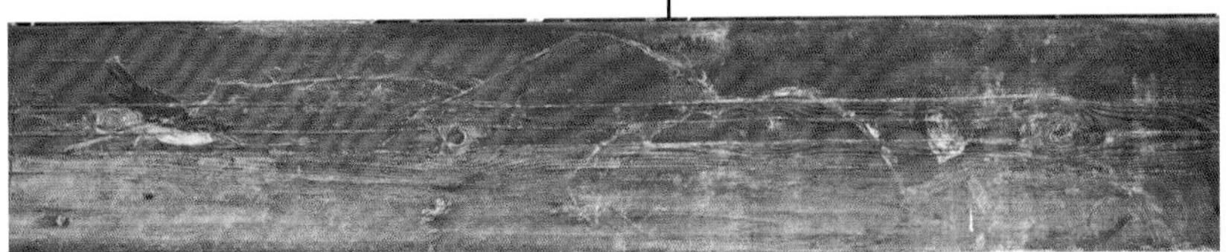

图 3-1-5 社旗山陕会馆悬鉴楼内檐梁枋彩画

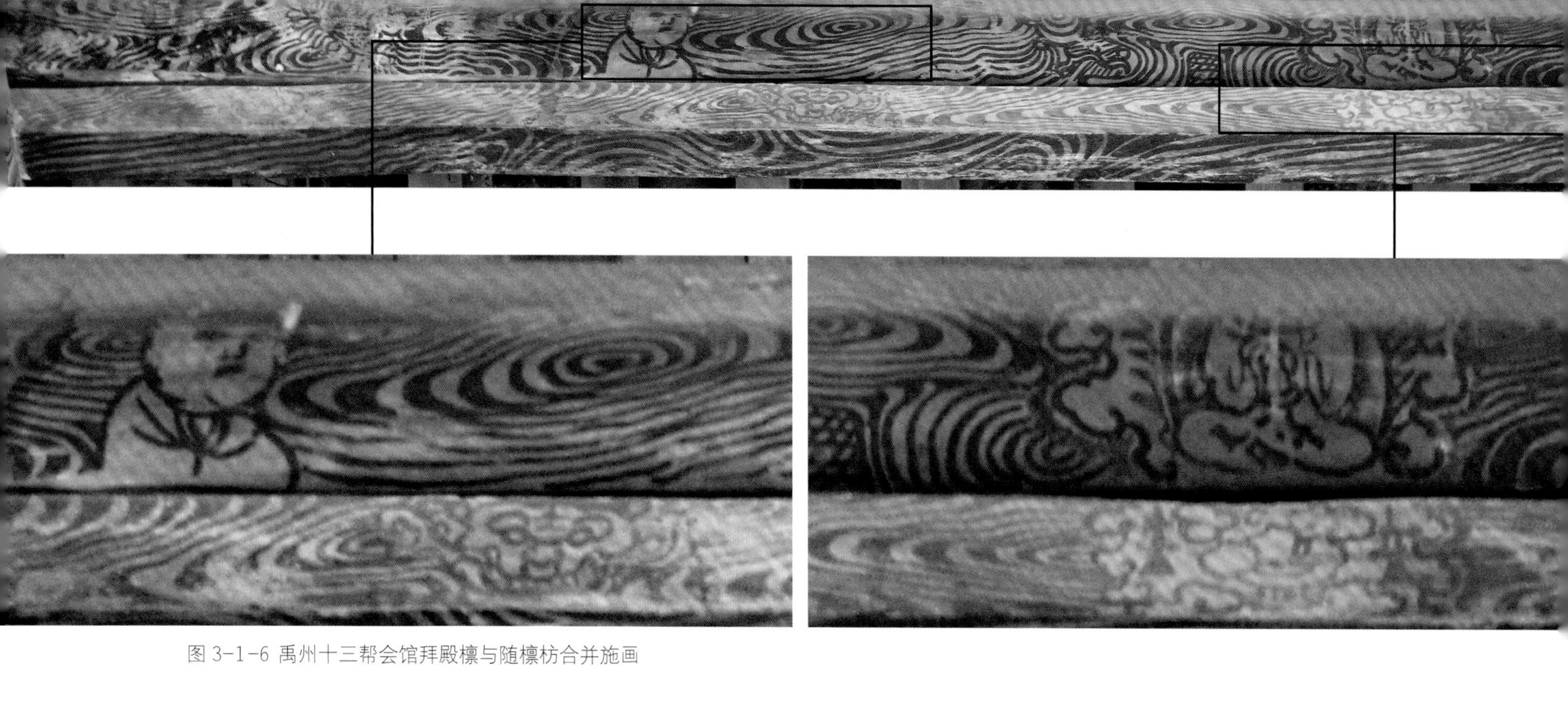

图 3-1-6 禹州十三帮会馆拜殿檩与随檩枋合并施画

第一节 纹饰结构

在河南域内，不同时期的商业会馆遗存彩画，其纹饰结构均有不同。

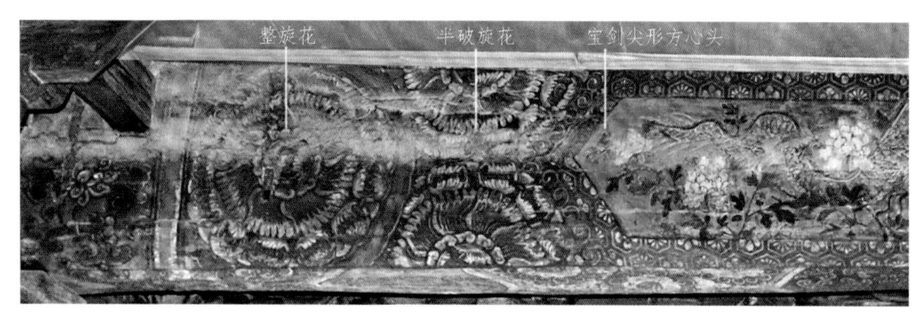

3-1-7 戏楼天花梁彩画名称示意

3-1-8 戏楼天花梁侧面彩画

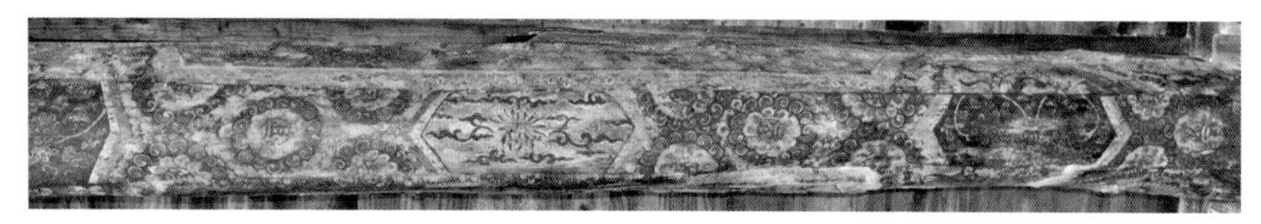

3-1-9 戏楼天花梁底面彩画

（一）清代早期

1. 洛阳山陕会馆舞（戏）楼

彩画形式为准清官式金琢墨石碾玉旋子彩画。

梁：天花梁彩画结构形式为片金裸露型金龙戏珠、隐现筒洁型龙钻牡丹方心旋子彩画。旋花为一半两扇加单路涡旋瓣，旋花外形呈正圆形。方心头内呈宝剑头形外一坡多折内弧式画法，方心内纹饰分明，次间、明间为裸露型金龙戏珠，次间为筒洁型龙钻牡丹，龙躯体为片金做法（图 3-1-7 至图 3-1-10）。

平板枋、大额枋：采用带盒子的旋子方心式。方心内纹饰多为花卉（图 3-1-11、图 3-1-12）。平板枋则以斗栱攒当为距设池子，池子内多为花卉。

3-1-10 戏楼同缝天花梁明间面裸露型金龙戏珠彩画

3-1-11 戏楼外檐平板枋及斗栱彩画

3-1-12 戏楼前内檐额枋及斗栱彩画

2. 洛阳山陕会馆拜殿、大殿

彩画形式为盒子旋子方心式。

拜殿梁：拜殿三架梁跨度较小仅设单池子外，其他梁则为旋子方心式的结构形式。整旋花外形均呈正圆形，方心头形式同戏楼，方心内纹饰分明间和次间、稍间。明间方心内纹饰从上至下依次为：三架梁双蝠（福）拱寿，五架梁丹凤朝阳，七架梁裸露金云龙。次间方心内纹饰从上至下依次为：三架梁戟磬同福，五架梁缠枝花卉，七架梁龙钻牡丹。稍间方心纹饰同次间。明间前檐单步梁方心为锦纹地犀角福磬，双步梁金龙回首；后檐单步梁方心为花卉，双步梁为凤钻牡丹。次间前檐单步梁方心为花卉放心，双步梁吉庆博古；后檐单步梁方心为花卉，双步梁为吉庆博古。稍间前后檐单、双步梁方心纹饰同次间。（图 3-1-13 至图 3-1-16）

3-1-13 拜殿明间西缝梁架东立面彩画

3-1-14 拜殿明间西缝梁架彩画

3-1-15 拜殿明间前檐单、双步梁彩画

3-1-16 拜殿明间后檐单、双步梁彩画

大殿梁为原木自然材，三面施画，即两侧面加较窄底面，架梁彩画为旋子方心式，明间、次间和稍间梁架彩画结构相同，纹饰配置有所不同。三架梁找头旋花呈正圆形，五架梁和七架梁找头旋花按其所处间不同而不同。明间梁方心纹饰由上至下为狮子戏绣球、凤逐麒麟、龙钻牡丹。次间梁方心纹饰由上至下为戟磬盘长、缠枝花卉、龙钻牡丹。稍间梁方心纹饰同次间（图3-1-17至图3-1-19）。

檩、随檩枋、檩垫枋和檩三件独立构图，采用盒子找头方心式、掐池子式和三段盒子式交替出现的方法布置（图3-1-20至图3-1-31）。

3-1-17 大殿明间东缝西立面彩画

3-1-18 大殿明间东缝次间面彩画

3-1-19 大殿七架梁彩画示意

3-1-20 拜殿明间后上金檩南立面两段方心式

3-1-21 拜殿明间前檐金檩北立面盒子式

3-1-22 拜殿明间后檐金檩南立面盒子找头方心式

3-1-23 拜殿明间前檐下金檩南立面三段盒子式

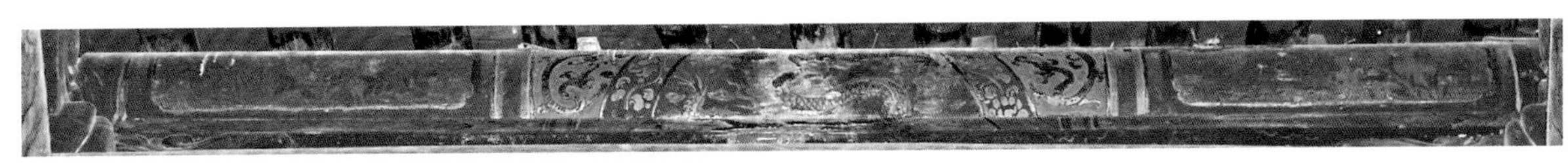

3-1-24 大殿明间脊檩搭包袱方心式

3-1-25 大殿明间上金檩找头方心式、随檩枋掐池子式

3-1-26 大殿明间上金檩掐池子式

3-1-27 大殿次间方心式

3-1-28 大殿次间中金檩找头方心式、随檩枋掐池子式

3-1-29 大殿次间下金檩掐池子式、穿枋枋心盒子式

3-1-30 大殿次间上金檩掐池子式

3-1-31 前檐明间下金檩彩画

平板枋、大额枋：内檐平板枋为箍头小方心式，外檐平板枋则以斗栱攒当为单位设置小池子；内檐大额枋结构构图同外檐平板枋，池子心沥粉贴金；前外檐大额枋则高浮雕施彩画，其他次间、稍间大额枋彩画则为盒子找头小方心式结构。大殿前檐平板枋为海墁式龙钻牡丹（图 3-1-32 至图 3-1-37）。

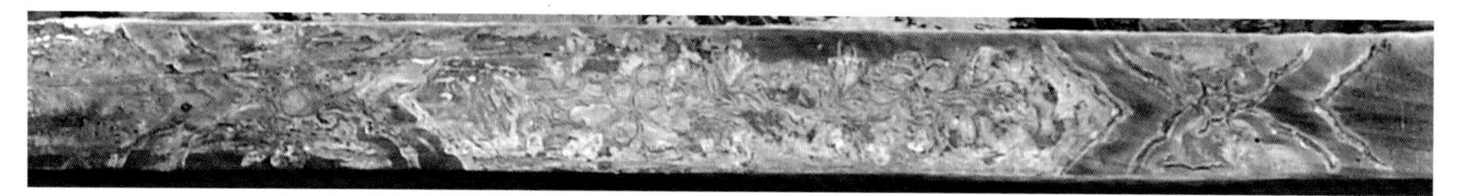

3-1-32 拜殿前外檐东稍间平板枋掐池子彩画

3-1-33 拜殿东次间前檐平板枋、大额枋浮雕彩画

3-1-34 拜殿明间前檐平板枋、大额枋浮雕彩画

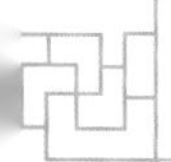

3-1-35 拜殿明间外后檐平板枋、大额枋彩画

3-1-36 拜殿明间内后檐平板枋、大额枋彩画

3-1-37 大殿前檐明间平板枋及斗栱彩画

柱：柱头无论内外檐均设上下箍头。拜殿前外檐为较规矩的矩形瑞兽盒子，后外檐则为破菱形连续花卉，内檐柱头亦为矩形花卉盒子。后拜殿前檐柱头呈流苏状沥粉花篮（图 3-1-38 至图 3-1-42）。

3-1-38 拜殿后檐次间内柱头彩画——石榴

3-1-39 拜殿后檐内柱头彩画——荷花 1

3-1-40 拜殿后檐内柱头彩画——荷花 2

3-1-41 大殿前檐次间内柱头彩画——卷草花卉

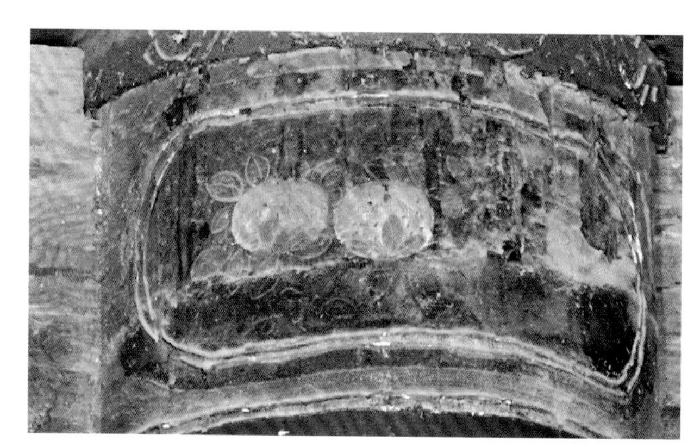
3-1-42 拜殿前檐明间内柱头彩画——双柿

3-1-43 拜殿西山明间斗栱彩画

斗栱：内檐斗栱彩画为烟琢墨，坐斗底为如意纹组合，散斗则为如意纹。内檐垫栱板彩画多为博古画题中的不同类型的器具组合，如青铜器、瓷器、画轴、画筒、书卷、笔筒、珊瑚、如意、花卉等，更甚亦有玻璃质的鱼缸、花瓶等。外檐垫栱板则为坐龙与行龙交替组合，正心枋当间则为鱼跃龙门、戟磬如意、卷草花卉等（图 3-1-43 至图 3-1-51）。

3-1-44 拜殿后檐斗栱彩画

3-1-45 拜殿前檐挑檐檩彩画

3-1-46 拜殿后檐挑檐檩彩画

3-1-47 拜殿前檐椽头彩画

3-1-48 大殿前檐斗栱彩画

3-1-49 大殿内檐山墙彩画——竹

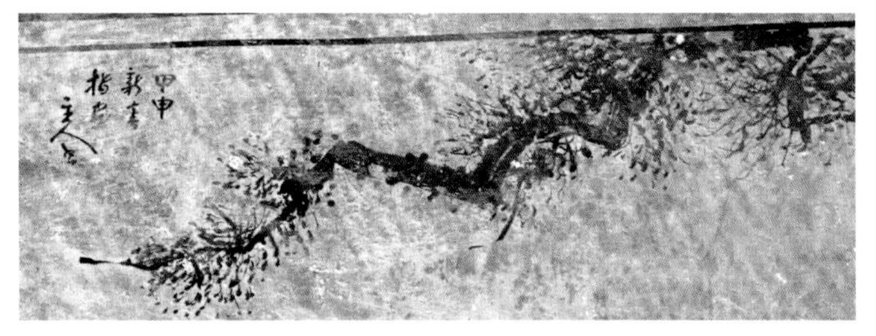

3-1-50 大殿内檐山墙彩画——松

3-1-51 大殿内檐前走马板彩画——杏林春燕

（二）清代中期

1. 周口关帝庙飨殿

彩画为较为规范的包袱式、海墁式和掐池子式相结合的形式。

梁：三架梁为海墁包袱式，仅设双层角叶包头（包袱头），包头（方心）内为海墁青地金狮滚绣球。五架梁、七架梁为盒子方心海墁式。五架梁方心头与箍头线合用，方心内为黄地海墁沥粉贴金凤钻牡丹。七架梁方心头同三架梁形式，方心内为红地沥粉贴金巨龙（图 3-1-51 至图 3-1-53）。

檩、随檩枋、檩垫枋：檩与檩枋一样以间为单位，两端设盒子方心海墁松木纹。随檩枋仅断白刷饰绿色，绘黑缘线卷草。（图 3-1-54）

3-1-52 飨殿三梁架彩画

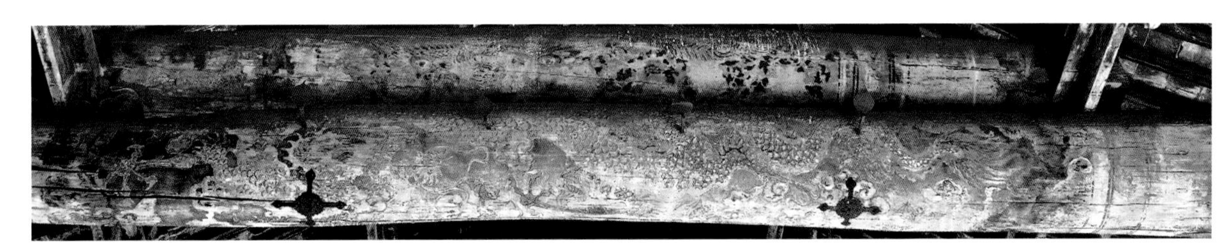

3-1-53 飨殿五架梁、七架梁彩画

3-1-54 飨殿上金檩、随檩枋、隔架枋、隔架随枋彩画

2. 周口关帝庙大殿

梁：三架梁为海墁式绘卷草西番莲，五架梁、七架梁为有箍头、活盒子的海墁式构图，盒子造型多变。五架梁为海墁式沥粉贴金裸露型五彩金凤与沥粉拶退牡丹。七架梁为箍头盒子海墁式裸露型五彩龙云纹和金蝙蝠图案（图 3-1-55 至图 3-1-59）。

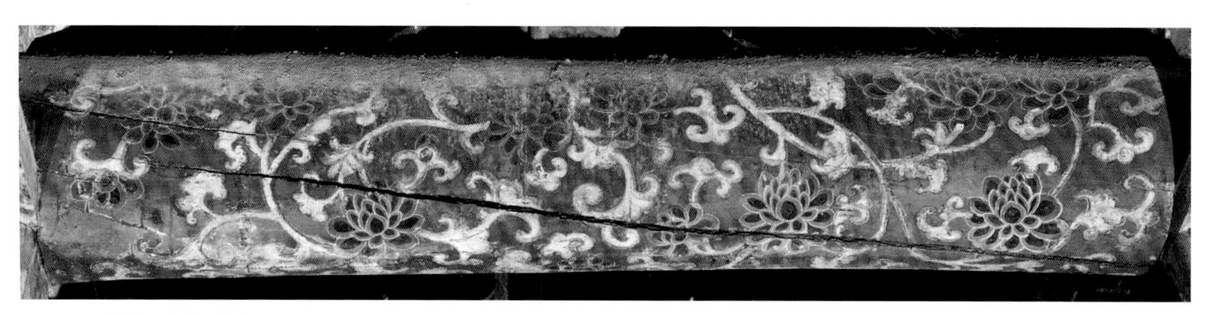

3-1-55 大殿三架梁彩画

3-1-56 大殿五架梁彩画

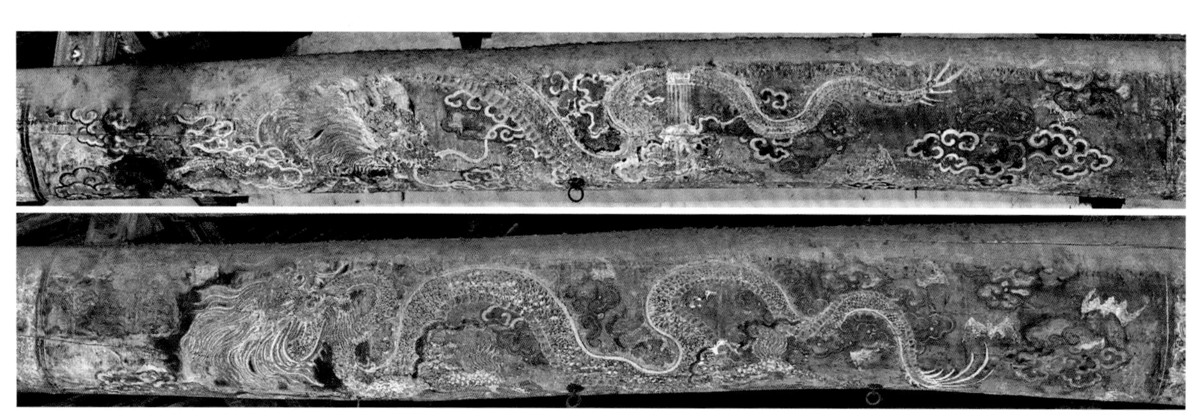

3-1-57 大殿七架梁彩画

3-1-58 大殿五架梁两端箍头盒子

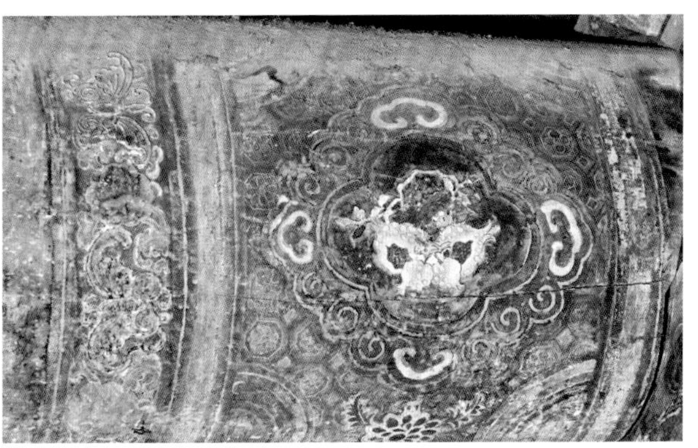

3-1-59 大殿七架梁箍头盒子

檩、随檩枋、檩枋：檩与随檩枋以间为单位，合二为一共同作画，彩画为掐箍头海墁松木纹的做法。檩枋亦以间为单位，彩画为掐箍头海墁万鹤流云纹（图 3-1-60）。

平板枋、大额枋：前廊平板枋为方心盒子式构图，大额枋则为不同池子组合和海墁式（图 3-1-61）。

斗栱：雕刻复杂，彩画为金琢墨内檐垫栱板彩画为瑞兽（图 3-1-62 至图 3-1-64）。

3-1-60 大殿檩枋彩画

3-1-61 平板枋大额枋彩画

3-1-62 前檐斗栱

3-1-63 大殿前内檐垫栱板彩画瑞兽 1

3-1-64 大殿前内檐垫栱板彩画瑞兽 2

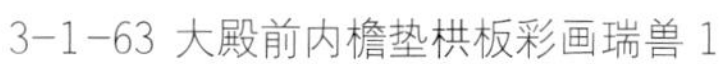

3. 周口关帝庙炎帝殿、河伯殿

梁：大梁彩画为不对称旋子方心式，旋子为一半两扇，复合大箍头，梁端头设单死盒子两端则设双死盒子。方心隐约可见五彩龙纹，风钻牡丹和狮子滚绣球图案（图 3-1-65）。

斗栱：雕刻并烟琢墨（图 3-1-66）。

3-1-65 炎帝殿梁架彩画

3-1-66 河伯殿斗栱彩画

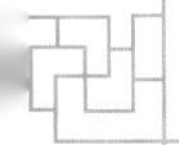

4. 周口关帝庙拜殿

梁：四架梁为宋锦纹反搭包袱式。六架梁为包袱式方心，包袱头为角叶纹，包袱内为红地凤钻牡丹（图 3-1-67）。

檩：檩为掐箍头绘松木纹的做法（图 3-1-68）。檩为盒子箍头式海墁松木纹和掐箍头式海墁松木纹。

5. 周口关帝庙东西看楼

梁为三面施画，较窄底面为五彩无金旋子方心式。主体结构基本为三停，旋花一半两扇（扇为 1/4 整旋花），方心无棱线，方心头接近直角。方心纹饰为雅五墨龙钻牡丹、凤钻牡丹、万鹤流云，有较窄二方连续翻转如意云瓣梁底面（图 3-1-69 至图 3-1-71）。

檩、檩垫枋：三段式构图，方心两端置锦纹衬地盒子，盒子呈聚锦型。（图 3-1-72）

3-1-67 拜殿梁架彩画

3-1-68 拜殿檩枋彩画

3-1-69 东看楼梁架彩画

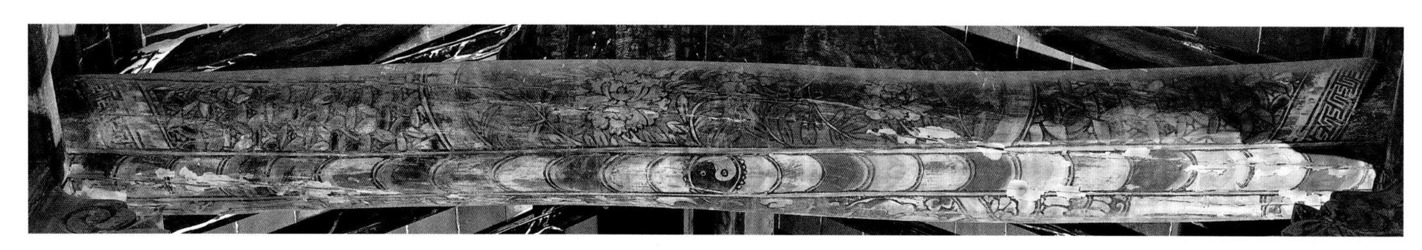
3-1-70 西看楼三梁架彩画

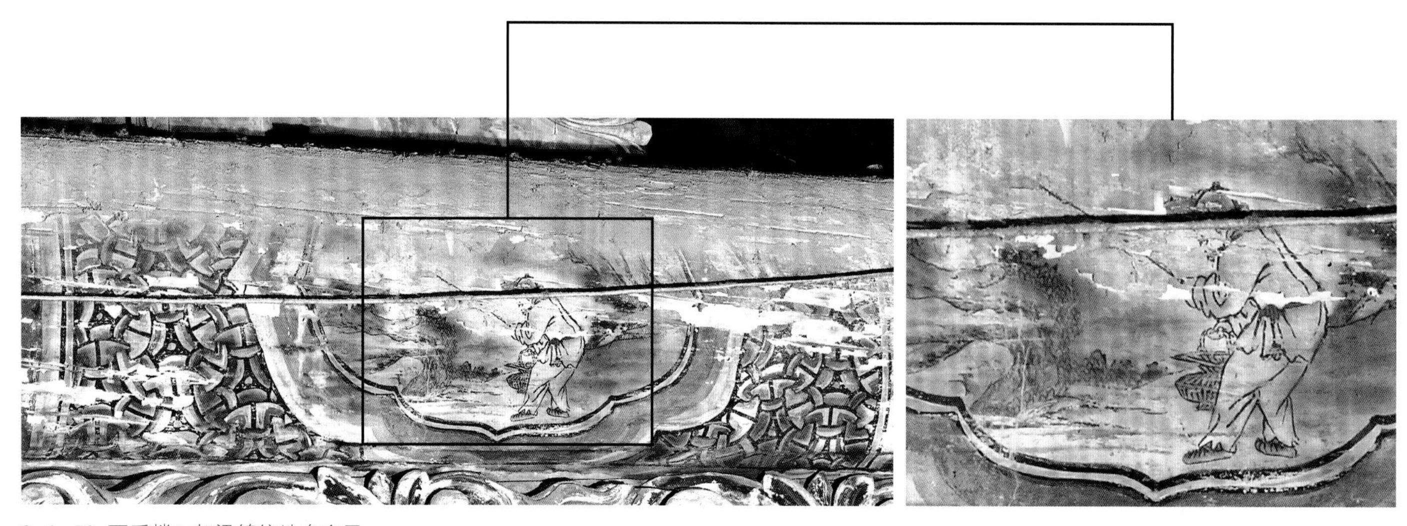
3-1-71 西看楼五架梁锦纹地套盒子

3-1-72 东看楼脊檩随枋彩画

6. 朱仙镇关帝庙拜殿

梁：四架梁为箍头三池子式，中间矩形池子内饰夔纹，两端池子为席锦纹地套圆形小池子。六架梁为箍头盒子方心式，方心为红地金龙，箍头为绿地回纹，锦纹长方盒子，梁底为青绿回纹（图 3-1-73、图 3-1-74）。

檩、随檩枋、檩垫枋：彩画结构均为箍头盒子一半两扇旋子方心式。檩三件箍头为死箍头，盒子为席锦纹，随檩枋底面为连续回纹（图 3-1-75）。

平板枋、大额枋：残损严重，仅东次间两端头可见锦纹。

斗栱：坐斗绘凤翅瓣纹，小斗莲瓣纹。

7. 辉县山西会馆拜殿

梁：二架（月）梁为海墁锦纹，上置方心。四架梁为三面作画形式，底面较窄。侧面彩画结构为箍头掐池子式，中间池子为青地花卉；两侧池子头为角叶形。六架梁为箍头盒子海墁方心式，方心按梁身自然材作画，无梁底面与侧面之分。八架梁为箍头双盒子小方心式（图 3-1-76、图 3-1-77）。

檩、檩垫枋：为海墁花卉，随檩枋为单朱刷饰（图 3-1-78）。

平板枋、大额枋：平板枋以斗栱攒当设盒子。前檐大额枋两端为高浮雕透雕施彩找头，明间为三池子式，正中设高浮雕财神小池子，两端为矩形人物故事池子。次间为海墁大方心，上置小方心（图 3-1-79）。

3-1-73 四架梁彩画

3-1-74 六架梁彩画

3-1-75 金檩彩画

3-1-76 明间梁架彩画

3-1-77 山面梁架彩画

3-1-78 西次后檐下金檩彩画

斗栱：坐斗为如意纹，白色缘线，青绿色刷饰，局部贴金（图 3-1-80）。

8. 辉县山西会馆大殿

梁：箍头盒子方心式，三面作画，梁底面较窄（图 3-1-81、图 3-1-82）。

檩、随檩枋、檩垫枋：檩和随檩枋以隔架科斗栱为界分设两池子，池子内为黑叶子花卉。檩枋单色刷饰（图 3-1-83）。

平板枋、大额枋：平板枋以斗栱攒当设池子，坐斗之下池子图案沥粉贴金。大额枋形式同拜殿。

斗栱：同拜殿。

9. 洛阳山陕会馆拜殿垫栱板

结合院内碑刻信息，洛阳山陕会馆拜殿垫栱板与殿内大木梁架彩画分属不同时期，从西稍间前檐垫栱板彩画内容及纪年判断，当属清代中期彩画（图 3-1-84 至图 3-1-86）。

3-1-79 明间高浮雕财神

3-1-80 斗栱彩画

3-1-81 西次间东缝三架梁彩画

3-1-82 西次间东缝五架梁彩画

3-1-83 檩、随檩枋彩画

3-1-84 道光四年黄历彩画

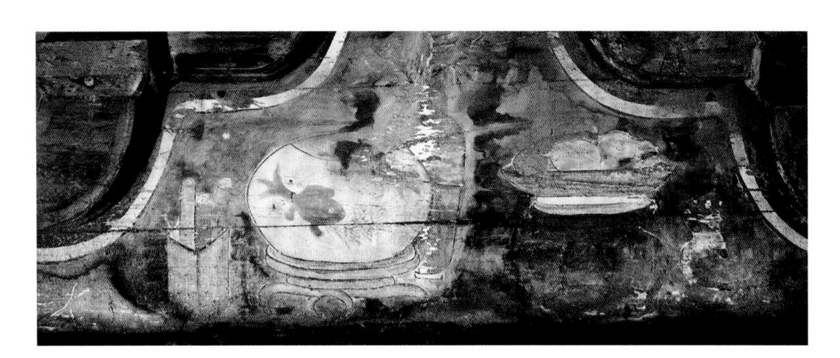

3-1-85 金鱼彩画

3-1-86 人物画像彩画

（三）清代晚期

1. 禹州怀帮会馆拜殿

梁：月梁为单池子锦纹，四架梁和六架梁为箍头方心式，四架梁为方心头双角叶形式。

檩、檩垫枋：檩为海墁松木纹彩画，松木纹纹心内绘各种花卉。随檩枋及檩垫枋底面均为蝉肚纹（图 3-1-87）。

2. 禹州怀帮会馆大殿

梁：梁分三面作画，底面较窄。侧面为箍头盒子方心式，底面为海墁式。侧面彩画为三段式结构，方心大于两侧找头，方心头呈清代常见一坡两折内扣外弧式；复合式内箍头（图 3-1-88 至图 3-1-92）。

檩、随檩枋、檩垫枋：侧面为海墁松木纹，檩枋底面则为蝉肚纹和连珠纹交替组合。外檐挑檐檩以攒当间设池子，挑檐檩随檩枋则为海墁扯不断纹饰。

平板枋、大额枋：透雕、高浮雕施彩贴金。

斗栱：坐斗为回文，散斗为莲瓣纹，栱臂为水草纹，外拽枋均以攒当间海墁锦纹上设不同纹饰池子。

3-1-87 拜殿明间后檐上金檩、金枋彩画

3-1-88 大殿明间西缝三架梁东立面彩画

3-1-89 大殿明间西缝五架梁东立面彩画

3-1-90 大殿明间西缝七架梁东立面彩画

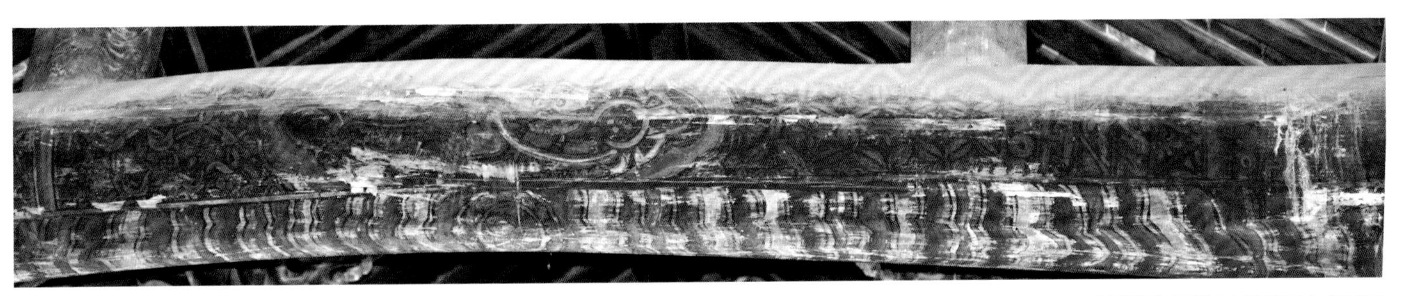

3-1-91 大殿明间西缝五架梁西立面彩画

3-1-92 大殿明间西缝七架梁西立面彩画

大殿前外檐柱：柱头彩画为带上、下复合箍头，花锦纹地上置盒子（图 3-1-93）。

3. 禹州十三帮会馆关帝殿前卷棚殿

梁：为旋子方心彩画，自然材三面作画，底面较窄。旋子整旋近正圆形，方心形式灵活，个别盒子为烟云筒外形，盒子内纹饰有西洋人物头像出现（图 3-1-94 图 3-1-96）。

檩：为海墁松木纹，松木纹心，有人物故事、龙纹、花卉等纹饰（图 3-1-97）。

柱：柱头为带箍头的盒子，盒子内绘道教财神（图 3-1-98、图 3-1-99）。

3-1-93 东次间挑檐檩、外拽枋、正心枋斗栱彩画

3-1-94 十三帮会馆关帝殿卷棚明间月梁架彩画

3-1-95 十三帮会馆关帝殿卷棚明间四梁架彩画

3-1-96 十三帮会馆关帝殿卷棚明间六梁架彩画

3-1-97 十三帮会馆关帝卷棚殿檩枋彩画

3-1-98 十三帮会馆关帝卷棚殿后柱头彩画 1

3-1-99 十三帮会馆关帝卷棚殿后柱头彩画 2

4. 禹州十三帮会馆关帝殿

梁：三架梁为海墁松木纹。五架梁、七架梁为三段式旋子小方心彩画，方心长度小于梁长的 1/3。旋子无整旋，均是 1/4 整旋的扇形。盒子内容对当时社会形态多有反映（图 3-1-100 至图 3-1-102）。

檩：为海墁松木纹。松木纹心有佛教人物和花卉纹饰（图 3-1-103）。

柱：柱头为带箍头缠枝花卉和团花（图 3-1-104、图 3-1-105）。

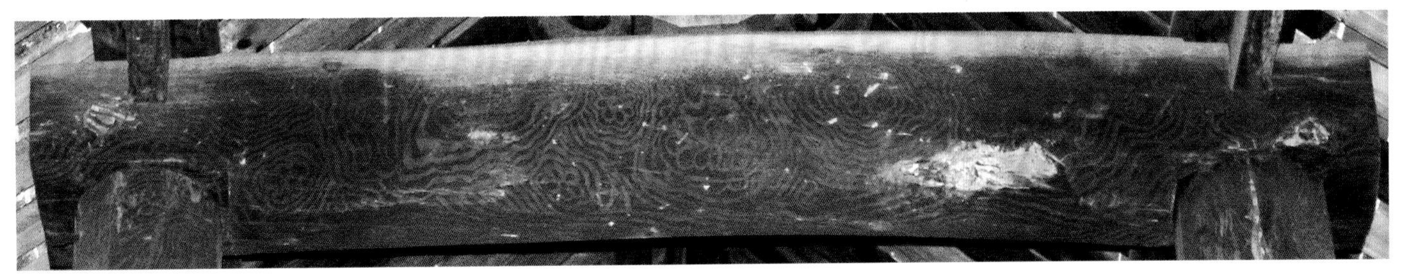

3-1-100 十三帮会馆关帝殿三架梁彩画

3-1-101 十三帮会馆关帝殿五架梁彩画

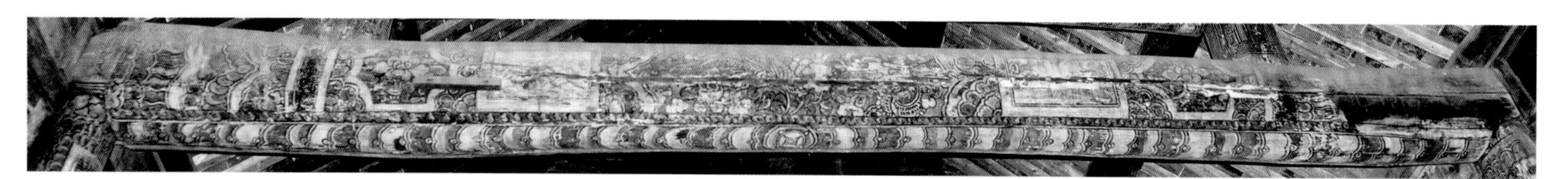

3-1-102 十三帮会馆关帝殿七架梁彩画

3-1-103 十三帮会馆关帝殿檩枋彩画

3-1-104 十三帮会馆关帝殿柱头彩画

3-1-105 十三帮会馆关帝殿柱头彩画

5. 禹州神垕镇山西会馆戏楼

天花梁为旋子方心式，方心为龙钻牡丹。天花彩画残损较严重，遗存彩画内容有“渊明爱菊”“弥勒送子”“界画山水”及花鸟画。（图 3-1-106 至图 3-1-107）

3-1-106 神垕镇山西会馆戏楼界画山水天花 1

3-1-107 神垕镇山西会馆戏楼天花

第二节 色彩构成

色彩在彩画中占有重要地位，无论官式还是地方手法所做的彩画，均色彩缤纷。据载，中国古代春秋时期即有丹红柱子，战国时有的木构架上就饰以彩画，“楹，天之丹，诸侯黝，大夫苍士黄”①。伊东忠太提出，“中国之建筑，乃色彩之建筑也。若从中国建筑中除去其色彩，则所存者等于死灰矣”。

河南的文物建筑遗存彩画亦有明清两代的明确划分。河南地区明代彩画主要颜色为红、青、绿，根据调查情况，并结合文献判断，明代用色多为矿物颜料，即青为石青，绿为石绿，红为朱砂或铅丹。清代彩画用色亦以红、青、绿为主。

①黄成：《明清徽州古建筑彩画艺术研究》，苏州，苏州大学，2009年。

北大寺建筑遗存彩画年代分明、清两个时期。前拜殿和后拜殿彩画有明确的明隆庆五年（1571 年）的墨书沥粉题记，颜色为青、绿、红、金色，青色接近黑色。而夏殿、过厅和客厅为清代遗物。

整个河南明清时期会馆彩画的分类是研究中的难点。根据所调查现存实例，洛阳山陕会馆山门、戏楼、拜殿和大殿大木彩画属于清代早期。山门整体用色偏冷，以青色、绿色和金色为主。戏楼在颜色使用上偏向暖色，常用颜色为红（朱）色、青色、绿色和金色，以青色、红色为主。天花梁明间方心棱边设青色，方心设红色，方心内为裸露型金龙钻五彩牡丹（图 3-2-1）。次间天花梁设色同明间相反，红色棱边，青色方心，绘隐现型金龙钻牡丹（图 3-2-2）。找头旋花以青色为主，为花瓣形，旋花瓣为白色缘边，咬合形旋花瓣为青、红对色。箍头均为青色压红老。遗存天花亦为青色地。拜殿用色以青、红、绿、金为主，黄色、粉色点缀。三架梁、五架梁、七架梁以及下金檩以上檩、枋方心以青、朱色底色为主，兼有深香色，方心为五彩金龙钻牡丹。明间七架梁盒子为红色地，贴金麒麟。下金檩及随梁枋方心为绿色地五彩金龙。旋花为青色，旋瓣为白色缘边，红色旋眼，金色旋子外缘线（图 3-2-3）。大殿用色同拜殿，方心设色讲究青、红色间色，同缝梁架的明次间面方心不同。明间东缝梁架五架梁为红色地，而七架梁则为青色地（图 3-2-4）；其另一面则是东次间西缝西立面，五架梁方心为青色地、七架梁方心则为红色地（图 3-2-5）。

3-2-1 洛阳山陕会馆天花梁明间面设色

3-2-2 洛阳山陕会馆天花梁次间面设色

3-2-3 洛阳山陕会馆拜殿明间架梁设色

清中期的周口关帝庙飨殿用色以青、黄、红、绿为主。梁架方心从上至下依次为三架梁青地，五架梁黄地，七架梁红地。三架梁方心绘五彩金麒麟争绣球，方心头外青内绿双角叶；五架梁方心绘绿凤钻粉牡丹，凤身贴金。内宽箍头黄地青退晕，盒子同样为黄地青边。七架梁方心绘青龙祥云，龙躯贴金，方心头为青绿角叶，青箍头。檩枋底面绿色刷饰，檩及随檩枋绘海墁松木纹，纹饰颜色接近木材色。（图3-2-6）

3-2-4 洛阳山陕会馆大殿明间架梁设色

3-2-5 洛阳山陕会馆大殿次间架梁设色

3-2-6 周口关帝庙飨殿梁架设色

大殿用色以青、红、金、黄为主，少量绿色，兼有粉色。三架梁为深红色，绘青色花朵绿枝叶卷草西番莲图案。五架梁为青色五彩金凤五彩写生牡丹。找头同为青色地上置聚锦盒子。箍头为青地贴金（图3-2-7）。明、次间七架梁为红地海墁五彩龙云纹和金蝙蝠，稍间为红地五彩无金云龙（图3-2-8）。檩桁与随檩枋为青色掐箍头海墁松木纹，檩枋底面为掐箍头海墁万鹤流云纹（图3-2-9）。

3-2-7 周口关帝庙大殿明梁架设色

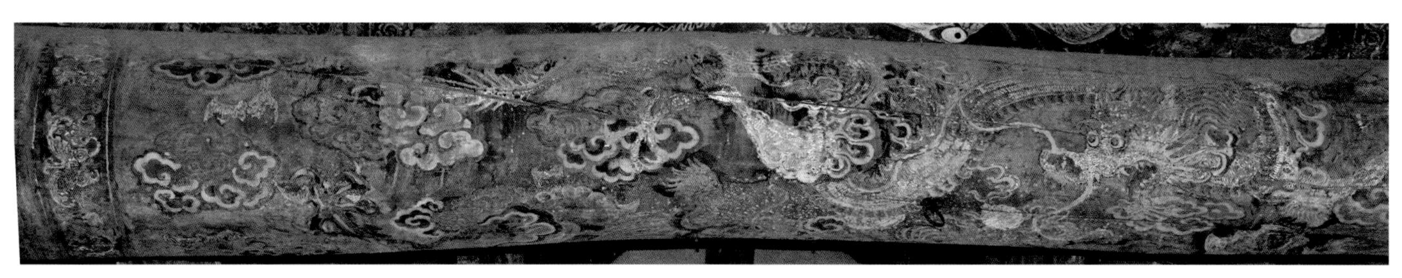

3-2-8 周口关帝庙大殿次间七梁架设色

3-2-9 周口关帝庙大殿檩枋设色

清晚期的辉县山西会馆大殿以青、绿、红、黄、章丹色为主，兼有粉色。明间三架梁为绿箍头，红色如意瓣旋花，绿地大方心套章丹色地小方心，小方心内青色退晕卷草花卉。梁底面为章丹色地连续卷草纹。五架梁为青色副箍头、绿色死箍头、青地花卉矩形盒子、锦纹地大方心套长矩形池子，池子绘白地人物故事；底面为青色刷饰。七架梁为青色副箍头，绿色死箍头，青色花卉大方心套群青地金龙五彩祥云池子；白地海墁花卉。次间三架梁为青色副箍头，绿色箍头褪一晕；青地方心绘红色黑叶子花卉。底面同三架梁。五架梁为青色副箍头，绿色死箍头，长矩形青色地花卉盒子，红色退晕如意瓣形方心头，黄色地花卉大方心套白地人物长矩形池子。七架梁为不对称式箍头盒子大方心，青色副箍头，绿色死箍头，后檐双盒子，外盒子为绿地凤翅瓣团花红色花心，青色退晕凤翅瓣；内盒子为青地红色折枝花卉，前檐无盒子，青色退晕兽头形方心头，锦纹地大方心套红色地凤钻牡丹池子。檩枋池子为章丹色地，绘青色花卉或软夔龙（图3-2-10 至图 3-2-12）。

清代早期，官式彩画多用石青、石绿等，石青、石绿的原料均为铜的化合物，遮盖力强，所绘色彩稳定，不易褪色。清代中期，官式彩画增加使用锅巴绿、洋青。清代晚期，在青、绿二色方面，则完全使用洋青、洋绿（图3-2-13 至图 3-2-15）。

3-1-10 辉县山西会馆大殿明间五架梁方心

3-1-11 辉县山西会馆大殿明间五架梁方心细部

3-1-12 辉县山西会馆大殿檩枋设色

3-2-13 故宫符望阁彩画设色

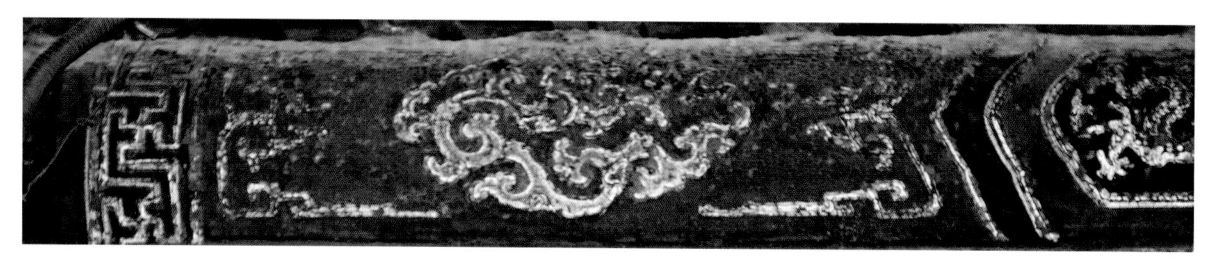

3-2-14 故宫乾隆花园古华轩彩画设色

3-2-15 故宫畅音阁彩画设色

第三节 比例关系

明代：河南明代建筑旋子彩画基本为小找头，大方心。找头与方心比在1:1.5~1:1.3之间（图3-3-1、图3-3-2）。

清代：河南现存的会馆建筑彩画，旋子彩画找头与方心比缩小，基本在1:1.15~1.3:1之间，以洛阳山陕会馆、周口关帝庙和辉县山西会馆为典型代表。

洛阳山陕会馆戏楼天花梁方心是梁长的4/7，找头长为方心长的2/7（图3-3-3）。拜殿三架梁方心长为梁长的2/3，找头长是方心长的2/3。五架梁方心长是梁长的3/7，找头长是方心长的2/3。七架梁方心长是梁长的2/5，找头长是方心长的3/4。檩、随檩枋交替出现两段式方心和三段式掐池子，方心与掐池子基本等长（图3-3-4至图3-3-6）。

大殿：三架梁方心长是梁长的1/3，找头和方心基本等长，结构比为1:1:1。五架梁结构比同三架梁。七架梁方心长是梁长的4/7，找头长是方心长的1/2（图3-3-7）。檩、随檩枋结构比同拜殿，但明间脊檩不均等，中间池子大于其相邻池子（图3-3-8）。

3-3-1 沁阳北大寺前拜殿梁架彩画结构比例

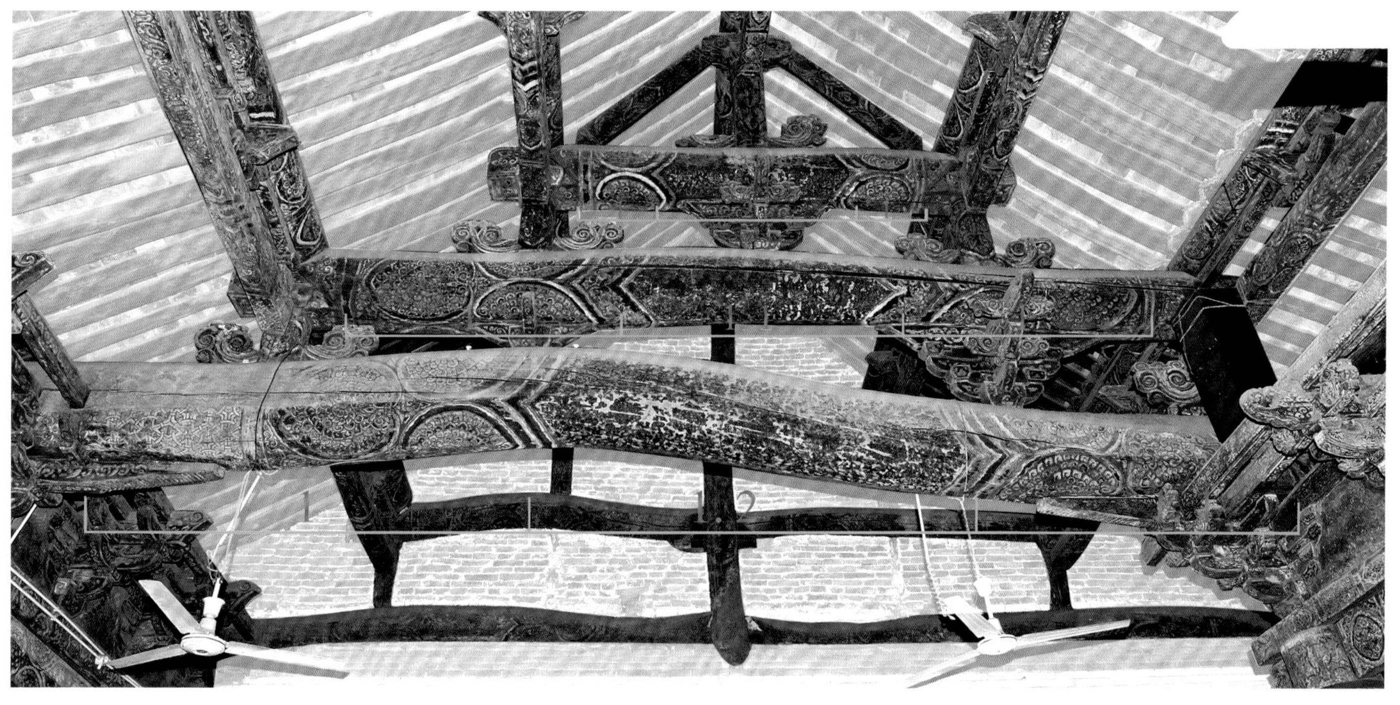

3-3-2 沁阳北大寺后拜殿梁架彩画结构比例

3-3-3 洛阳山陕会馆戏楼天花梁侧面彩画结构比例

3-3-4 洛阳山陕会馆拜殿梁架彩画结构比例

3-3-5 洛阳山陕会馆拜殿明间檩枋彩画

3-3-6 洛阳山陕会馆拜殿次间檩枋彩画

3-3-7 洛阳山陕会馆大殿梁架彩画结构比例

3-3-8 洛阳山陕会馆大殿明间檩枋彩画结构比例

3-3-9 周口关帝庙飨殿梁架彩画结构比例

3-3-10 周口关帝庙飨殿檩枋彩画

3-3-11 周口关帝庙大殿梁架彩画结构比例

周口关帝庙飨殿的三架梁方心长约为梁长的 9/10，角叶形方心头仅占整梁长的 1/10。五架梁方心长是梁长的 3/5，找头长是方心长的 2/5。七架梁结构比同五架梁。檩、随檩枋方心长是其自身长的 3/4，找头长是方心长的 1/7（图 3-3-9、图 3-3-10）。大殿三架梁彩画为海墁式，其他梁架及檩、枋彩画结构比同飨殿（图 3-3-11、图 3-3-12）。拜殿的月梁彩画结构同梁长。四架梁方心长是梁长的 3/5，找头长是方心长的 1/3，六架梁方心长是梁长的 4/5，找头长是方心长的 1/7（图 3-3-13）。檩、随檩枋彩画结构比同飨殿（图 3-3-14）。

辉县山西会馆大殿三架梁方心长是梁长的 2/3，找头长是方心长的 1/3；五架梁彩画结构比同三架梁；七架梁方心长是梁长的 3/5，找头长是方心长的 3/5。檩、随檩枋池子长均等，约为每间檩长的 1/3（图 3-3-15、图 3-3-16）。

3-3-12 周口关帝庙大殿檩枋彩画结构比例

3-3-13 周口关帝庙拜殿梁架彩画

3-3-14 周口关帝庙飨殿檩枋彩画

3-3-15 辉县山西会馆大殿梁架彩画结构比例

3-3-16 辉县山西会馆大殿檩枋

第四节 方心及旋花造型

河南会馆彩画除了在比例、结构、纹饰及色彩配置等方面展现出时代特征外，在方心头、方心纹饰、旋花等单元纹样方面，也体现出了一定的时代特征。

一、方心头轮廓造型与演变

明代方心头内齱，呈宝剑头形及多折内齱，清早中期呈宝剑头形较多，也有海棠盒子状（图 3-4-1 至图 3-4-16）。清晚期方心头为海棠盒子状，宝剑头形外加花瓣及三折内齱。（图 3-4-17 至图 3-4-21）

3-4-1 洛阳山陕会馆戏楼方心头

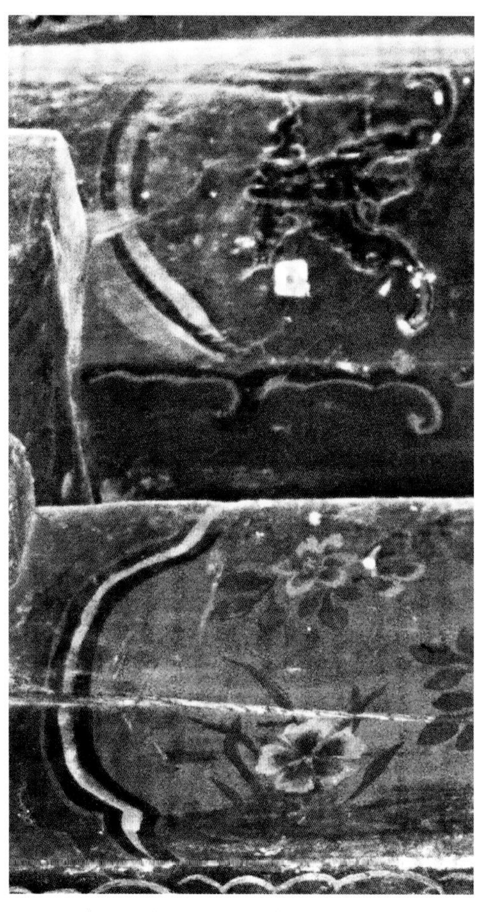

3-4-2 洛阳山陕会馆拜殿三架梁、随梁枋方心头

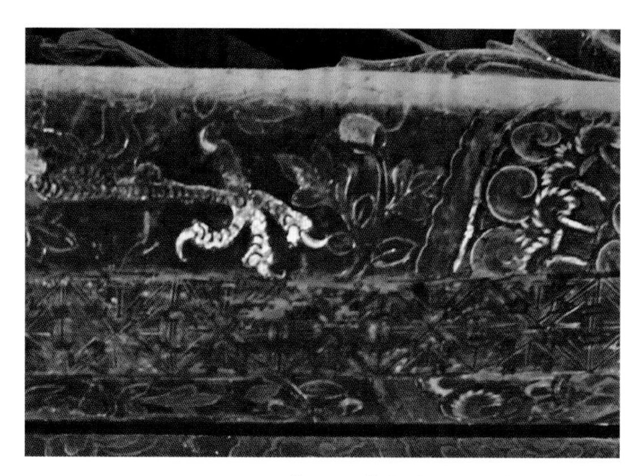

3-4-3 洛阳山陕会馆拜殿五架梁方心头

3-4-4 洛阳山陕会馆拜殿七架梁方心头

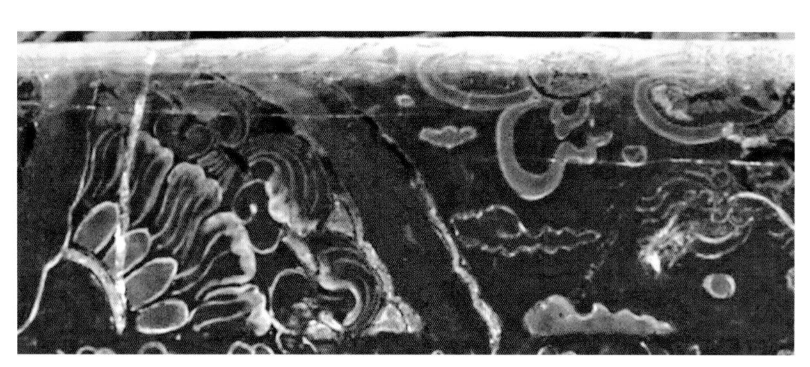

3-4-5 洛阳山陕会馆拜殿七架梁方心头

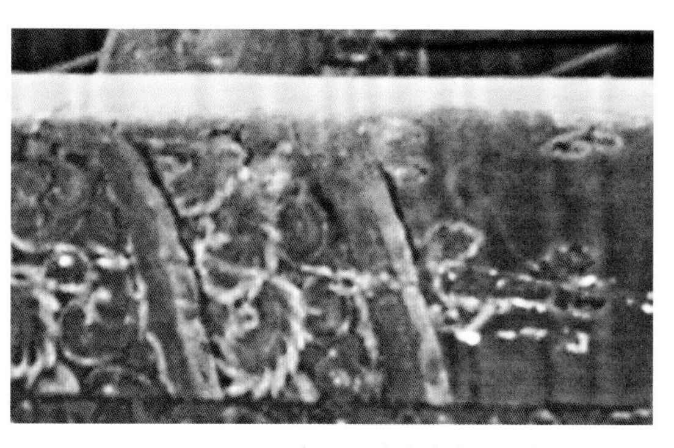

3-4-6 洛阳山陕会馆大殿三架梁方心头

3-4-7 洛阳山陕会馆大殿五架梁方心头

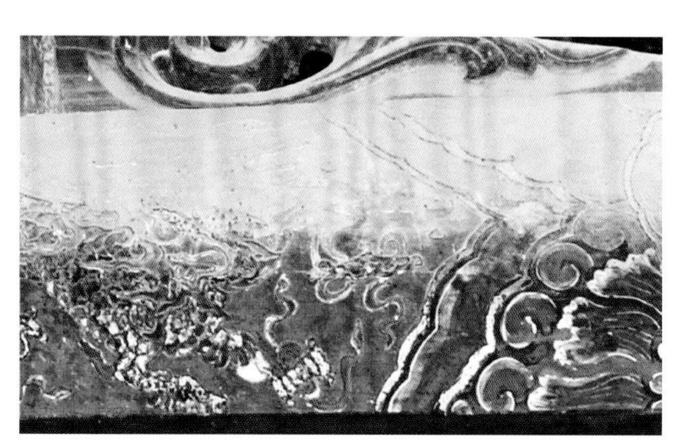

3-4-8 洛阳山陕会馆大殿七架梁方心头

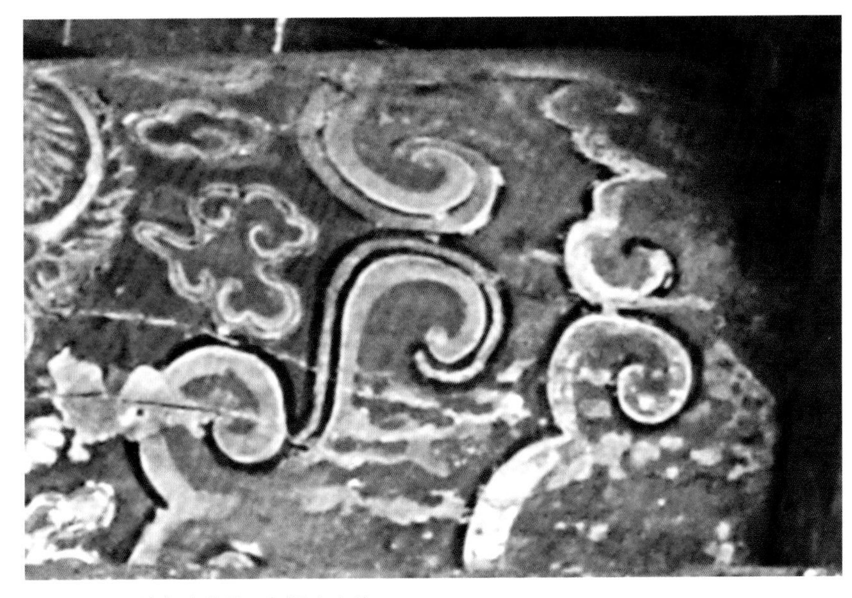

3-4-9 周口关帝庙飨殿三架梁方心头

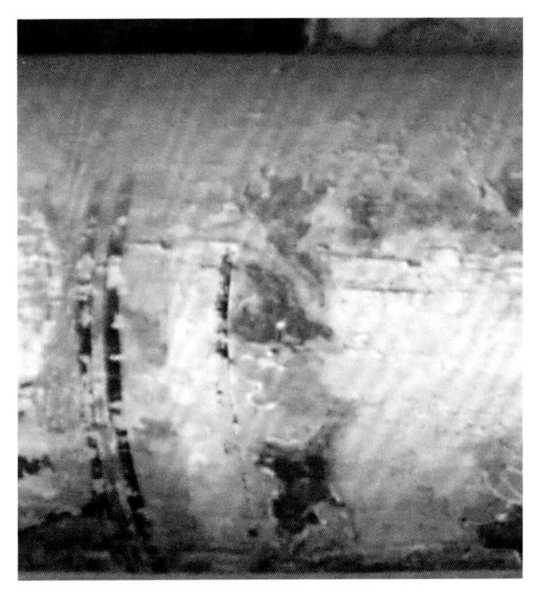

3-4-10 周口关帝庙飨殿五架梁方心头

3-4-11 周口关帝庙飨殿七架梁方心头

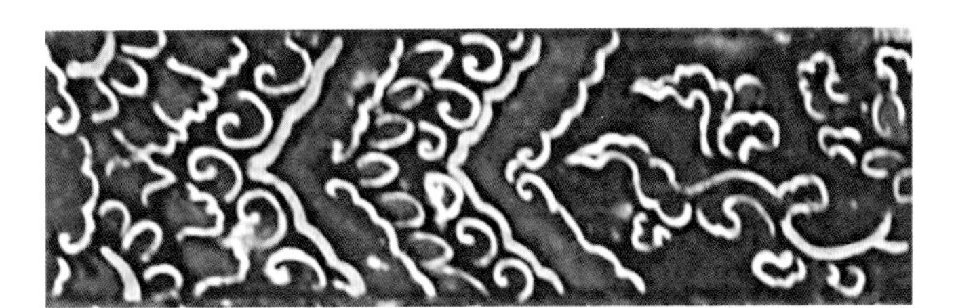

3-4-12 周口关帝庙飨殿五架梁方心头

3-4-13 周口关帝庙拜殿六架梁方心头

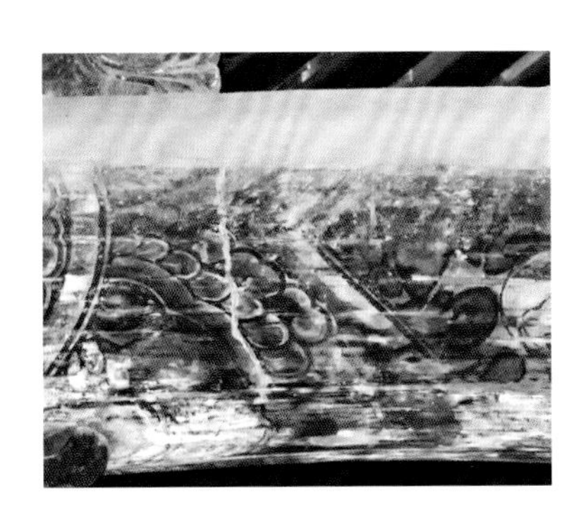

3-4-14 周口关帝庙东看楼五架梁方心头

3-4-15 周口关帝庙东看楼脊檩方心头

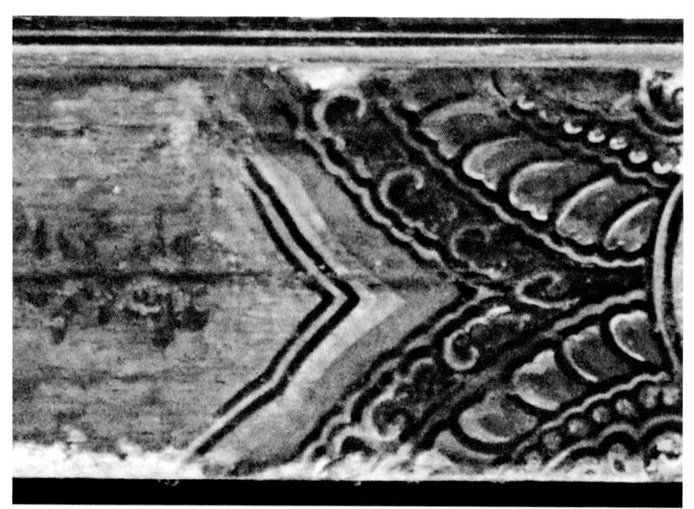

3-4-16 周口关帝庙西看楼脊檩随枋方心头

3-4-17 禹州十三帮会馆关帝拜殿四架梁方心头

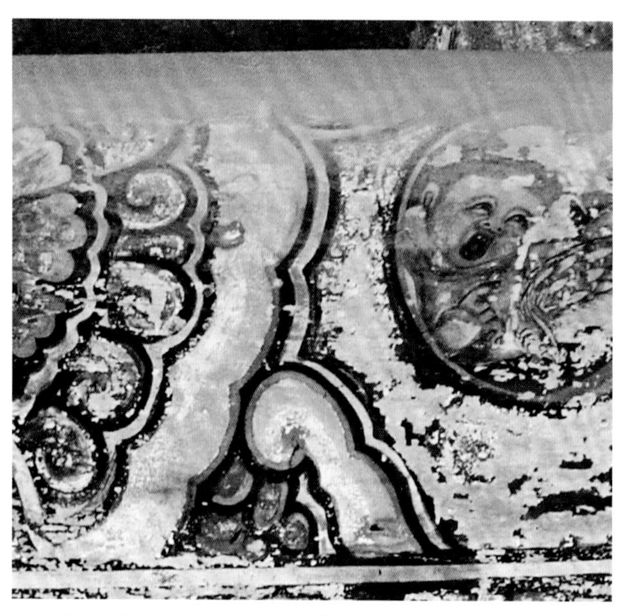

3-4-18 禹州十三帮会馆关帝拜殿六架梁方心头

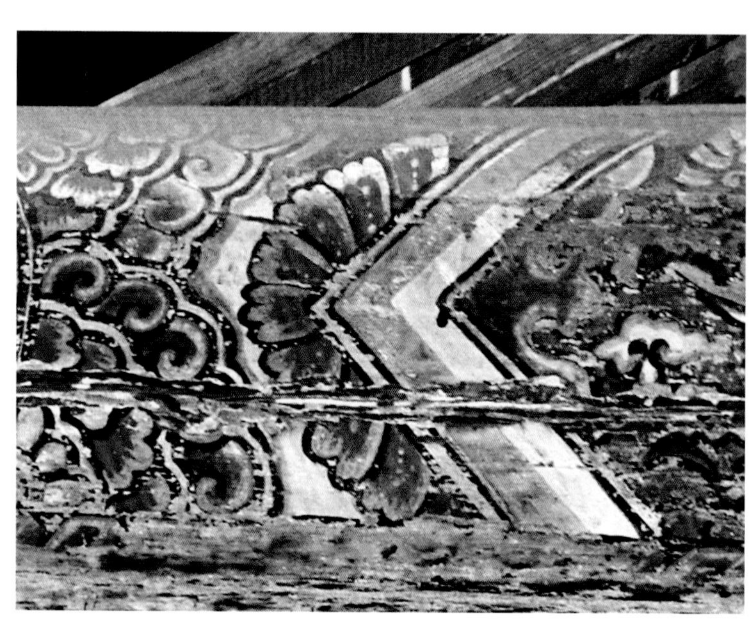

3-4-19 禹州十三帮会馆关帝大殿五架梁方心头

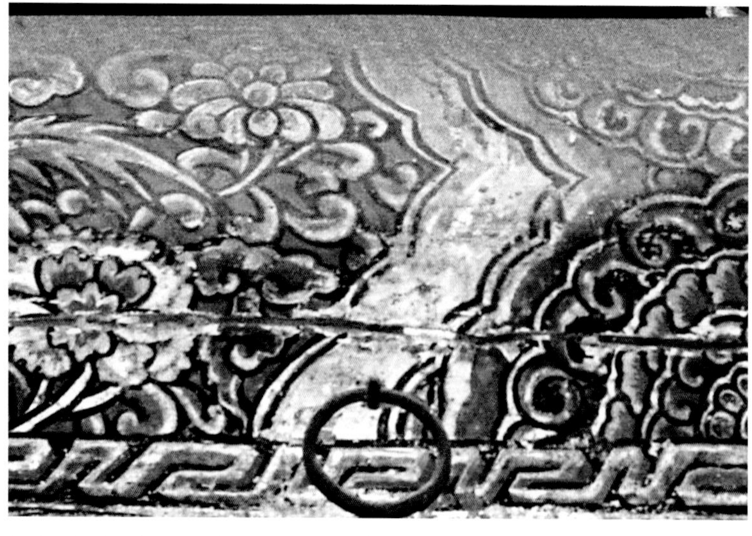

3-4-20 禹州十三帮会馆关帝大殿七架梁方心头

3-4-21 禹州怀帮会馆关帝大殿七架梁方心头

二、方心纹饰变化

明代方心多绘花草，如牡丹、西番莲、莲花、灵芝（图 3-4-22、图 3-4-23）。清代早期为龙纹牡丹（图 3-4-24），清代中期以龙钻牡丹、凤钻牡丹、麒麟凤凰组合（图 3-4-25 至图 3-4-28）居多，清代晚期方心纹饰多样，有龙凤钻牡丹等。特别是十三帮会馆，梁架方心图案更为丰富，完全不拘泥于代表富贵的龙、凤、牡丹，杂耍人物、龙钻牡丹戏西瓜、常见的经商用品、史志书函等亦是方心装饰元素，横轴文人画在辉县山西会馆方心中也有表现（图 3-4-29 至图 3-4-33）。

3-4-22 北大寺西番莲方心

3-4-23 北大寺牡丹方心

3-4-24 初祖庵方心

3-4-25 洛阳山陕会馆大殿三架梁方心

3-4-26 洛阳山陕会馆大殿五架梁方心

3-4-27 周口关帝庙大殿五架梁方心

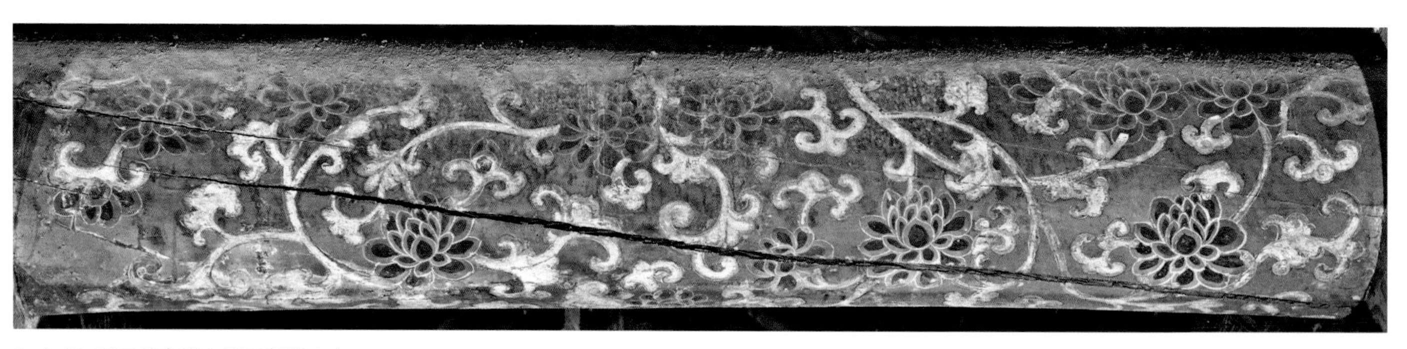
3-4-28 周口关帝庙大殿三架梁方心

3-4-29 周口关帝庙飨殿三架梁方心

3-4-30 社旗山陕会馆悬鉴楼梁方心

3-4-31 社旗山陕会馆悬鉴楼檩方心

3-4-32 禹州怀邦会馆大殿七架梁方心

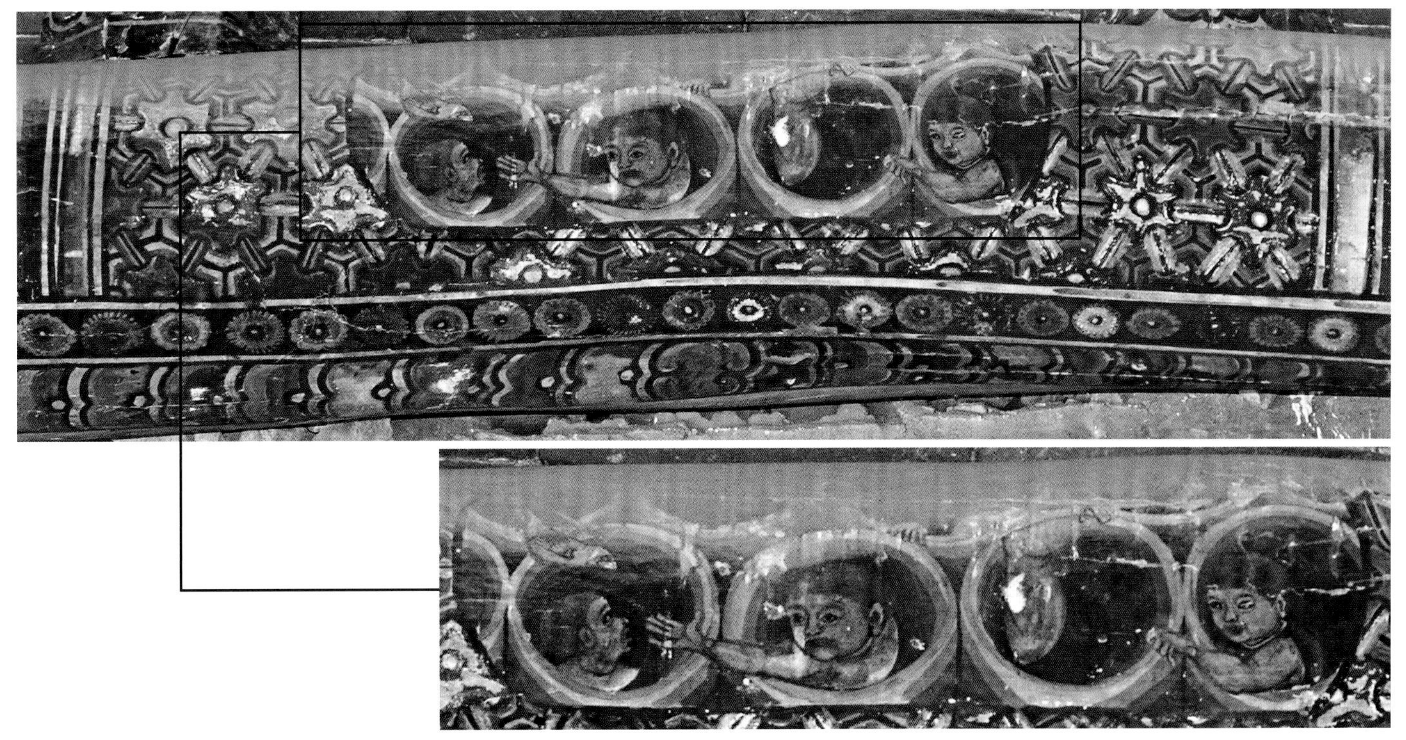

3-4-33 禹州十三帮会馆关帝卷棚六架梁方心

三、 旋花的造型与演变

旋花造型特征由明代长桃形（椭圆形）、“多路数”（多层数）、多花瓣（多种类型花瓣，如沁阳北大寺前拜殿脊檩旋花）（图 3-4-34、图 3-4-35）向清代的圆形或正圆形、“少路数”、少花瓣简化（图 3-4-36 至图 3-4-42）。

3-4-34 沁阳北大寺拜殿整旋花

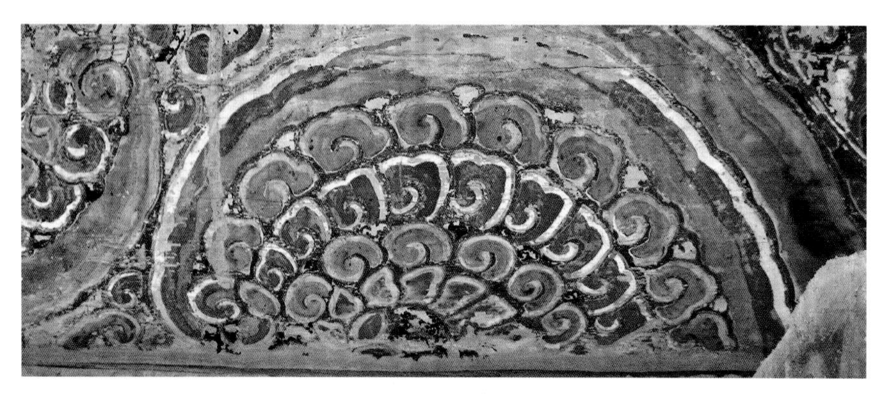

3-4-35 沁阳北大寺拜殿破旋花

3-4-36 洛阳山陕会馆戏楼天花梁侧立面整旋花

3-4-37 洛阳山陕会馆戏楼天花梁底面旋花

3-4-38 洛阳山陕会馆拜殿整旋花

3-4-39 洛阳山陕会馆拜殿随枋破旋花组合

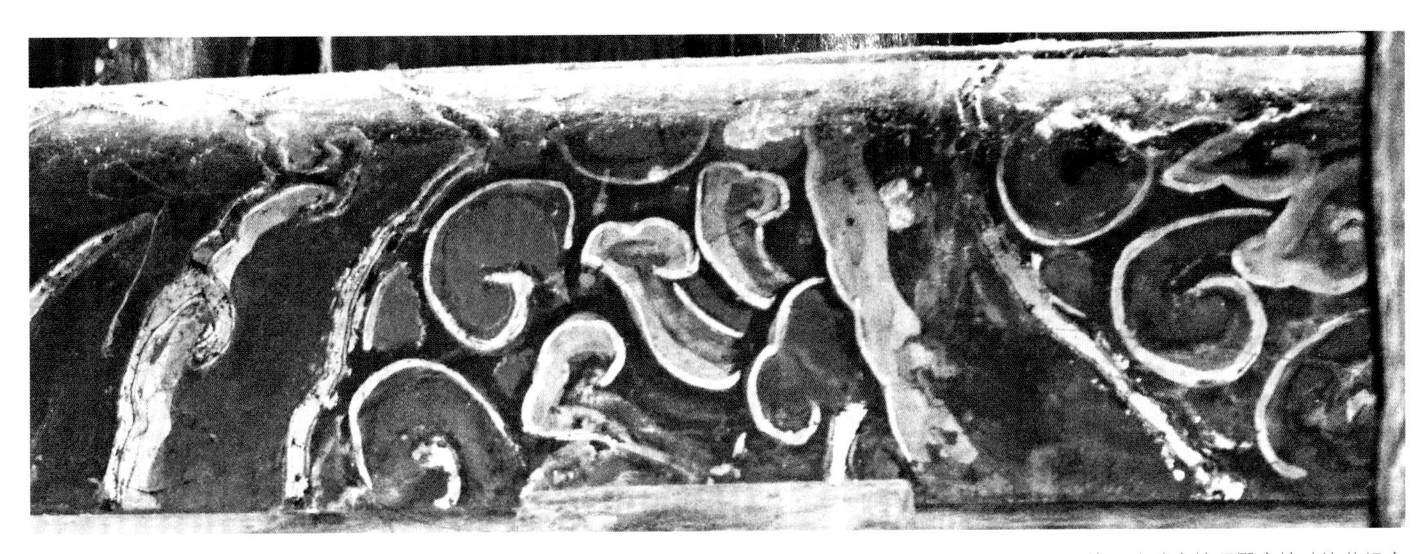

3-4-40 洛阳山陕会馆拜殿金檩破旋花组合

3-4-41 十三帮会馆关帝拜殿整旋花

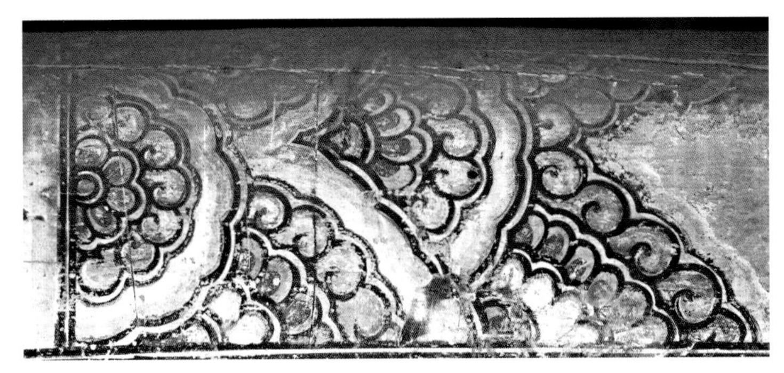

3-4-42 十三帮会馆关帝拜殿半旋花组合

第四章

河南明清时期会馆建筑彩画文化因素分析

第四章 · 河南明清时期会馆建筑彩画文化因素分析

中国古建筑是在本土文化背景下形成的，建筑彩画在我国有着悠久的历史和卓越的成就，充分反映了中国古建筑的民族特色和的文化风俗。河南明清时期会馆建筑彩画作为中国古建筑彩画的重要组成部分，在体现了中国古建筑彩画所共同蕴含的文化因素的同时，也有着自身的独特之处。

第一节 “礼”的观念

中国人崇礼，以“礼”为中心的儒家思想在中国古代长期占有统治地位。因此，礼制也必然是建筑文化所必须遵循的重要原则。具体到彩画，则是在一定程度上表现出了严格的等级观念。明清两代，建筑的彩画技艺达到顶峰，等级制度也更加详细、严格，反映出儒家礼制思想对中国古建筑文化的深刻影响。河南会馆建筑遗存彩画同样遵循等级制度。洛阳山陕会馆、周口关帝庙、辉县山西会馆等建筑的中轴线上的建筑彩画用金量高于两侧建筑，正是等级制度的体现。根据调查，大部分建筑的明间用金量多于次间，而次间、稍间用金量依次递减或不用金，这体现了明间的显赫。在使用贴金工艺时，还会遵循次间和稍间向明间面用金量大于背明间面的原则（图 4-1-1 至图 4-1-14）。

4-1-1 洛阳山陕会馆戏楼明间天花梁彩画

4-1-2 洛阳山陕会馆戏楼次间天花梁彩画

4-1-3 洛阳山陕会馆拜殿明间梁架彩画

4-1-4 洛阳山陕会馆拜殿稍间向明间面梁架彩画

4-1-5 洛阳山陕会馆大殿明间梁架彩画

4-1-6 洛阳山陕会馆大殿次间向稍间面梁架彩画

4-1-7 洛阳山陕会馆大殿稍间向明间面梁架彩画

4-1-8 周口关帝庙大殿明间梁架彩画

4-1-9 周口关帝庙大殿次间向明间面梁架彩画

4-1-10 周口关帝庙大殿次间向稍间面梁架彩画

4-1-11 周口关帝庙大殿向次间面梁架彩画

4-1-12 辉县山西会馆大殿明间梁架彩画

4-1-13 辉县山西会馆大殿次间梁架彩画

4-1-14 辉县山西会馆大殿次间向明间面梁架彩画

第二节 商业因素

十三帮会馆、山西会馆等建筑绘有文武财神彩画，表达了主人对生意兴隆、财源广进的美好希冀；还有算盘、银票、商号等彩画，也与商业文化密切相关；还见有烟枪、药方、杂耍人物等，集中了反映商人和会馆的生活。十三帮会馆后金檩松木纹心发现绘有商人交谈的画面。社旗山陕会馆大拜殿北檐明间额枋的“朝贡图”，更是商业生活的大写意，“有 15 个人物，两栋阁楼，楼阁中院内有三人着官服抚琴，左侧似是后院，楼阁内有妇人怀抱小孩，其旁有丫鬟伺候。楼阁左侧有两孩童玩耍，有三人自左向右，从后门悄然进来，两门官在前，进贡人在后。阁楼右侧前门有三名装束奇服之人，牵幼狮，骑异兽，执伞戴风帽跋涉而来。右侧阁门前有两门官，手持钱币、仙桃做通报之状”[①]。

周口关帝庙拜殿垂花柱有高浮雕“一团和气”，表达出商人的经商理念（图 4-2-1 至图 4-2-9）。

① 李芳菊：《社旗山陕会馆建筑群中的装饰艺术文化内涵研究》，载《安阳师范学院学报》，2003（4），69页。

4-2-1 十三帮会馆算盘、宝剑方心

4-2-2 怀邦会馆七架梁方心外店铺番号、银票叉角

4-2-3 周口关帝庙垂花柱“一团和气”浮雕敷彩

4-2-4 社旗山陕会馆大拜殿梁头档高浮雕财神

4-2-5 怀邦会馆山花彩画“百财”

4-2-6 洛阳山陕会馆大殿走马板彩画“杏林春燕”

4-2-7 双狮戏珠

4-2-8 社旗山陕会馆大额枋高浮雕敷彩贴金 1

4-2-9 社旗山陕会馆大额枋高浮雕敷彩贴金 2

第三节 品格情操的象征

古人崇尚德、贤，追寻高雅的品格和境界，这在河南明清时期会馆建筑彩画中也有反映。如怀帮会馆所绘松、竹、梅，即“岁寒三友”图案中，以松树表示坚贞不屈，以竹子表达潇洒脱俗，以梅树表达傲雪凌霜。洛阳山陕会馆大殿山花绘梅、兰、竹、菊，以“四君子”，表现出主人高洁的品质。还有彩画以莲花表达“出淤泥而不染”的品质。（图 4-3-1 至图 4-3-13）

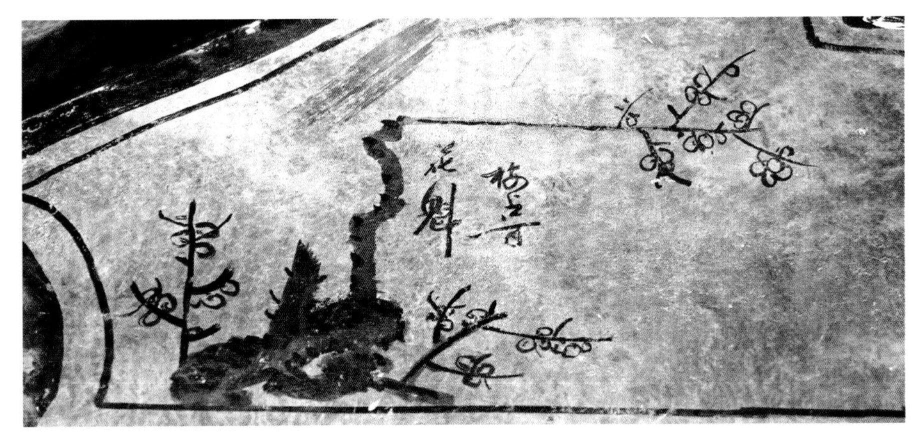

4-3-1 梅占百花魁

4-3-2 兰花

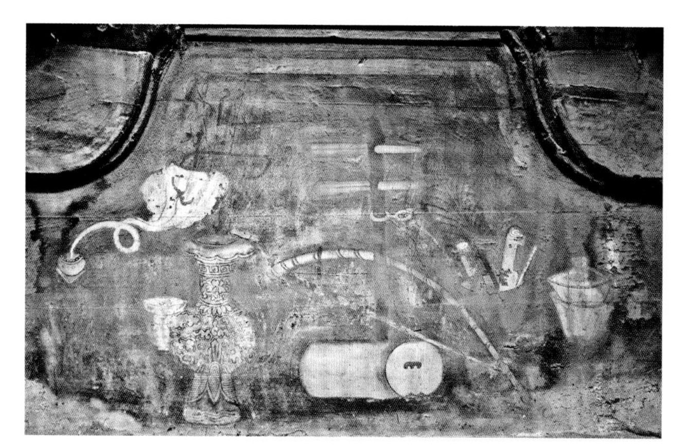

4-3-3 二胡、画筒

4-3-4 五老赏画

4-3-5 琴高乘鲤

4-3-6 风竹

4-3-7 秋菊

4-3-8 秋荷

4-3-9 渔

4-3-10 樵

4-3-11 耕

4-3-12 读

4-3-13 鱼跃龙门

第四节 文学艺术

在各种儒道思想理念的影响下，商人们亦受到装饰内容和传统文化的熏陶。会馆建筑有较大平展面积的山花彩画和垫栱板彩画，内容涉及描绘市井百姓平凡生活和精神追求的史志书籍、文房四宝、唐诗、山水人物等。如怀帮会馆山花有唐代诗人贾岛的《寻隐者不遇》、杜枚的《山行》《清明》等完整五言唐诗和七言唐诗、山水人物画、花鸟画等；洛阳山陕会馆大殿山花中的劲松指画、兰香图等，垫栱板“四书题境”、书画桌屏、肖像摆件彩画等；禹州十三帮会馆关帝拜殿各瓜柱上的不同姿态的杂耍童子，惟妙惟肖，活灵活现（图 4-4-1 至图 4-4-16）。

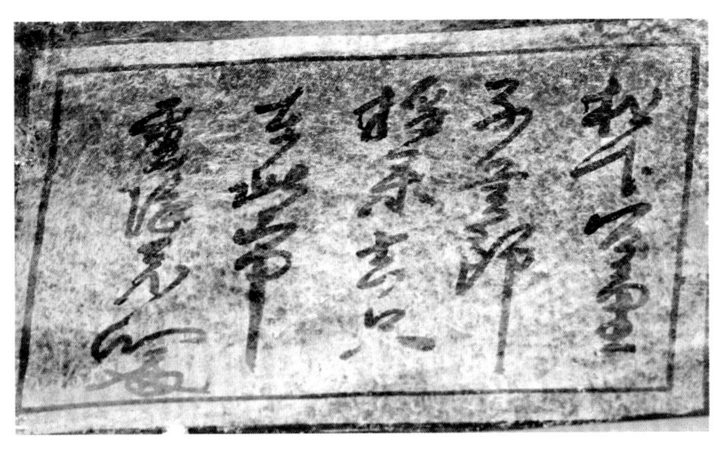

4-4-1 《寻隐者不遇》

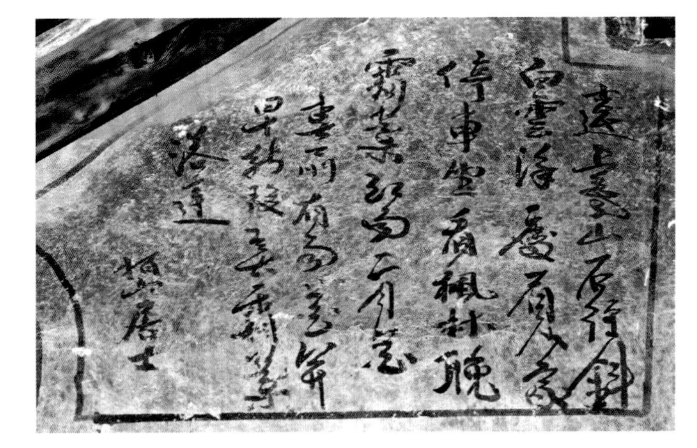

4-4-2 《山行》

4-4-3 《清明》

4-4-4 四书题境

4-4-5 风竹图

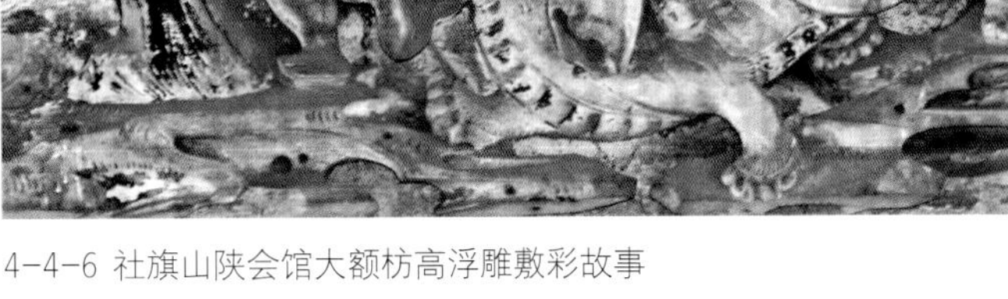

4-4-6 社旗山陕会馆大额枋高浮雕敷彩故事

4-4-7 《三国志》

4-4-8 书画桌屏

4-4-9 官员画像

4-4-10 戏曲人物

4-4-12 草船借箭

4-4-11 指画山花

4-4-13 杂耍童子 1

4-4-14 杂耍童子 2

4-4-15 杂耍童子 3

4-4-16 杂耍童子 4

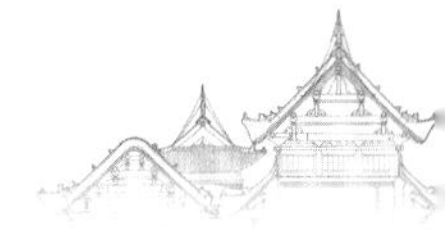

第五节 吉庆祥瑞的象征

人们都有追求吉祥、幸福的美好愿望，反映到建筑彩画艺术中，则是多以一些表示吉庆祥瑞的动物、植物等，表达人们对幸福美好生活的追求和向往。龙凤是古建筑彩画的重要题材，二者在古代均有至高无上的地位，龙象征帝王，凤则象征皇后，同时二者都为中国古代的瑞兽，均具祥瑞之意。河南明清时期会馆建筑彩画中还见有麒麟、天马、翼虎等瑞兽图案。（4-5-1 至图 4-5-7）

4-5-1 戟磬、盘长、爵

4-5-2 麒麟

4-5-3 瑞兽

4-5-4 葫芦、牡丹

4-5-5 戟磬、如意

4-5-6 炉鼎、柿子、如意

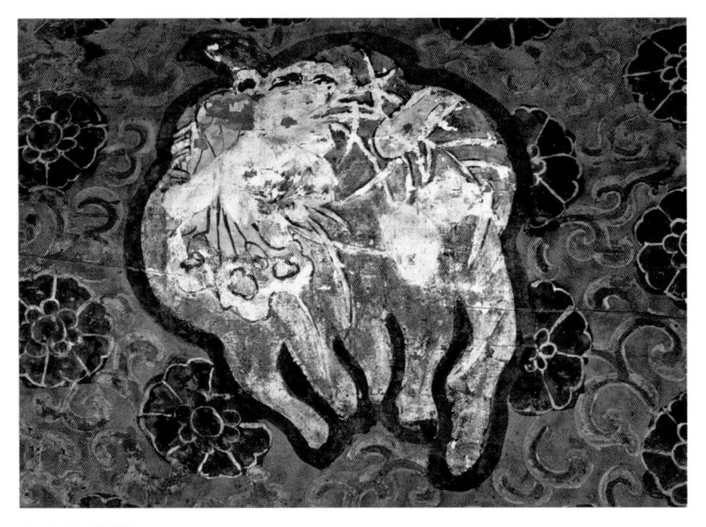

4-5-7 佛手

4-5-8 海屋添筹

而充分使用寓意手法，也是河南明清时期建会馆筑彩画的重要特点。如以石榴寓意家族兴旺、儿孙满堂，以松、鹤寓意长生，以牡丹寓意富贵荣华。以鹿、蝙蝠、桃分别寓意禄、福、寿；以莲和鱼的组合表达连年有余、物用不尽；将数尾金鱼组合在一起，表示金玉满堂；以柏树和万年青花卉组合，表达合和万年等；以蝙蝠、鹿、桃子、葫芦等组合，取福禄寿喜之意。图案纹样也有特定的寓意：如以盘长象征家族绵延，福寿悠长，回纹代表幸福安康长久不息。其他如寿字、福字等，也是常用于表达吉祥的文字（图 4-5-8 至图 4-5-17）。

4-5-9 寿

4-5-10 福 1

4-5-11 福 2

4-5-12 玻璃缸金鱼

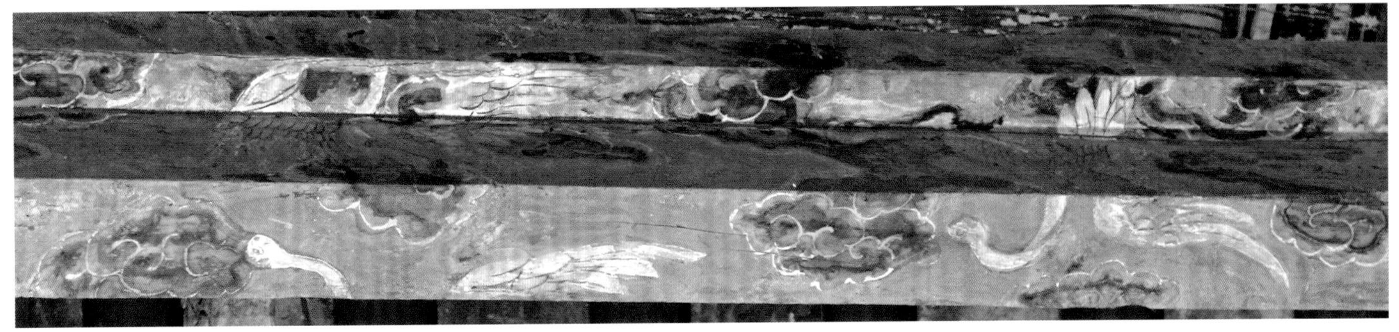

4-5-13 万鹤流云

4-5-14 仙桃、瓜、佛手

4-5-15 牡丹、戟磬（富贵吉庆）

4-5-16 牡丹、苹果（富贵平安）

4-5-17 五狮（五世）同堂

4-6-1 弥勒送子

第六节 多子多孙的向往

多子多孙，家庭兴旺，这是中国人的传统观念。河南明清时期建筑彩画中见有“和合二仙”，即以荷花、男女孩童为主题。十三帮会馆也绘有男女童子，女童手执荷花，憨态可掬。周口关帝庙大殿盒子内的葡萄、石榴、葫芦等彩画图案，都是古人向往多子多孙、家族兴旺的具体表现和反映。（4-6-1 至图 4-6-13）

4-6-2 葡萄

4-6-3 石榴

4-6-4 童子

4-6-5 如意、童子

4-6-6 持莲童子

4-6-7 托桃童子

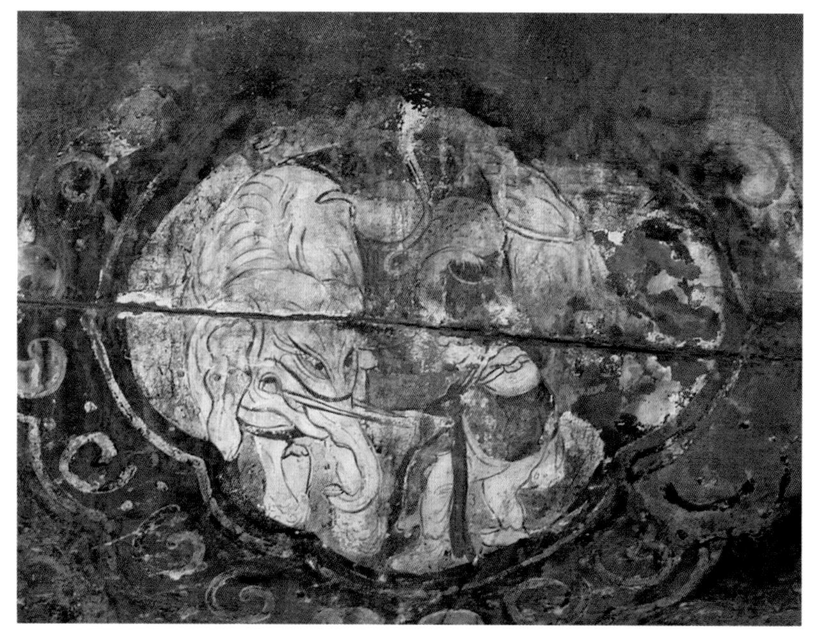
4-6-8 民间故事 1

4-6-9 民间故事 2

4-6-10 民间故事 3

4-6-11 民间故事 4

4-6-12 民间故事 5

4-6-13 民间故事 6

第五章 营造技术

◎工具与原料

◎衬地做法与材料

◎工艺程序

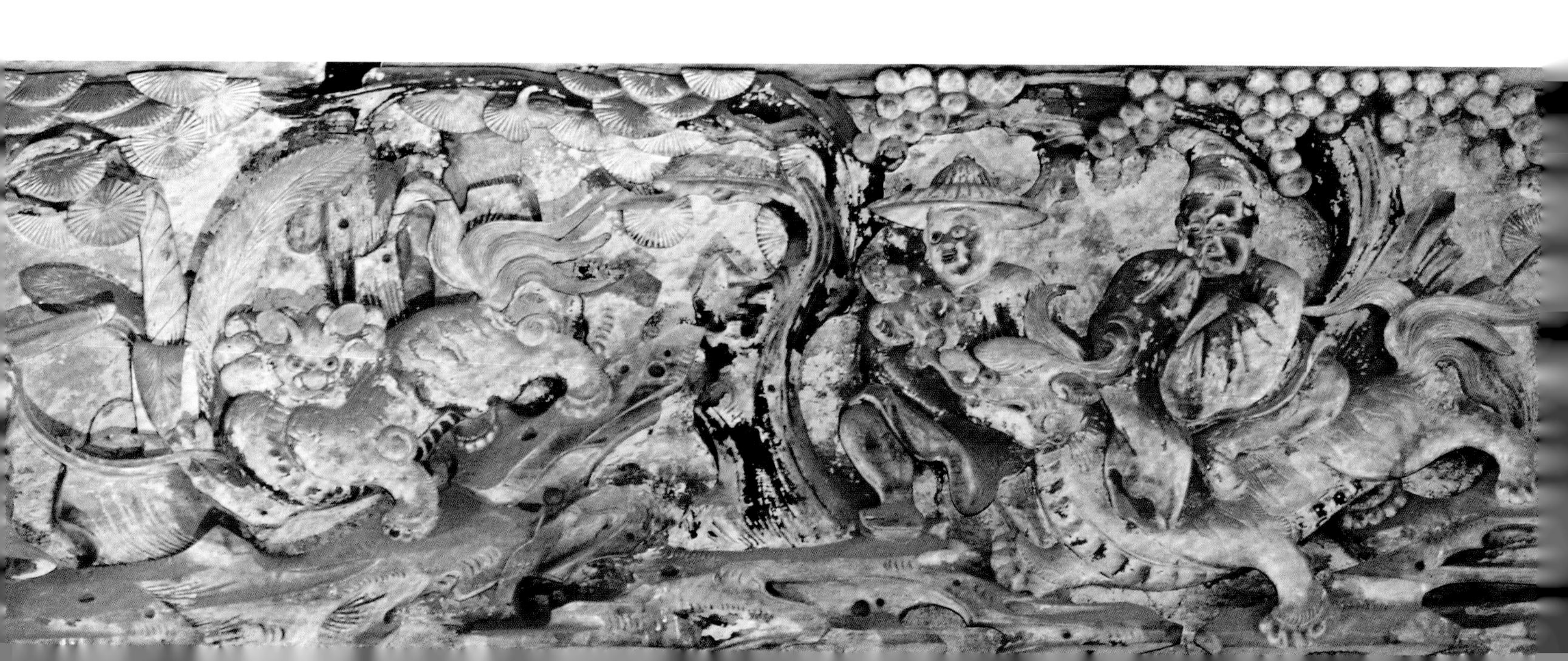

第五章·营造技术

河南现存会馆彩画地域特征鲜明、发展脉络清晰。彩画名称称谓、工艺做法与河南其他性质的建筑彩画一样显示出自宋至清的发展轨迹。自新中国成立以来，河南建筑彩画已渐被官式彩画所取代，河南地方彩画工艺逐渐失传。从拜访的75~90岁老匠师处得知，河南有师承关系的彩画匠师已有绝续之兆。而学界对河南彩画的全面研究十分匮乏，针对河南明清时期会馆建筑彩画的全面调查研究亦是首次。明清时期会馆建筑彩画所使用工具与河南其他性质建筑彩画一样，基本与清代官式彩画相同并有部分简化，而且许多工具目前仍在使用。

第一节 工具与原料

1. 工具

绘画工具：建筑彩画传统工具为毛笔、油漆鬃，目前使用频率较高的还有油画笔，而毛笔仅在要求精细的地方使用，例如切活、拉大小粉等工序。为了适应工序的需要，还会使用“变体毛笔”。如为保证圆形的规整，经常使用“圆规式毛笔”：将针尖与毛笔笔头绑在一起，呈“Y”字形状，以针尖为圆心进行绘制。河南地区的画笔一般也使用油画笔和毛笔，大面积刷色时则使用排刷。在绘画时，还要使用俗称“靠尺”的界尺。靠尺是绘制直线和支撑手臂的工具，因此靠尺也叫搭尺。靠尺最早是画界画用的，类似一个板子，长度有二尺（1米=3尺）、二尺五、二尺六之分，宽度3公分（1公分=1厘米），厚度1公分。推光漆上的描金也用靠尺。靠尺的实用价值很大。工匠绘制彩画的时候，都将其放在梯架上以便随时使用。

贴金工具：常用的贴金工具有金夹子、大白粉、棉花等。贴金时为防风吹，一般还要用布或苇席搭金帐子。贴金时先用手贴，贴上去后用棉花压实。棉花也可用油画笔代替。沥粉的细部用油画笔，大的地方用刷子。

盛放用具：盛放颜料的传统容器均为瓷碗、瓦盆之类。河南地区工匠绘制建筑彩画盛放颜料的工具多为饭碗，使用时或置于构件上，或端在手中，一般不用北京地区常见的碗络。现在工匠以小型塑料桶替代，有时也会就地取材：如将塑料饮料瓶横截，用下半部分盛放颜料，或将纸杯相套盛放。用量大时，直接用铁皮桶。

沥粉器：包括软塑料薄膜（传统工艺用猪膀胱）、线绳、老筒子和粉尖子四部分。将粉浆置于薄膜内，用线束口，用手挤压，使粉浆经过老筒子和粉尖子变成匀细的条状，同时移动沥粉器，使之附着在地仗表面。粉尖子呈圆锥形，用扇形铁皮制做而成，尖端留有小孔。沥大粉时则留两个相同直径的小孔。老筒子展开呈折扇状，与粉尖子锥角度数相同但高度更长，使用时将二者套接。现在有时用塑料薄膜代替老筒子，套于粉尖子上。

2. 材料

古建筑彩画材料主要指绘制彩画所用的颜料，以及由于工艺需要而包括的其他材料，如金箔、纸张、大白粉、滑石粉、胶、光油等，这些统称彩画的材料。

古代彩画颜料包括天然矿物颜料石青、石绿、朱砂等。但简单的几种矿物颜料形成不了丰富的色彩，因此人们尝试从植物中提取颜料，作为矿物颜料的辅助颜料，用以增加建筑物的装饰色彩。随着社会的发展，矿物颜料的用量加大，至鸦片战争后，西洋化工颜料逐步进入中国市场，典型的有“鸡牌绿”“巴黎绿”。颜料按使用频率分大色和小色，为缩减成本，多数小色是由大色调配而成。常用大色有天大青、大绿、洋青（群青）、洋绿、定粉、朱砂、银朱、黑烟子。

青：青即蓝色，种类较多，有石青、天大青、梅花青、佛头青（群青）等，现用得较多是法国蓝，匠师称其为群青。

绿：有石绿、大绿、锅巴绿、洋绿（“鸡牌绿”“巴黎绿”）。

定粉：彩画中的白色颜料，早期为铅粉（官粉、定粉）、蛤粉（贝壳粉）、白土（土坯墙的老土，经过专门发制）。

朱砂、银朱：红色系，其原材料属于名贵中药材。

黑烟子：竹或松木烧制的灰、现用成品墨汁代替。

第二节 衬地做法与材料

1. 衬地的分类与做法

总体而言，河南明清时期木构建筑彩画的衬地主要有四种做法：胶矾水灰青衬地，这是宋代的常见做法；黄土白面衬地，这是山西地区民间做法；还有两种做法，即泼油灰衬地、血料腻子衬地，近似清官式做法。

胶矾水灰青衬地。见《营造法式》“彩画作制度”：“彩画之制，先遍衬地，次以草色和粉，分衬所画之物。其衬色上，方步细色或叠晕，或分间剔填。”并说，“衬地之法，凡斗栱梁柱及画壁，皆先以胶水遍刷”，“碾玉装或青绿棱间者，候胶水干，用青淀和茶土刷之”。所用胶水，《营造法式》中没有说明，可能为动物骨胶或皮胶。“碾玉装”及“青绿棱间装”，胶水上涂粉层，粉层是将青淀和茶土以 1∶2 的比例混合而成。“茶土”为白土或近似物质。河南的建筑彩画在应用时基本可分成两步：即涂刷胶矾水、灰青衬地。胶矾水以骨胶为主，有时也用皮胶，同明矾混合，这种做法也广泛运用于宋代的彩画工艺中。做衬地时，将墨汁和白土混合，制成灰青。此时的墨汁呈现出青灰色，近似宋代的青淀色。

黄土白面衬地。早期用胶矾水，原料基本包括了黄土、胶矾水和白面，俗称“腻子”。将白面与胶矾水混合调制，后加黄土。用胶矾水将木料通刷，然后刮腻子，通常刮 2 至 3 次。晚期则改用桐油，以桐油作调和剂，其余工艺基本类似。

泼油灰衬地。先抄底油，其次视木料之优劣而填缝补腻，再满刮腻子 2 至 3 次后打磨平整，最后以灰青衬色。后期的底油多以汁浆代替桐油。

血料腻子衬地。血料腻子衬地在清代官式做法中一般被称为“单披灰”。相对考究一点的做法会多施四道灰，用于檩枋等处。血料腻子衬地的工艺与桐油猪血地仗基本相同，但在细灰完成后一般没有磨生过水与合操的工序，仅以桐油渗底、刮腻后刷立德粉，形成白色底子，以利于漏粉打谱。

内檐及其他构件的衬地做法。河南地方披麻做法一般限于檐柱，其他部分基本不披麻。外檐檩枋通常采用四道灰工艺，金柱及内檐梁架相应简化，其余连檐、瓦口、雀替等构件则会进一步简化。

2. 胶矾水的配制

胶矾水除用于前述衬地之外，还时常用于封护彩画。官式做法对于配制无统一规定，因彩画而异。河南的地方做法也没有统一规定，一般依匠人经验而定。通常，胶水用量小于矾水，而且为“热胶冷矾”，即胶水热，矾水冷，混合拌匀。通常做法是矾水为 3 份明矾与 100 份水混合而成，胶矾水则是 100 份矾水与 15 份轻胶水混合而成。在施工中，胶水需现熬现用。久置的胶水要重复加热，以防变质。

3. 沥粉材料

沥粉贴金工艺在初唐的敦煌壁画和塑像上已可见到，其后不断发展，但唐宋时期很少用于彩画。清代初期，沥粉原料基本为香灰、绿豆面。到了清代晚期，则多用大白粉、土粉子和滑石粉。河南地区，不用香灰、绿豆面。早期多使用大白粉、土粉子，同时也用胶泥；后期则以滑石粉为主。沥粉用的胶，在早期基本为水胶，这是出于便利和节约成本的考虑，目前普遍改用乳胶。各地匠师基于不同的传承，还会适量增加一些辅助性的材料。

4. 金箔

河南建筑彩画基本用贴金技术，材料均为金箔，有库金、赤金两种。库金含金约 98%，赤金含金量约 75%。早期金箔尺寸为 3 寸 3 见方，后期则为 3 寸见方。

5. 金胶油

贴金时需用黏合剂，即金胶油，清工部《工程做法》中称其为贴金油。一般将一份生桐油，一份苏子油（有时也用豆油），同时加入 2% 土籽，1% 的白铅粉，炒熟去湿后一起熬制。金胶油贴金一般用在不太重要的部位。另外，笔者调研过程中还发现了清漆贴金工艺。

6. 颜料调制

传统工艺中，颜料调制是一个复杂的过程。目前，由于大量化工颜料的使用，颜料的调制工作变得简单了，将颜料干粉与胶水以适当比例混合即可，而具体的比例则因人因地而差异很大。用胶基本上为水胶和乳胶，早期也使用鳔胶。用水胶调制颜色，比例全凭经验。水胶比例大，比较好画，但干后容易有裂纹。水胶比例小，颜色刷得不流利，用时不舒服。胶稠则容易开裂，所以则要用稀胶，触摸时没有黏力，干后感觉有黏性。

第三节 工艺程序

通过调查，河南明清时期的建筑彩画的基本工艺程序大致上是相似的，按是否起谱子可分作两种，即起谱子做法和无起谱子的做法。

1. 打底子

基本分成三道工序。捉补，即用桐油加白土做成腻子，对构件进行捉补找平。磨生，即用细砂纸打磨，使构件表面光滑平整。过水布，即以水布擦拭，除去浮灰。

2. 衬地

可分作三种情况：①构件满绘时，遍刷一层胶粉；②局部作画时，在拟彩画部位刷一层胶粉；③如

果木表刷油，要预先留出拟绘彩画的部位，用光油（生桐油 + 红丹 + 土粉熬制）、熟桐油、雄黄调料在构件表面进行粉刷。之后，以雄黄加铅白、鱼鳃胶做成胶粉，刷于彩画部位。

3. 打谱子或起画稿

（1）起谱：首先丈量彩画构件的部位、长度，确定中线，依彩画主要轮廓粗画墨线。然后以牛皮纸或高丽纸配纸，并在纸上用墨描好彩画纹样，名为“起谱”。

（2）扎谱：用大针沿着牛皮纸上的墨线打孔，孔距不等，一般为 1 至数毫米，即为“扎谱”。

（3）拍谱：将谱子中线与构件中线及彩画轮廓对齐、摊实，用深色粉袋拍打，在构件上透出彩画粉迹，即为“拍谱”，然后以墨线按粉印描绘图案。还有一种较简单的做法，名为“印稿’，即在谱纸上涂一层红矾土，之后用木针、骨针或竹针拓印。按拓印画稿勾画墨线，称为“落墨”。

（4）写红墨与号色：拍谱完成后，在贴金的部位，用小刷子蘸红土子写出花纹，即为“写红墨”。画彩处，使用粉笔号色，为方便，颜色均使用统一的代号。（见颜色标号表）

颜色标号表

颜色代号	红	绿	青	黄	紫	黑	章丹	金色	粉紫	水红	香色	淡青	米黄
数字符号	工	六	七	八	九	十	丹	金	五	四	三	二	一

4. 沥粉、焊线或悬塑、粘塑、贴塑

河南地区也称沥粉为立粉或者爬粉粉。也就是通过手的挤压，把粉浆从沥粉器的粉尖子中挤出，沥于彩画部位上。河南部分地区用焊线代替沥粉。焊线，即将皮棉纸搓捻软化成类似沥粉线粗细的条状，按画面要求用骨胶粘在需要位置。

如果不做沥粉、焊线，就采用悬塑（在画面所需处以铁丝做骨架，灰泥塑形，最后填色）、粘塑（类似砖、石、木雕的浮雕形式，雕完之后粘于彩画所需处）、贴塑（一般用土泥塑完形后贴于彩画所需位置，后填色）的工序。但粘塑目前河南地区还未发现有遗存，其他均有遗存。

5. 刷色

刷色即平涂各种颜色，一般先刷大色，后刷各种小色。

6. 包胶或打金胶

沥粉部位一般还要贴金。贴金之前，要事先包一道黄胶，将粉条全部包起。其目的有二：一为衬托贴金，即“养益金色”；二为与底色加以区别，以保证不会遗漏贴金。

7. 打金胶、贴金

打金胶油表面要光亮、饱满，均匀一致，整齐，到位。在金胶将干未干时开始贴金。

8. 拉白、压黑、描金

颜色绘完后，要检查图案，之后拉白线、压黑老或者描金线。画时力求直线刚挺、曲线圆润，从而使图案生动突出。

9. 找补

全部描画完毕后，还要检查彩画各部位，如有不匀、遗漏或者不净之处，就要以原色补正。

10. 罩胶矾水

彩画候干期间，在彩画表面遍刷一层稀薄的胶矾水，以防止潮湿、腐蚀。胶矾水干后会形成一层薄膜，既能保护彩画，又能增强彩画的艺术效果。

在此，以明代沁阳北大寺和清早期洛阳山陕会馆为例再予以说明。

沁阳北大寺的夏殿为无谱子直接作画，无退晕。基本程序为：①石膏加桐油（加少量水）调和填平木缝，反复打磨平整；②以油灰处理木材，打磨光滑平整直至见木色，不做地仗层；③梁架上裹包袱以墨线直接定出边棱，绘出包袱内花卉图案。

过厅为无谱子直接作画，无退晕。基本程序为：①石膏加桐油（加少量水）调和填平木缝，反复打磨平整；②以油灰处理木材，打磨光滑平整直至见木色，不做地仗层；③朱砂遍刷，土黄绘出木纹线，画出木纹年轮心；④梁架上裹包袱以墨线直接定出边棱，绘出包袱内花卉图案；⑤画出松木年轮内动物纹样。

前拜殿无地仗，局部有谱子作画，沥粉贴金，局部退晕。基本程序为：①石膏加桐油（加少量水）调和填平木缝，反复打磨平整；②以油灰处理木材，打磨光滑平整直至见木色，不做地仗层；③根据图样尺寸的长宽用墨线在构件之上直接定出分段打稿；④方心内纹饰用拍谱子方法直接打谱子出方心纹饰线后沥粉线；⑤图案需填色处直接填色；⑥点金处贴金；⑦找头退晕。

后拜殿无地仗，局部有谱子作画，沥粉贴两色金，局部退晕。基本程序为：①石膏加桐油（加少量水）调和填平木缝，反复打磨平整；②以油灰处理木材，打磨光滑平整直至见木色，不做地仗层；③根据图样尺寸的长宽用墨线在构件之上直接分段打稿；④方心内纹饰用拍谱子方法直接打出方心纹饰线后沥粉线；⑤找头图案需填色处直接填色，方心图案根据位置贴两色金；⑥找头、方心棱线局部退晕。

洛阳山陕会馆山门外檐彩画为单批灰地仗，内檐为一麻五灰地仗层。从现状调查和分析看，是有谱子、粉本及小样（样稿）共同作画。外檐彩画基本程序为：①石膏加桐油（加少量水）调和填平木缝，反复打磨平整；②以油灰处理木材，打磨光滑平整；③直接定出边棱，绘出池子内纹饰图案线后号色填色，最后沥出粉线并贴金。

洛阳山陕会馆戏楼彩画外檐工艺做法同山门，内檐天花梁及天花地仗为一麻五灰，从现状调查并结合 2004 年国家文物局组织、中国文化遗产研究院具体实施的“中-意合作洛阳山陕会馆建筑山门彩画保护修复工程”分析，具体地仗绘制工艺应是一麻五灰地仗层。一麻五灰即一层麻五层灰，包括捉灰、扫荡灰、

使麻、压麻灰、中灰、细灰、磨细灰、钻石油等几个主要工序。表面画层为较为清官式的金琢墨石碾玉。其绘制方法基本等同于官式画法，即磨生过水、分中、打谱子、沥大粉、沥小粉、刷色、包胶、打金胶、贴金、画宋锦、加晕色、拉大粉、吃小晕、压黑老。

拜殿及大殿外檐工艺做法同山门，内檐为单批灰地仗地方手法浓郁的烟琢墨石碾玉旋子彩画。基本程序为：①石膏加桐油（加少量水）调和填平木缝，反复打磨平整；②以油灰处理木材，打磨光滑平整直至见木色，不做地仗层；③根据图样尺寸的长宽用墨线在构件之上直接分段打稿；④方心内纹饰用拍谱子方法直接打出方心纹饰线后沥大粉、沥小粉、刷色、包胶、打金胶、贴金、拉大黑、拘黑、吃大晕、加晕色、吃小晕、拉大粉、贴金、压黑老。

第六章 比较研究

◎与河南其他性质建筑遗存彩画对比研究
◎与明清时期官式彩画的对比研究
◎与山西晋系明清彩画的对比研究
◎与山东聊城山陕会馆的对比研究
◎与江南地区明清彩画的对比研究

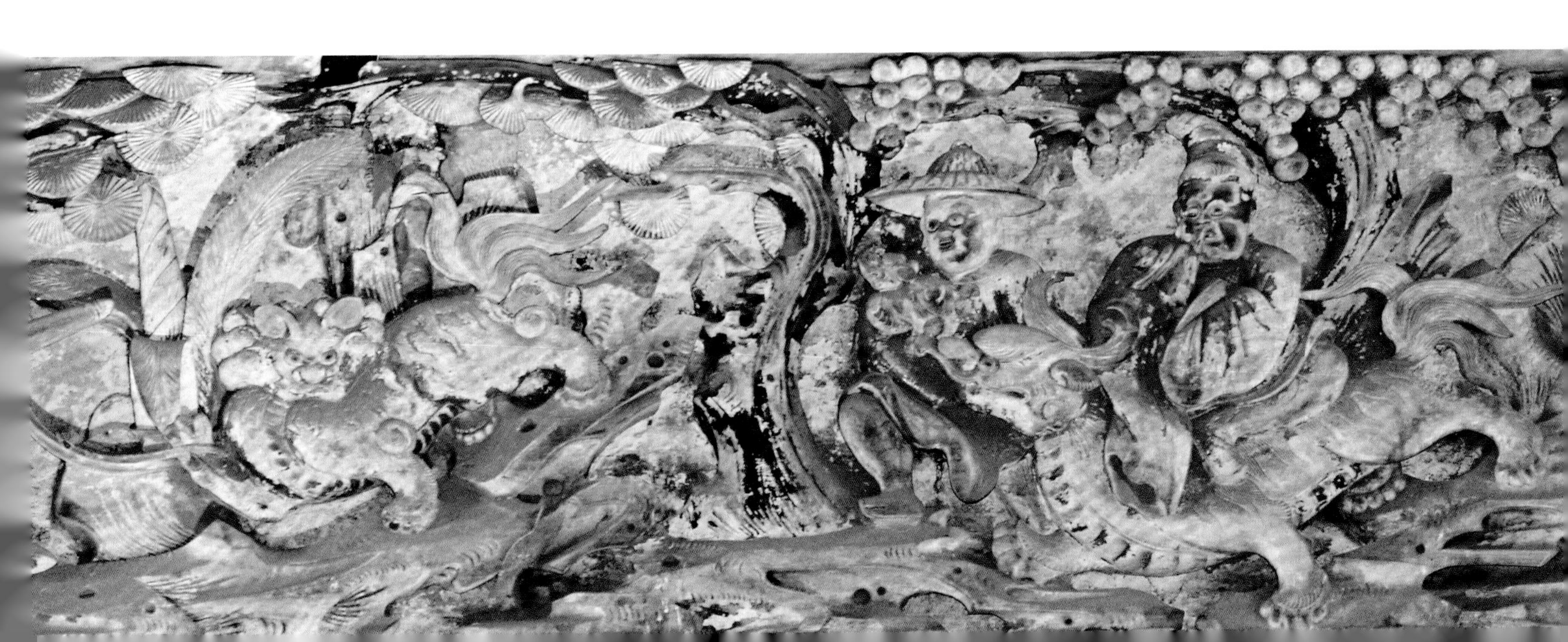

第六章 · 比较研究

第一节　与河南其他性质建筑遗存彩画对比研究

河南现存的文物建筑，依其功能性质，基本可分为10类，即：佛教建筑、道教建筑、衙署建筑、文庙（书院）建筑、伊斯兰教建筑、纪念建筑、会馆建筑、民居建筑、陵墓建筑、桥梁及其他建筑。这些文物建筑每类均有其独特的文化内涵与价值。从前期调查看，这些建筑除桥梁及其他建筑、纪念建筑没有发现彩画外，其他建筑均或多或少有彩画遗存。河南的会馆建筑彩画遗存丰富、形式多样，与其他性质的建筑遗存彩画相比，有较为显著的特点且自成体系。

（1）佛教建筑遗存彩画多为旋子彩画、海墁彩画。旋子彩画同样分为三段式，即找头、方心、找头。其中找头又分带盒子式找头和不带盒子式找头。方心长度基本均长于找头。盒子形式多为锦纹地上再置不同外形盒子。盒子内施画内容与佛教故事相关。（图6-1-1至图6-1-5）

6-1-1 大明寺梁架彩画

6-1-2 大明寺檩枋彩画

6-1-3 大明寺盒子彩画

6-1-4 大明寺山花彩画

6-1-5 慈胜寺额枋海墁莲花彩画

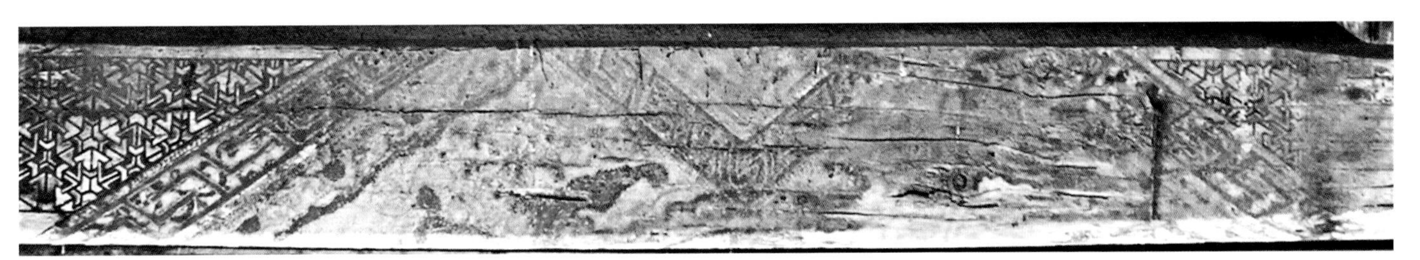

6-1-6 嘉应观龙王殿梁架彩画

6-1-7 嘉应观中大殿天花梁彩画

（2）道教建筑遗存彩画为旋子彩画、海墁彩画和松木纹彩画。旋子彩画亦分为三段式，即找头、方心、找头。其中找头又分带盒子式找头和不带盒子式找头。方心长度基本均长于找头长度。现存最完整的嘉应观建筑群，方心多为上裹包袱式方心，找头仅为一整两扇旋花，无盒子，复合箍头。（图 6-1-6 至图 6-1-9）

6-1-8 嘉应观龙王殿找头

（3）伊斯兰教建筑彩画依旧为三段式旋子彩画、松木纹找头方心彩画和松木纹彩画。方心的长度则是明代遗存小方心，大找头。找头旋子呈长桃形，盒子则是锦纹盒子和如意盒子交替使用，如沁阳北大寺。清代伊斯兰教建筑松木纹找头方心彩画则为大方心，方心形式为上裹包袱式，如开封清真寺彩画。（图6-1-10至图6-1-14）

6-1-9 登封城隍庙梁架松木纹彩画

6-1-10 泌阳北大寺后拜殿梁架彩画

6-1-11 泌阳北大寺前拜殿檩找头彩画

6-1-12 沁阳北大寺过厅梁架松木纹彩画

6-1-13 沁阳北大寺过厅梁架松木纹心彩画

6-1-14 开封清真寺拜殿梁架彩画

（4）文庙（书院）建筑彩画留存仅郏县文庙大成殿单色盒子找头海墁方心彩画。找头盒子为锦纹，海墁方心龙钻牡丹。（图6-1-15、图6-1-16）

（5）民居建筑彩画为旋子彩画，其具备清代晚期特点，方心和找头比例1：1。重点施画过厅及会客厅。过厅前廊高浮雕施彩。（图6-1-17、图6-1-18）

6-1-15 陕县文庙大成殿梁架彩画

6-1-16 陕县文庙梁架找头

6-1-17 宋氏民居梁架彩画

6-1-18 任家会客厅雕彩

（6）衙署建筑彩画仅在南阳府衙有部分建筑彩画遗存。南阳府衙大堂绘海墁松木纹彩画。（图6-1-19）

（7）陵墓建筑彩画为民国初年官式旋子彩画，盒子内纹饰紧跟时代发展而改变，开始出现勋章和禾穗。（图6-1-20、图6-1-21）

6-1-19 南阳府衙二堂梁架松木彩画

6-1-20 安阳袁世凯陵墓享堂天花梁彩画

6-1-21 找头盒子

第二节 与明清时期官式彩画的对比研究

从彩画性质上看，中国古代彩画大致可分为官式彩画和地方彩画。河南遗存古建筑地方特点显著，其建筑结构特点、建造手法以及构件的名称称谓与同时期的官式建筑区别很大。河南地方建筑与北京地区清代官式建筑结构名称最大的区别在于檩枋。清代官式建筑檩基本为三件套，即檩–檩垫板–枋。河南遗存明清建筑大木檩枋结构多为檩–随檩枋–隔架科–隔架科踏脚枋。（图6-2-1、图6-2-2）

《河南明清地方建筑与官式建筑的异同》中对官式建筑和地方建筑有明确定义。官式建筑，就是指明清时期的北京、承德等地，严格按照朝廷颁布的工程做法则例的技术规定而营建的建筑。与此相对应，在其他一些北方省份，如山东、山西、陕西、河北、湖北、安徽、江苏以及我国西部的甘肃省部分地区的明清建筑，多为地方建筑手法，与河南地方建筑手法相同或相近。河南古建筑遗存彩画同河南古建筑一样，风格自成一派，与现在通常所说的清官式彩画和苏式彩画区别较大。杨焕成先生在1984年发表的《绚丽多彩的河南古建艺术》一文中曾将其命名为中原彩画。由于业界仍没有对河南古建筑彩画有明确的称谓，为区别官式彩画和苏式彩画，本节延续杨焕成的说法，将河南古建筑彩画为“中原彩画”。

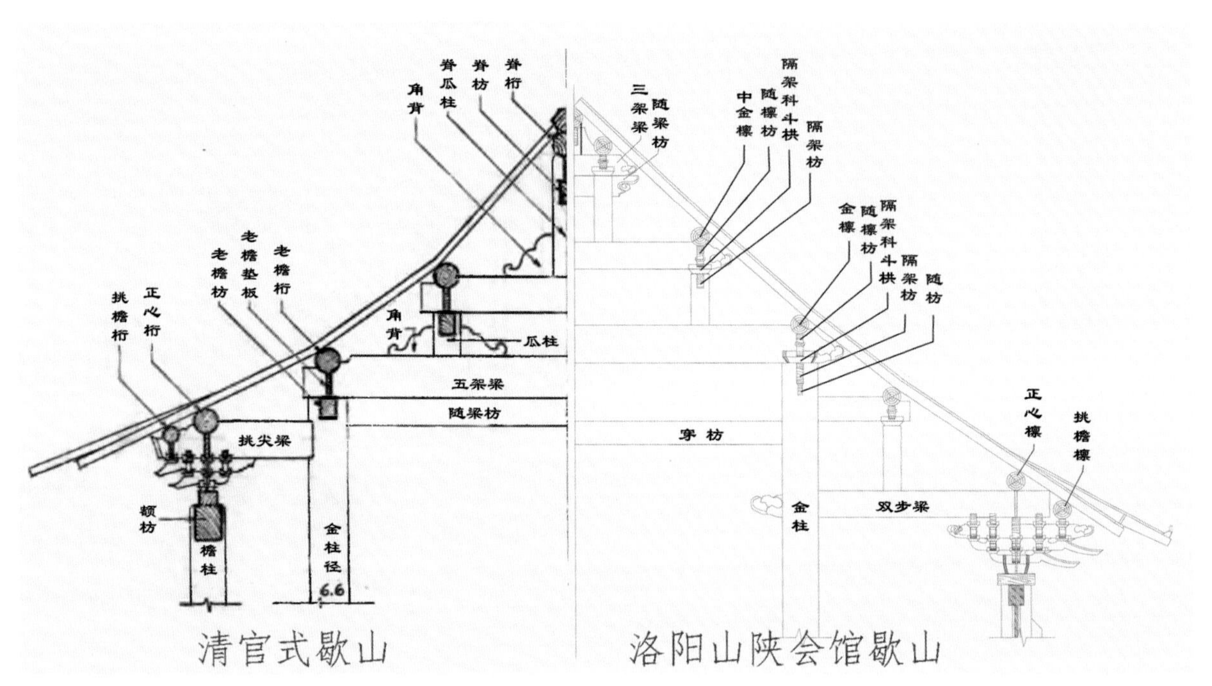

6-2-1 清官式与洛阳山陕会馆歇山明间横断面构件比较

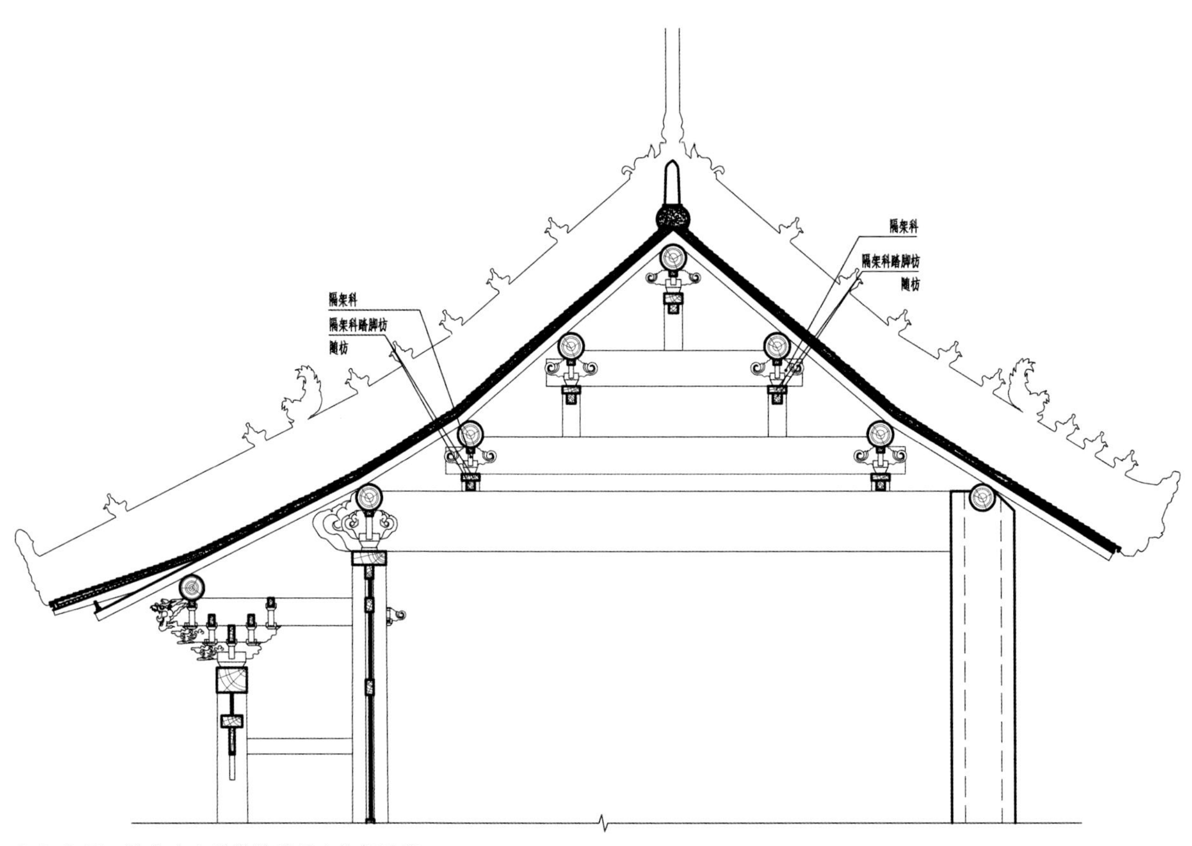
6-2-2 周口关帝庙大殿带前廊悬山构架示意

1.明代

为清楚阐释河南现存明代彩画与其他地区明代彩画的异同，本书采用曾调查过有明确墨书沥粉题记的沁阳北大寺明中期彩画为本节标准器，以图清晰。

在结构构图上，中原彩画保持着明代官式旋子彩画的三段式，方心长大于或接近构件长的1/2，方心长度大于找头，其比例在1:15~1:1.3之间（图6-2-3至图6-2-5），有较宽副箍头，方心头形式呈宝剑头形或多折内顱，银锭十字别盒子或四合云盒子（图6-2-6、图6-2-7）。在图案上，中原彩画

旋子特点最为突出，花形非正圆形而呈长桃形，外形饱满，旋花瓣呈凤翅状有包瓣，涡形旋花同时使用（图 6-2-8、图 6-2-9）。旋花心（旋眼）莲座上置石榴头或如意头，莲座有红色。方心内纹饰多为西番莲。在用色上，中原彩画的青色接近黑色，红色使用得较多（图 6-2-10）。施工工艺则基本为靠骨灰或单批灰直接绘制，无麻灰地仗（图 6-2-11）。河南地区明代建筑彩画与北京明代智化寺官式彩画（图 6-2-12、图 6-2-13）相比，具体情况见表 6-2-1。

表 6-2-1 明代河南地区彩画与官式彩画比较

名称	结构（盒子 / 箍头 / 方心）	图案	用色	工艺
官式彩画	方心长接近 1/2，方心头内弧或呈宝剑头形，盒子为十字别、四合云，副箍头较宽	旋花呈长桃形，旋心莲座上放如意，旋瓣多，旋瓣多为凤翅瓣	青色接近黑色，旋眼点红	麻灰地仗，有谱子
河南地区彩画	方心长大于或接近 1/2，呈宝剑头形或多折内颤盒子为十字别、四合云，副箍头较宽	旋花呈长桃形，旋花心（旋眼）莲座上置石榴头或如意头，旋瓣多，旋瓣凤翅瓣与涡旋瓣相间使用	青色接近黑色，旋眼点红或贴金	靠骨灰或单批灰，较少使用谱子

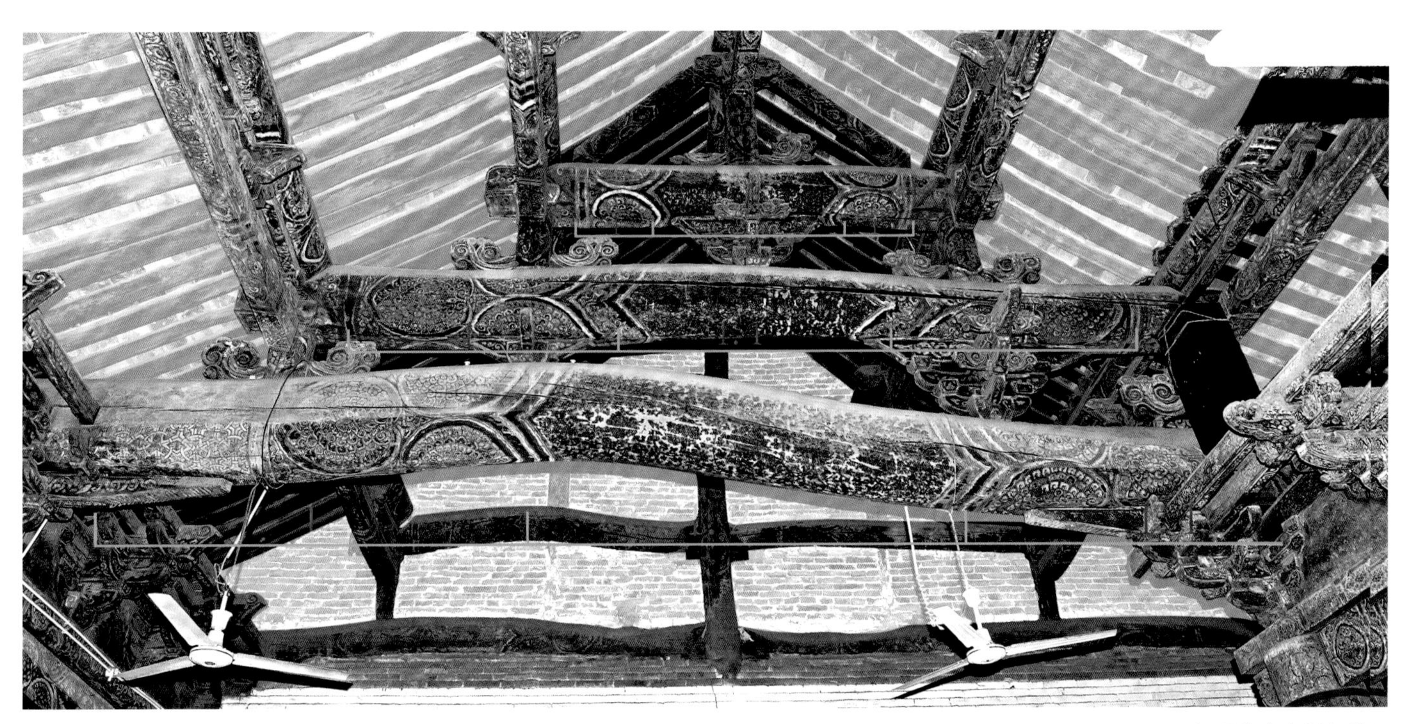

6-2-3 沁阳北大寺梁架彩画

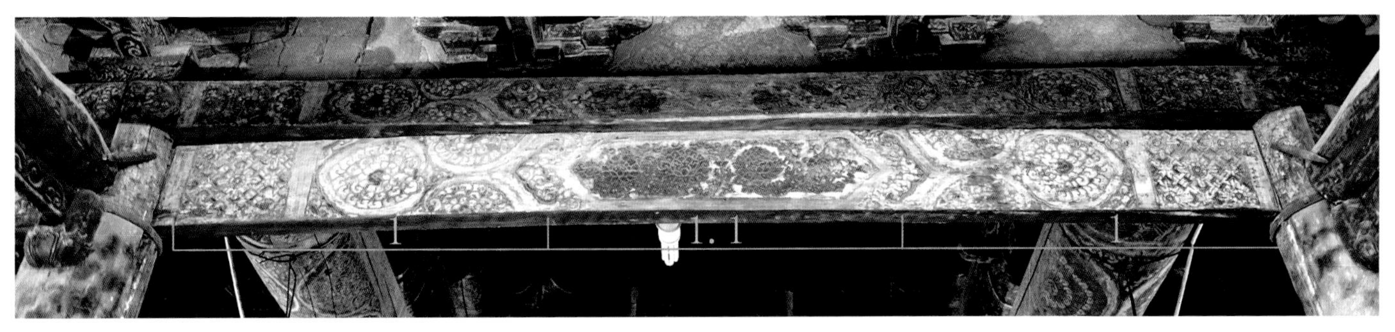

6-2-4 沁阳北大寺后拜殿内额平板枋大额枋彩画

6-2-5 沁阳北大寺前拜殿后内檐平板枋大额枋彩画

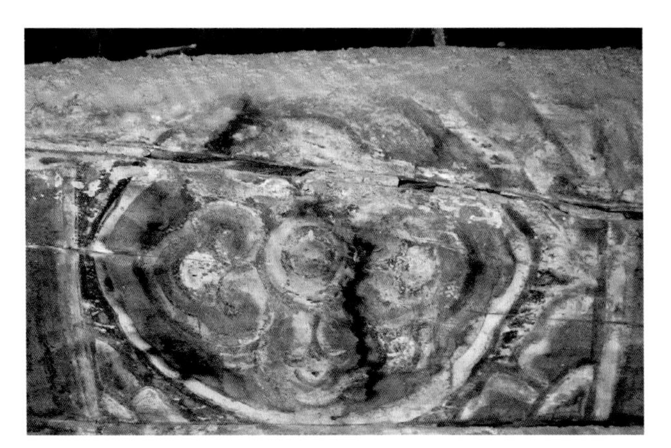

6-2-6 银锭十字别盒子

6-2-7 四合云盒子

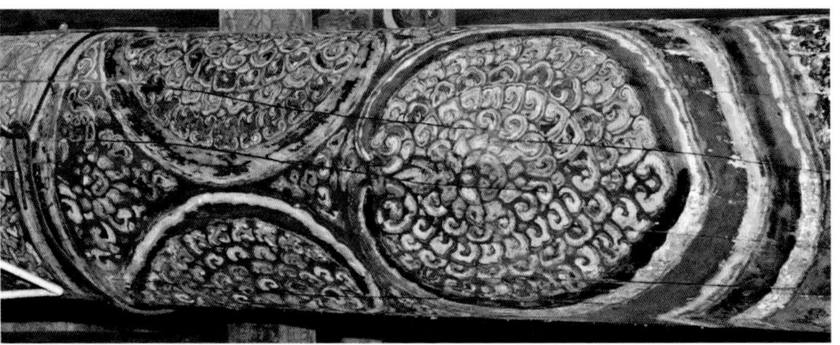

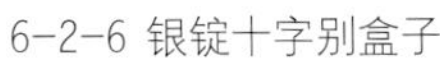

6-2-8 沁阳北大寺后拜殿梁头旋花

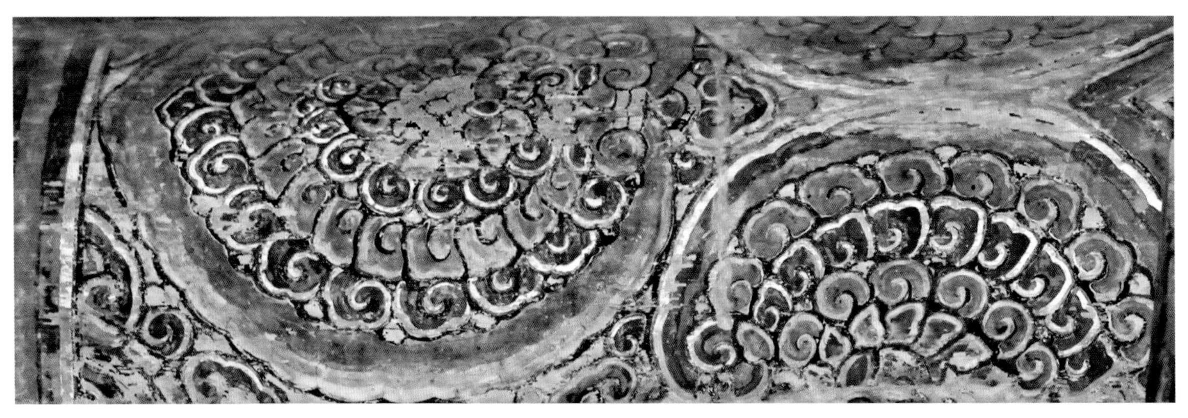

6-2-9 檩一整两半旋花

6-2-10 沁阳北大寺后拜殿梁架方心

6-2-11 沁阳北大寺前拜殿七架梁方心彩画

6-2-12 智化寺如来殿天花梁彩画

6-2-13 智化寺万佛阁天花梁彩画

2. 清代

河南遗存清代旋子彩画与北京地区清官式彩画同样具有一致性和不同性。有诸多学者已经对清官式彩画有过总结。

北京地区清官式旋子彩画等级类别有十种之多，且在使用上等级森严，少有僭越。而河南遗存旋子彩画等级类别较少，仅能从用金量的多少来区分等级的高低，等级与使用者的身份或建筑的性质无关，而是与当时绘制彩画的财力相关。

结构构图上，河南遗存清代旋子彩画延续着明代彩画的结构特点，方心大于找头，北京地区官式彩画则是程式化的三等分，即找头方心找头比为1:1:1。在方心头形式上，河南地区清早中期旋子彩画依然较多承袭明代宝剑头形和多折内鼲形；北京地区的清代官式旋子彩画的方心头内缘则呈尖桃形。到了清晚期，河南遗存旋子彩画方心头开始接近清官式晚期的方心头的一坡两折内扣外弧形。箍头部位，官式彩画常见联珠带箍头，主体纹饰多样，河南地区则为如意或莲瓣纹，主题纹饰多为回纹、扯不断纹、工字纹。

图案纹饰上，河南遗存彩画的找头旋子旋花不单纯是涡旋瓣，还有花瓣形或两片花瓣相互咬合成组排列。方心内纹饰丰富，牡丹最为常见，还有龙、凤、麒麟，到了清晚期方心内还出现了西洋人物头像、杂耍人物、社会生活场景等。而清官式彩画方心纹饰受到了规制制约，龙纹不是任何建筑都可以使用的。官式旋子彩画内基本无其他类别彩画出现，而河南遗存彩画，一座建筑如果梁架为旋子彩画，檩枋可能出现松木纹或与海墁彩画。嘉应观天花彩画，框架结构采用同官式相同的方鼓子和圆鼓子形式，岔角、云纹基本采用官式形式。圆鼓子内的凤纹尾巴采用裁剪式，与官式的裸露的做法不同（图 6-2-14、图 6-2-15）。

用色上，清官式彩画以青、绿为主，一般脊檩用青定位，青为最高级别；而河南遗存彩画是以青、绿、红为主，无上青下绿等级定位之分，较为随意。嘉应观设色与清早期官式彩画一致，即青、绿、香、朱四色，色泽配置稍有不同。官式岔角云纹以青、绿相间连续使用，嘉应观岔角云纹颜色对角相同，即对角线上的云纹均使用同一种颜色。

施工工艺工序：清官式彩画在绘制前要对木骨先做麻灰地仗层，而河南遗存彩画仅对木骨做靠骨灰或三道灰。清官式彩画有制谱子和拍谱子，河南遗存彩画较少使用拍谱子。根据实地调查结果和李奎忠师傅口述，河南彩画基本是画师祖传小样和粉本进行创作施画。

周口关帝庙采用“中原地方建筑手法”营建，其建筑彩画兼具官式、地方彩画特征，并融合外来绘画元素。这里再以其为例，与官式建筑彩画做进一步比较，具体见表 6-2-2。

6-2-14 嘉应观龙天花彩画

6-2-15 嘉应观凤天花彩画

表 6-2-2 清代河南地区彩画与官式彩画比较

名称	结构（盒子 / 箍头 / 方心）	图案	用色	工艺
官式彩画	方心与找头等长，方心内缘早期呈尖桃形，一坡两折内扣外弧形	旋花以圆圈的（涡旋瓣）旋花瓣构成，中期以后减去二、三路瓣“黑老”，路数亦减少，旋花呈模数化、规范化趋势。方心内纹饰等级严明，不能僭越	青绿	麻灰地仗，有谱子
河南地区彩画	方心长大于或接近 1/2，呈宝剑头形或多折内皬，晚期兼有一坡两折内扣外弧形	旋花瓣不仅有涡旋瓣、花瓣形、咬合成组花瓣。方心内纹饰普遍使用牡丹、龙、凤，至清晚期也绘有杂耍人物、西洋人物头像、社会生活场景等。同时与松木纹或海墁式等彩画形式并用	青绿红	靠骨灰或三道灰地仗，较少使用谱子

营造手法。首先，在同一构件上综合运用沥粉贴金、着色渲染和拶退三种做法。多种手法融合在同一构件中是清官式彩画所没有的，而且着色渲染也是清官式彩画所没有的。在清官式做法中，同一构件仅使用单一工艺手法，以求统一。从精致程度看，河南地区彩画亦不亚于清代官式彩画。如所绘牡丹花简练明确，大量使用中国山水画的晕染技法，使其体现出层次分明的立体感。在梁架上绘制牡丹花也注意布局，使其间距得当，颜色使用上采取对比的手法，相邻两朵颜色不相同（图6-2-16、图6-2-17）。

其次，飨殿五架梁以黄色为地，此种手法在其他地区较为罕见（图6-2-18）。盒子图案充分吸收写意画法，注重法度与形神刻画，笔墨运用活泼自如（图6-2-19）。

构图，第一，配殿和看楼不采用官式三停式的构图结构，而是依构件长短随意布置。看楼后檐在明间檩枋绘双方心，这在官式手法中从未使用，具有鲜明的地方特色。所绘旋瓣，在用色上也不局限于官式青、绿结合的冷色调，而是加入红色（图6-2-20）。第二，宋锦纹地上套盒子在此时较为常见，所绘锦纹、盒子均不拘一格，不同梁的两端无一重复。第三，绘制技法也与官式不同，仅贴木骨，用单层的护灰地仗。一般也不起谱子、拍谱子，匠师在构件上直接画大线，然后装色。延续传统，承袭古制，也是这时期木构建筑彩画的常见特点（图6-2-21、图6-2-22），如檩部松木纹样彩画的使用。第四，

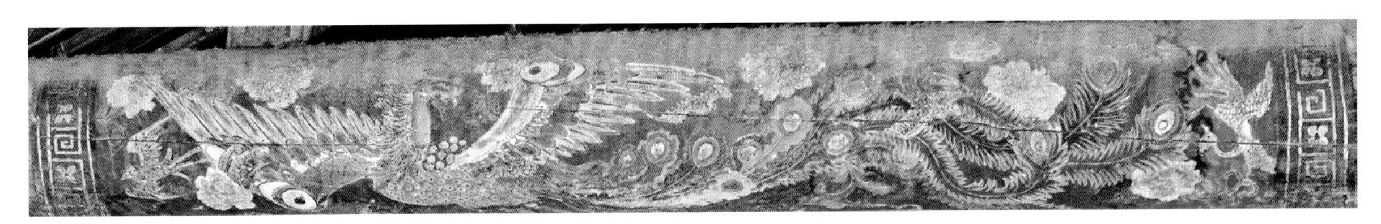

6-2-16 周口关帝庙大殿东次间五架梁次间面彩画

6-2-17 周口关帝庙大殿东次间五架梁稍间面彩画

6-2-18 周口关帝庙飨殿明间五架梁彩画

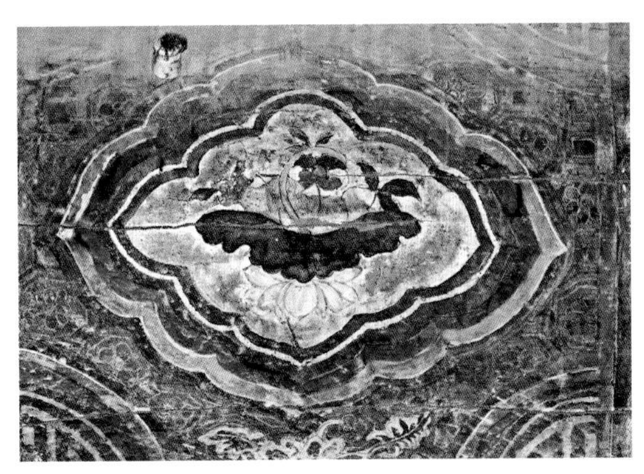

6-2-19 周口关帝庙大殿盒子莲花、花篮

6-2-20 周口关帝庙看楼脊檩旋花

随材就势，根据材势绘制，梁架全部用原木，不是官式那种规矩用材。中轴线上的建筑，梁上彩画也是因材就势，过渡自然（图6-2-23、图6-2-24）。

等级。河南明清时期会馆建筑彩画同官式彩画一样，“有章可循，有据可依，等级分明，不越规制，突出主体”。如中轴线建筑彩画大量用“金”，以用金量的多少来体现建筑等级的高低。中轴线以外的建筑，基本上不用金。在用金面积和部位上，有规律可寻，而且合理变通，灵活“减料”。如中轴线上的建筑，在明间用金较多，因为明间是最被关注的地方，其余则少用或不用。檩枋看面（以脊檩为中，为看面）绘制高等级彩画，背面相应降低（洛阳山陕会馆大殿明间檩枋）（图6-2-25）。

6-2-21 周口关帝庙大殿五架梁器物盒子茶壶

6-2-22 周口关帝庙大殿五架梁器物盒子盖壶

6-2-23 周口关帝庙大殿稍间七架梁彩画

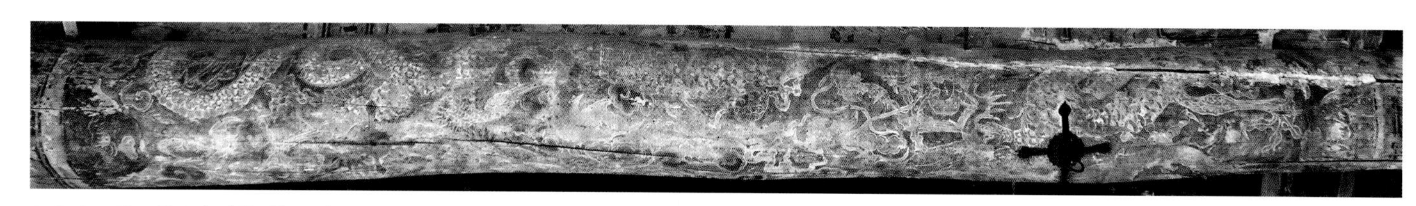

6-2-24 周口关帝庙飨殿明间七架梁彩画

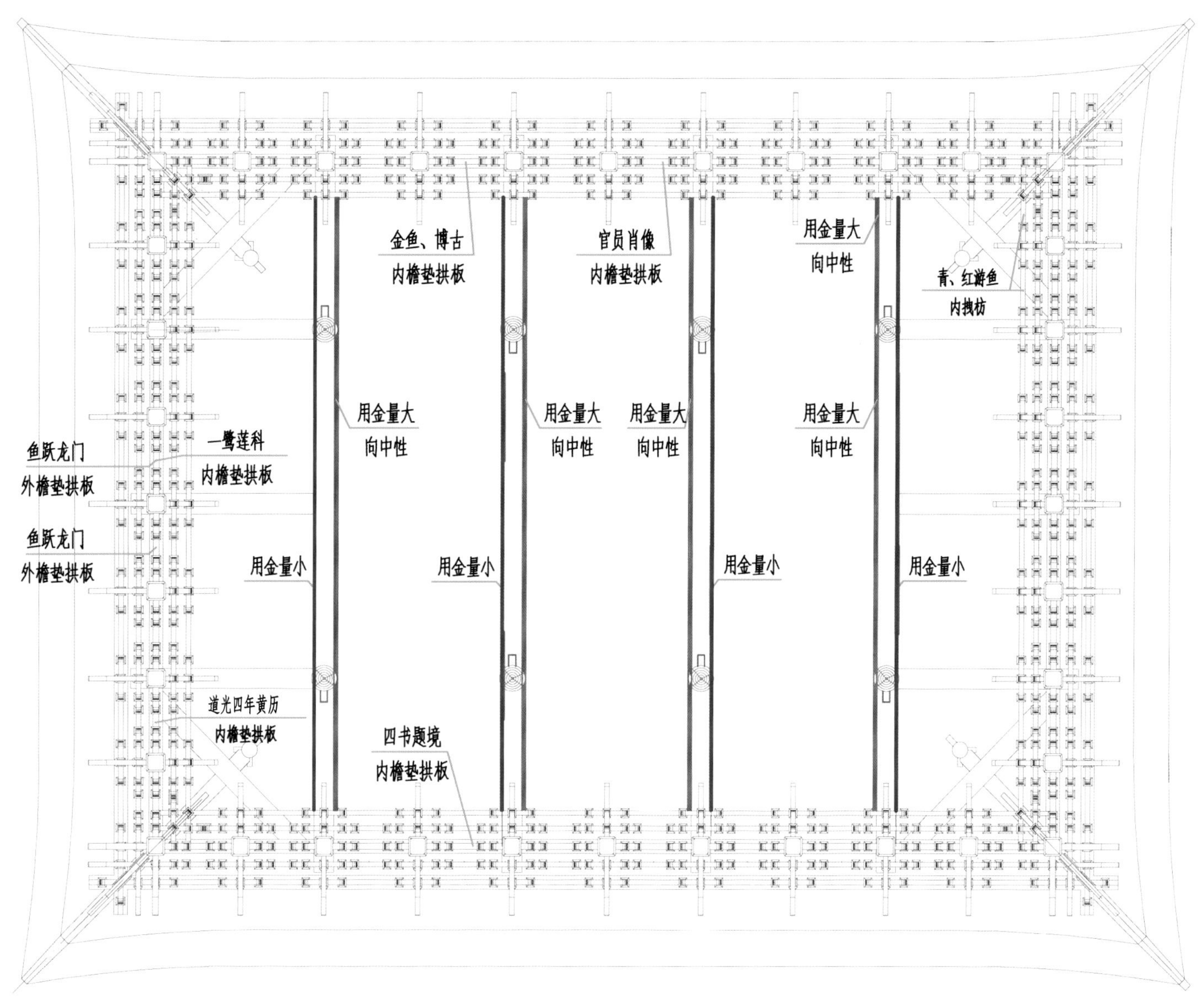

6-2-25 洛阳山陕会馆拜殿仰视彩画配置图

第三节 与山西晋系明清彩画的对比研究

张昕《晋系风土建筑彩画研究》中提到，晋系风土彩画名词称谓有着独立的叫法，其与河南遗存彩画在纹饰上有着更多的关联，在工艺工序上区别较多。

结构构图上，晋系风土彩画五彩结构构图以上、中、下三段式为多，比例关系差异大（图 6-3-1、图 6-3-2①）。而河南明清时期遗存旋子彩画三段式结构构图模式较为固定，其比例关系一直保持在 1∶15~1∶1.3 之间。在池子（方心）头的形式上，都有宝剑头式。

图案纹饰上，晋系风土彩画牡丹、团花、莲花、软草、龙凤、锦纹以及蝠磬、寿字变体等与河南遗存彩画基本一致。河南遗存彩画中的牡丹、锦纹组合较晋系风土彩画略胜一筹。

色彩使用上，晋系风土彩画以青、绿、红、黄、金为主。河南遗存彩画则以青、绿、红为主，兼有黄；金则是判断彩画等级的依据。

①图6-3-1、图6-3-2取自张昕《晋系风土彩画研究》。

工艺做法上，晋系风土彩画类似《营造法式》中的衬地做法——胶矾水灰青衬地以及堆金做法。河南遗存明清彩画则没有上述做法。

解州关帝庙午门遗存梁架彩画为海墁式，其用色及结构形式与河南会馆遗存彩画区别较大。（图6-3-3、图6-3-4）

豫西北济源一带常见灰色地拘黑行粉做法，花卉瓣开细白粉线。而这种做法与永乐宫重阳殿以及曲阜孔府三堂做法接近。

6-3-1 山西罗睺寺天王殿梁架彩画

6-3-2 山西塔院寺伽蓝殿梁架彩画

6-3-3 解州关帝庙午门木构彩画

6-3-4 解州关帝庙午门内檐梁架彩画

第四节　与山东聊城山陕会馆的对比研究[1]

山东聊城山陕会馆建于1743年，现中轴线建筑献殿和享殿的梁架上留存有清代晚期彩画。献殿为卷棚式建筑，梁架彩画为旋子方心式，四架梁方心短于找头，六架梁方心与找头比基本达到1∶1。明间方心地明间为黄色，次间四架梁方心地为黄色，六架梁方心地为绿色。箍头为复合箍头。四架梁方心、盒子均施画人物故事。六架梁画龙钻牡丹，盒子画锦纹（图6-4-1至图6-4-3）。享殿（财神殿）彩画为旋子方心式和无旋子方心式两种形式。三架梁和五架梁仅有箍头、盒子和方心，箍头画单回纹，方心画绿地锦纹浮游龙。七架梁为长方心短找头。方心画绿地云龙，找头旋花为一半两扇式，扇为1/4整旋花。箍头画扯不断纹，盒子画锦纹。（图6-4-4、图6-4-5）

聊城山陕会馆现存彩画的结构形式及纹饰配置，与河南洛阳山陕会馆和周口关帝庙接近。用色上比河南彩画简单，以绿色为主，兼有红色和黄色，青色使用较少。

① 本节照片由王运华女士提供。

6-4-1 献殿明间中部梁架彩画

6-4-2 献殿明间北部梁架彩画

6-4-3 献殿明间山面梁架彩画

6-4-5 享殿檩彩画

6-4-4 享殿山面梁架彩画

第五节 与江南地区明清彩画的对比研究

东南大学陈薇教授对江南地区明代彩画的研究结果表明，河南地区同江南地区在彩画的结构形式、纹饰图案上差异较大，而工艺做法却有更多相似之处。

结构构图上，江南彩画多为包袱锦，箍头包袱与地各占三分之一，图案以锦纹为主，兼沿袭使用《营造法式》纹饰，偶尔出现僭越的龙纹。下裹式与下搭式包袱常见，内纹饰多为锦纹，边框以龙纹、花纹、齿纹等多见。色彩追求淡雅，青绿间用，用金量的大小没有严格限制。没有麻灰地仗层，有扎谱子、拍谱子工艺程序（图 6-5-1 至图 6-5-5）

河南历史遗存彩画，无论明代还是清代，以旋子方心为最多，兼有包袱式、仅有箍头的方心式和松木纹式。无论哪种皆为大方心，找头方心比在 1:2~1:1.4 之间。图案纹饰普遍使用牡丹，龙纹及《营造

6-5-2 忠王府梁架彩画

6-5-1 忠王府檩彩画

法式》纹饰依旧承袭较多，清晚期西洋人物头像、杂耍人物、社会生活场景均有出现。河南会馆彩画角叶方心头比较常见，角叶形式随地域和时间的不同不断发展变化。例如邓州山陕会馆的梁方心角叶呈龙吻头口形，而周口关帝庙飨殿七架梁的角叶下包至梁底，使底面角叶呈兽头形（图6-5-6至图6-5-8）。方心内纹饰有花卉、锦纹、福寿、万鹤流云等。方心边框类似掐池子形式，饰回纹、锦纹等。工艺工序上同样无麻灰地仗，仅用靠骨灰或三道灰地仗。颜色使用上，以青、绿、红为主，金量的大小则是彩画等级的体现。

6-5-3 常熟彩衣堂梁彩画

6-5-4 彩衣堂檩方心

6-5-5 宿迁龙王庙随梁枋底彩画

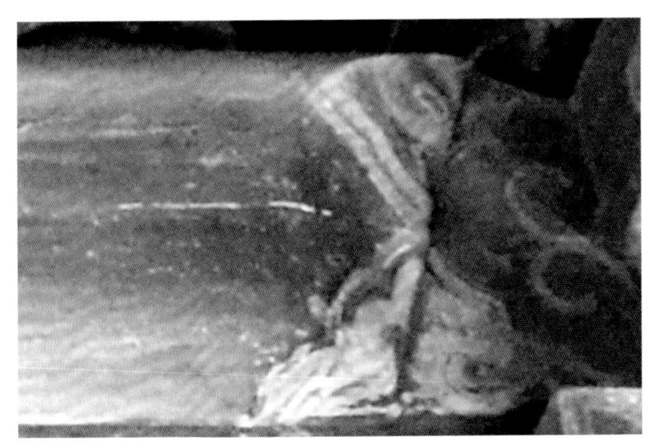

6-5-6 汲滩梁头角叶

6-5-7 周口关帝庙飨殿七架梁底面角叶

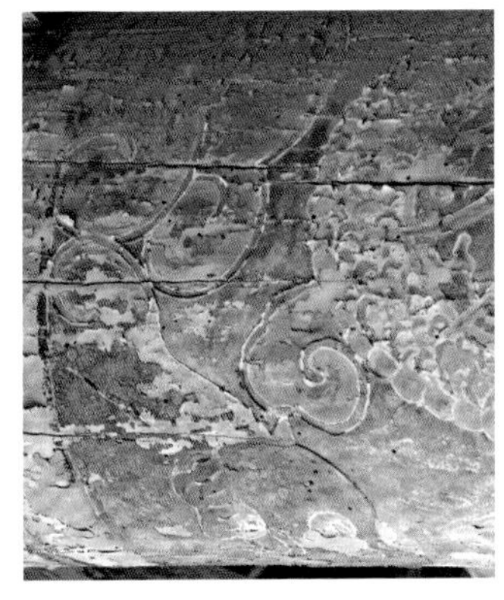

6-5-8 周口关帝庙飨殿七架梁侧面角叶

第七章 会馆彩画的功能和艺术特色

◎彩画内容与建筑性质的关系

◎明清时期河南会馆建筑彩画的艺术特色

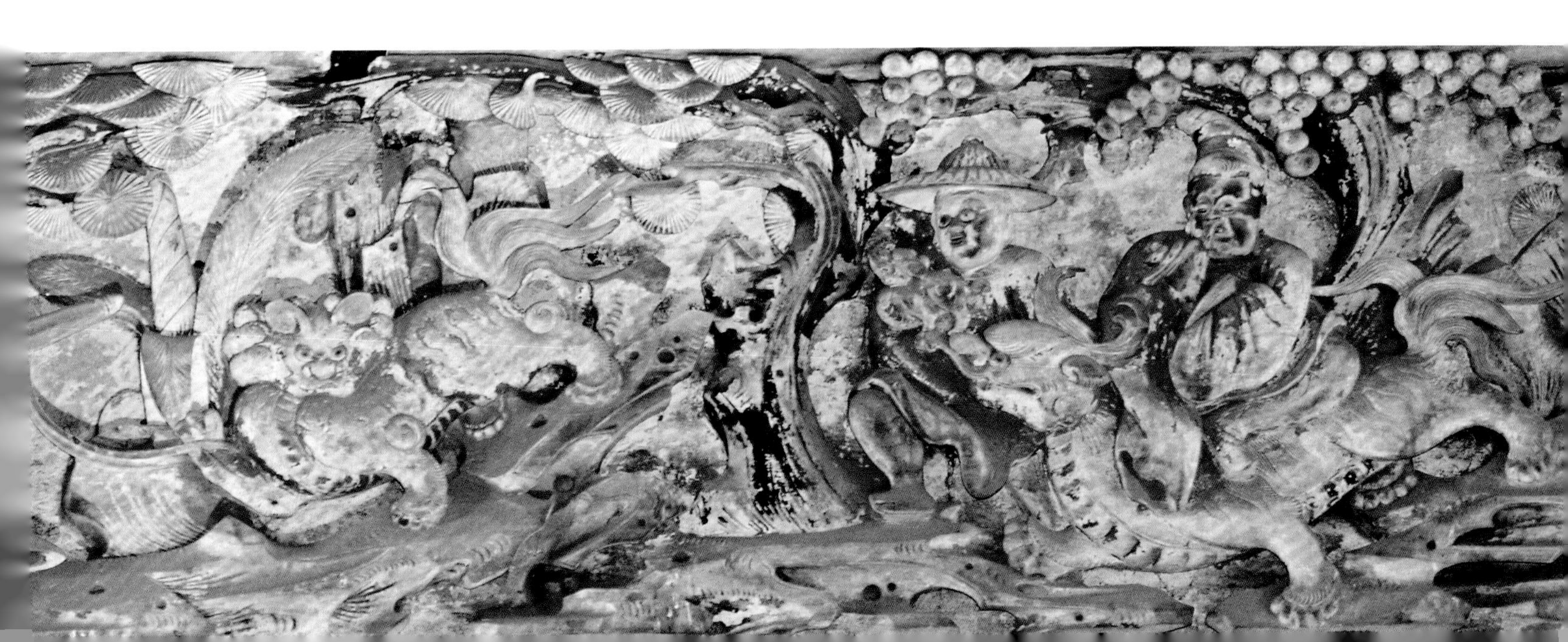

第七章·会馆彩画的功能和艺术特色

河南历史悠久，文化灿烂，是中华文明的重要发祥地，有关建筑彩画的文化遗存也比较多。尤其是河南的明清会馆建筑，保留了大量的彩画遗存，具有突出的地域特征。目前比较有特点的明清会馆建筑彩画遗存主要集中于洛阳山陕会馆和潞泽会馆、社旗山陕会馆、邓州汲滩山陕会馆、辉县山西会馆、禹州怀邦会馆和十三帮会馆、神垕山西会馆、北舞渡山西会馆、郏县山西会馆、朱仙镇关帝庙（山陕会馆）、开封山陕甘会馆、周口关帝庙（山陕会馆）。这些会馆建筑彩画遗存从工艺表现、绘画技法、艺术特色等方面均表现出同一性，具有典型的中原地区会馆彩画艺术特征，会馆彩画既能彰显出建筑的使用性质，又有区别于其他地区的会馆建筑彩画的艺术特征。

第一节 彩画内容与建筑性质的关系

从我们目前调查的诸多建筑彩画中，彩画内容与其所依附的建筑的使用性质，表现出了一定程度上的关联性，会馆建筑中的彩画，与商业、教化、品德等息息相关。

首先是与商业相关的彩画内容，比如怀帮会馆、十三帮会馆中梁架盒子中的药商行的银票、算盘等不但表明了建筑的性质和用途，也充分显示了建筑使用者的身份，刻意点明其使用性质，呈现出商业文化的特点（图 7-1-1 至图 7-1-3），这些形象和符号直白地宣告着其追求财富的正当性，亦表现出商人

7-1-1 十三帮会馆关帝卷棚殿六架梁彩画——算盘、账簿、笔筒、宝剑、朝珠、官帽

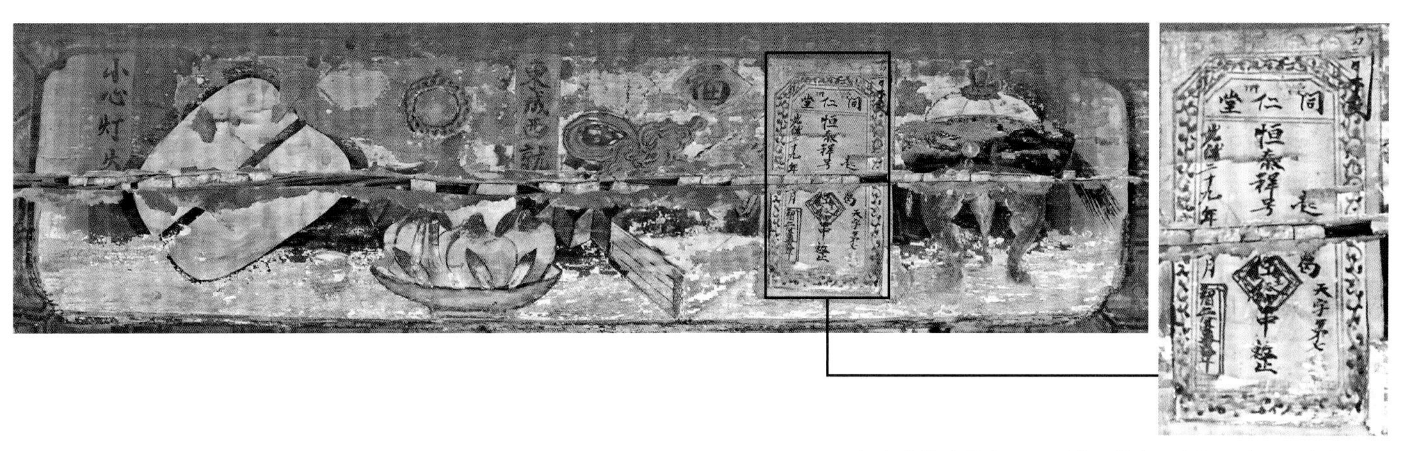

7-1-2 怀邦会馆大殿方心——桃、蒲扇、官帽、书、同仁堂银票

对自己职业的高度认同

其次，与商业道德相关。比如“莲”和“竹”在中国人传统观念中常喻高尚人格，在洛阳山陕会馆拜殿檩池子彩画中多次出现，暗喻山陕商人经商理念中的清廉和孤傲清高的特点（图7-1-4至图7-1-6）。再如老虎的使用，虎被国人视为百兽之王，它是力量和威严的象征，商人将其视为守护神。传统图案中带双翅的虎形象，被称为翼虎。白虎是二十八星宿中的西方七宿，位于主白色的西方，故称白虎。在中国道教有避邪禳灾、惩恶扬善、发财致富、 吉祥平安之意（图7-1-7至图7-1-11）。除此之外，也有用虎的威严和威猛，警示商人经商时要有所敬畏，商人经商必须遵循诚信不欺的经营原则，讲求交易的公平公正，树立诚商良贾的新形象，以纠正社会上“无奸不商”的偏见。

7-1-3 怀邦会馆大殿找头——怀远堂灯笼、泰昌和银票

7-1-4 洛阳山陕会馆拜殿内金檩池子——莲花

7-1-5 洛阳山陕会馆拜殿内金檩池子——莲藕

7-1-6 洛阳山陕会馆拜殿内金檩池子——竹

7-1-7 洛阳山陕会馆戏楼木雕敷彩——异兽

7-1-8 洛阳山陕会馆拜殿次间上金檩绿地沥粉贴金虎彩画

7-1-9 洛阳山陕会馆拜殿内檐檩翼虎彩画

7-1-10 洛阳山陕会馆拜殿外檐垫栱板翼虎彩画

7-1-11 洛阳山陕会馆拜殿大额枋青地金虎彩画

再次，与经商理念相关。比如周口关帝庙木雕敷彩亦曾出现“一团和气”的表现形式，以此来凸显出和能生财的经营之道。而财神画像和嬉戏的青红鱼则表现出商人对财源滚滚的期盼（图 7-1-12 至图 7-1-16）。商人经商的另一目的，是求取功名，获取政治上的认可，因此对于封建社会普遍认同的科举仕途，因此对于封建社会普遍认同的科举仕途，商人们同样热衷，重儒崇文，推崇“鱼龙变化”的文化渲染，表现了山陕商人对文人学士的羡慕之情和对文化的尊重之心，又反应了山陕商人意欲提升自身文化素养的强烈渴望。遂而引导商人“商儒并重”或“左儒右贾”，即以商促儒，运用商业经营赚取的利

7-1-12 周口关帝庙拜殿木雕敷彩—团和气

7-1-13 十三帮会馆关帝卷棚殿柱头财神彩画

7-1-14 十三帮会馆关帝卷棚殿青鱼盒子

7-1-15 洛阳山陕会馆拜殿东山内拽枋青、红鱼彩画

润来“以儒助商”，用文化提升商人的素质，以文化改变商人不通文墨、粗俗不雅的形象，最终达到增强商人文化自信的目的。如洛阳山陕会馆垫栱板最明显位置饰“四书题境”书函、沥粉贴金“鱼跃龙门”及“鹭鸟和莲荷”（一鹭莲科），彰显出商人尚文求禄的意图（图 7-1-17 至图 7-1-22）。

7-1-16 洛阳山陕会馆拜殿东山内拽枋的红鱼彩画

7-1-17 洛阳山陕会馆拜殿垫栱板《四书题境》彩画

7-1-18 十三帮会馆方心《三国志》书籍

7-1-19《先入言》及诗词彩画

7-1-20 洛阳山陕会馆拜殿垫栱板彩画—— 一鹭莲科

7-1-21 洛阳山陕会馆拜殿垫栱板彩画——鱼跃龙门

7-1-22 官帽

7-1-23 洛阳山陕会馆拜殿垫栱板彩画——戟磬、炉

最后，与民间教化相关。在会馆的各种彩画作品中，常常运用各种吉祥器物、植物花卉、异兽博古等图案变化组合，来表达普通百姓“福寿延年”“儿孙满堂”的心理诉求。（图 7-1-23 至图 7-1-28）。

已经调查的有彩画遗存的河南文物建筑中，除明清时期会馆建筑外，无论是哪种使用用途的建筑群，其彩画在装饰建筑的同时，都表现出点明建筑使用性质的功能。如：佛教建筑栱眼壁中的佛像、伎乐图（图 7-1-29、图 7-1-30），道教建筑中的道教故事、道仙群像图（图 7-1-31、图 7-1-32），伊斯兰教建筑中的《古兰经》方心（图 7-1-33），民居建筑中的市井图（图 7-1-34）。

7-1-24 洛阳山陕会馆拜殿垫栱板彩画——狮樽、寿桃

7-1-25 香炉、瓶插珊瑚、石榴、木纹画筒、翎毛彩画

7-1-26 洛阳山陕会馆拜殿檩池子——如意、双柿、盘长

7-1-27 金鱼缸、画筒、瓶插万年青、果盘、如意彩画

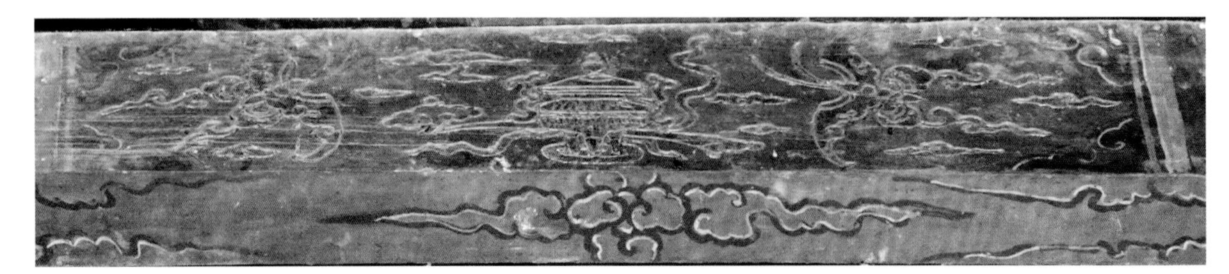

7-1-28 鼎、如意、双蝶彩画

7-1-29 初祖庵栱眼壁佛像彩画

7-1-30 大明寺栱眼壁人物彩画

7-1-31 阳台宫大罗三境殿栱眼壁中的道教故事彩画

7-1-32 阳台宫大罗三境殿栱眼壁中的道仙群像彩画

7-1-33 北大寺后拜殿《古兰经》方心

7-1-34 宋氏民居走马板市井图彩画

第二节　明清时期河南会馆建筑彩画的艺术特色

明清时期河南建筑彩画在配置上特点鲜明：不但突出重要的中轴线建筑，前后、左右层次分明，同时继承中国古代建筑彩画的优良传统，内容丰富。其艺术特色主要表现在以下几个方面。

1.具有独特的工艺特点

第一，多种手法融合在同一构件中，这种手法是清官式彩画所没有的。如其突出重要的中轴线建筑，前后、左右层次分明，既遵循结构逻辑，但又不完全受其制约，突破檩、垫、枋等建筑构件的界限，单构件作画或组合作画。彩画立体感、透视感强烈，绘画手法轻快，画面丰美，联系、适应周围环境，使建筑与环境相互融合，达到建筑艺术与装饰艺术的高度统一。

第二，色彩使用上，大胆运用黄色做地，这种表现形式在其他地方并不多见，如周口关帝庙飨殿五架梁方心和盒子（图7-2-1、图7-2-2）。

第三，旋子方心式彩画结构构图居多，打破清官式的三停式规制，随其构件的长短大小自成制式，自由组合，双套式方心经常会在较长的构件上使用，官式建筑开间再大也不会出现双方心。旋瓣用色上亦打破清代官式青绿结合的冷色调，在青绿旋瓣之间加入红色，继承了早期彩画使用红色的传统（图7-2-3）。

7-2-1 黄地淡青鸟盒子

7-2-2 泥金地白袍背仗仙道

7-2-3 青绿红三色旋瓣

第四，大量使用宋代锦纹地套盒子。盒子形式多样，锦纹不拘泥于法式做法，吸收了写意画法（图7-2-4至图7-2-7），在注重法度和形神刻画的基础上，笔墨运用更为活泼自如，构图取材，着力表现人与物的“神、情、灵”。

第五，与同时期的官式建筑、晋系风土彩画、江南地区彩画既有共性，也有区别。如官式建筑的方心长接近1/2、方心头内弧或呈宝剑头形，河南会馆建筑遗存彩画，方心长大于或接近1/2，方心头呈宝剑头形、或多折内頔（图7-2-8至图7-2-11）。再如晋系风土彩画以青、绿、红、黄、金为主，河南会馆彩画以青、绿、红为主，兼有黄。又如江南彩画图案以锦纹为主，色彩淡雅，青、绿间用，河南地区图案纹饰中普遍使用牡丹。

2.具有根据材质灵活使用和规矩的特点

第一，梁架彩画“依材就势，因材施画”。这种构图方式，既造成了纵横交错、回旋往复的视觉美感，而且巧妙地解决了图案在不同平面上的连贯性问题（图7-2-12）。

第二，同官式彩画一样，“有章可循，有据可依，等级分明，不越规制，突出主体”。如中轴线建筑彩画大量用“金”，以用金量的多少来体现建筑等级的高低。中轴线以外的建筑，基本上不用金。在用金量和部位上，有规律可寻。

7-2-4 锦纹地套炉形盒子牡丹

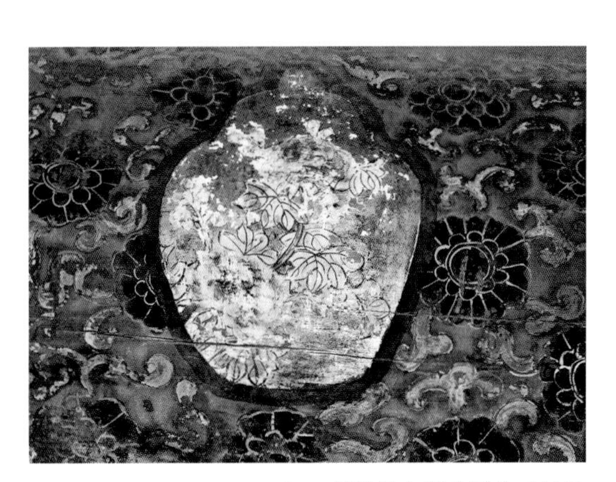

7-2-5 锦纹地套器物形盒子牡丹

7-2-6 锦纹地套苹果形盒子牡丹

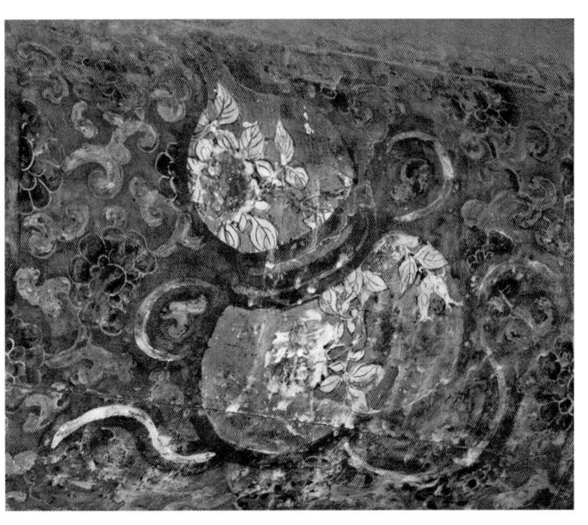

7-2-7 锦纹地套葫芦形盒子牡丹

7-2-8 宝剑头方心头

7-2-9 多折内䫜方心头

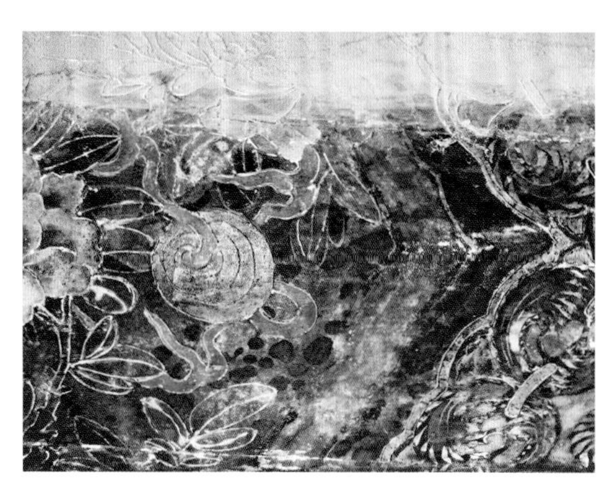

7-2-10 多折内䫜方心头 9

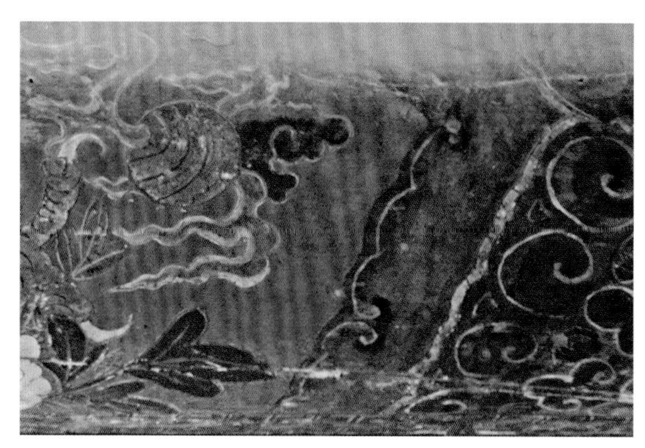

7-2-11 多折内䫜方心头

7-2-12 梁底面稍间、次间共同作画

第三，合理“减料”。以“有金用在明间面（明间）上”为原则，中轴线明间面大量用金，其他地方少用或基本不用金。中轴线彩画以脊檩为中心，向前、向后的看面，绘制等级较高的彩画，而其背面，视线不及的部位，则相应降低等级。

3.具有独特的艺术特点

首先，彩画布局不拘泥于檩、垫、枋构件的界限，突破了具体构件的结构逻辑，这种布局使画面立体感、透视感显著，完全忽略了构件载体表面产生的透视错觉，使画面呈现出变通、风趣、丰美的格调，鲜明地体现出各个单体建筑的性格及其使用功能。

其次，彩画图案在遵循结构逻辑时又能做到突破结构逻辑的制约，在侧重客观制约性的同时也能注

意主观能动性。这种处理方式使建筑在微处理层次上反映出理性与浪漫的不同意蕴，生动地体现出中国古建筑在总的情理交织中或重理或偏情的不同倾向。

最后，彩画在手法处理上采取兼容并包的方式，不以一种手法否定排斥另一种手法，而是坚持在各种特定的环境场合表达不同的艺术构思，显示其设计的合理性，体现出彩画匠师在艺术创作上不搞“一刀切”，具有大胆创新的精神。

4. 具有突出的地域性特点

第一，有显著的传统延续性。首先，绘制技法上有别于清官式使用麻灰地仗层的做法，仅贴木骨做单层护灰地仗。基本没有清官式彩画起谱子和拍谱子的过程，而是整个殿宇统一由技艺高超的匠师直接在构件上画出大线后再装色。

其次，承袭中原彩画固有的松木纹纹样，尤其是檩枋较长构件。使用松木纹时，会刻意模仿方心形式，方心内绘制不同纹饰。在禹州十三帮会馆，檩枋松木彩画的方心内绘制日常生活和人物活动等连续景象。而盒子中商行的银票、算盘、招幌、财神等元素的使用，又彰显出建筑的属性。这两个都是中原彩画所独有的特点。

河南明清时期会馆建筑遗存彩画在一定程度上反映出了中国传统文化和社会风俗。反映吉庆祥瑞、高尚情操、家族兴旺等社会历史文化内涵的图案图像在会馆建筑遗存彩画上被表现得淋漓尽致，具有一定的文化传承功能。

5. 突破传统逻辑结构

会馆建筑彩画在遵循结构逻辑的同时，又能突破结构逻辑的制约，不拘泥于各构件之间的逻辑关系，突破了檩、垫、枋等建筑构件的界限，使得一座建筑的彩画呈现出强烈、透彻的立体感、透视感，完全忽略了构件载体表面产生的透视错觉（图 7-2-13、图 7-2-14）。

7-2-13 周口关帝庙大殿脊檩枋彩画

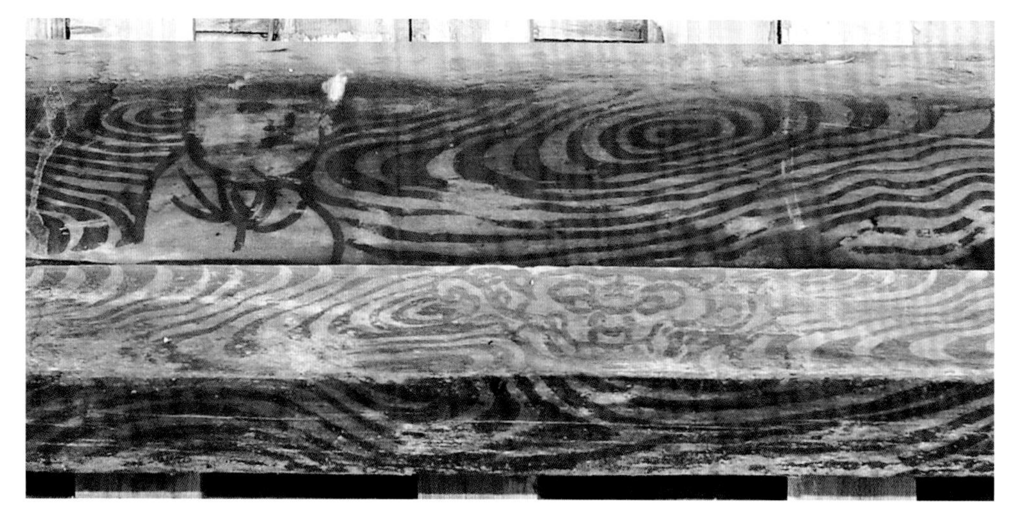

7-2-14 十三帮会馆关帝卷棚殿檩枋彩画

6. 具有明显的功能性特征

明清时期河南会馆建筑彩画在绘画技法上，表现手法轻快、活泼，画面风趣、丰美，同时可以充分地体现出每座建筑的使用功能，反映了中国古代建筑通过细部装饰突显整体性格的独特机制（图 7-2-15 至图 7-2-18）。

7. 具有兼容性

河南明清时期建筑彩画兼容并包，彼此不会否定排斥，在不同的环境中表现出不同的艺术构思。而在艺术手法上的相互补充，在秩序中寻求变化的设计思想，使得色彩表现既凝重端庄，又疏朗流畅（图 7-2-19、图 7-2-20）。

7-2-15 十三帮会馆关帝卷棚殿西山六架梁方心

7-2-16 十三帮会馆关帝卷棚殿东山六架梁方心

7-2-17 十三帮会馆关帝卷棚殿次间六架梁方心

7-2-18 怀邦会馆大殿七架梁方心

7-2-19 周口关帝庙大殿三架梁彩画

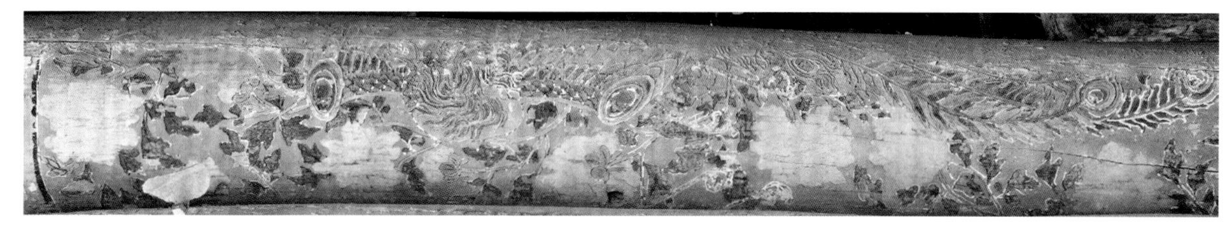

7-2-20 周口关帝庙飨殿五架梁彩画

8. 具有设计整体性特征

明清时期河南会馆建筑彩画运用了多变的处理方法，匠师们结合具体建筑的不同体量、形式，根据建筑自身在整体布局、构架结构等方面的特点和具体要求进行绘制，同时也非常注意建筑与周围环境的融合，以达到建筑、装饰二者在艺术上的高度和谐统一（图 7-2-21 至图 7-2-25）。

会馆彩画艺术是民俗文化的一个表现形式，它用生动活泼的画面表现出普通百姓美好的希望，如求子、求学、求财、求福、等等，大量有寓意象征的形象被使用，如龙、凤、祥云、狮子、麒麟、鹿、蝙蝠、桃、佛手、莲花、牡丹、石榴等，组合而生成吉祥图案，寓意“龙凤呈祥”“连年有余”“四季平安”“万事如意”“鱼跃龙门”“福寿双全”“五福捧寿”“万象更新”“和合二仙”等。一些家喻户晓的传说和故事，又承担着教化民众的作用，如“渔樵耕读”“二十四孝”等，即体现出古人耕读传家、万善孝

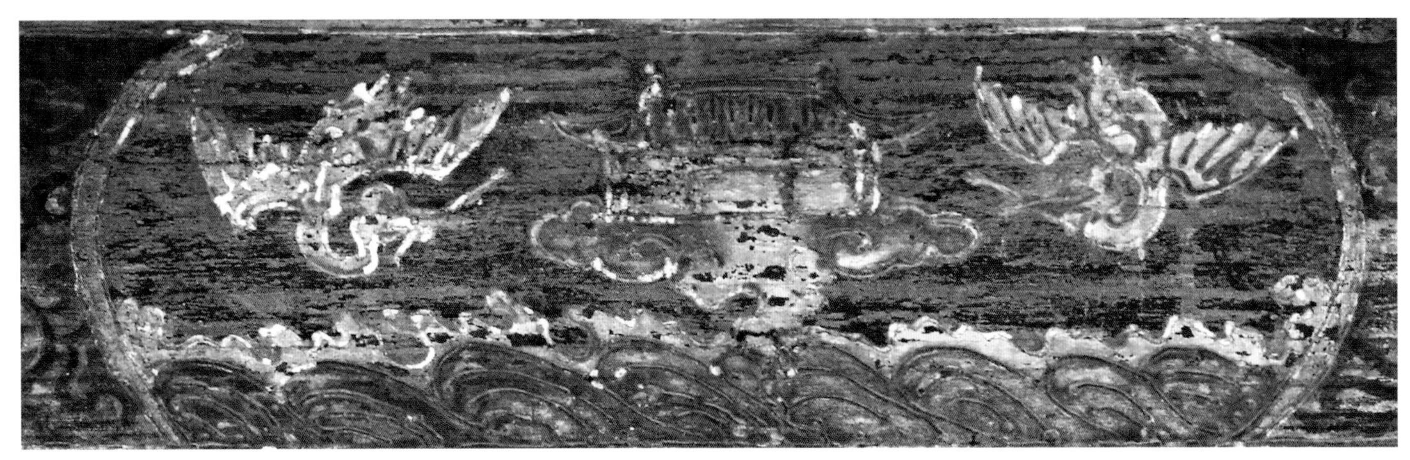

7-2-21 洛阳山陕会馆戏楼挑檐枋池子——海屋添筹

7-2-22 洛阳山陕会馆拜殿金檩池子——海屋添筹

7-2-23 洛阳山陕会馆拜殿垫栱板彩画——鱼跃龙门

为先的生活理念。这些彩画内通融形意结合、寓意于形、寄意吉祥，运用比喻、借喻、谐音、双关、象征等艺术手法，表达了人们祈福保佑的纯朴愿望和积极向上的生活态度，从而使物质的建筑融入了精神的内涵，让建筑“活”了起来。

习总书记强调：“中国优秀传统文化的丰富哲学思想、人文精神、教化思想、道德理念等，可以为人们认识和改造世界提供有益启迪，可以为治国理政提供有益启示，也可以为道德建设提供有益启发。对传统文化中适合于调理社会关系和鼓励人们向上向善的内容，我们要结合时代条件加以继承和发扬，赋予其新的涵义。”

概括而言，河南明清时期现存的木构建筑彩画，从题材、内容到艺术形式等方面无不体现出商人们“求上、求学、求财、求福、求禄”，追求美好生活的丰富内涵，人们身处会馆，持续不断地得到灌输、训诫和警策，潜移默化地受到建筑装饰内容及其文化内涵的熏陶。这些一方面在教育着人们如何做人、如何奋斗、如何成才，另一方面也在树立着自己的商业文化形象和信誉，从而可以招徕更多的顾客，引来滚滚财源。因此，可以说各地会馆的建筑装饰寓教化于其中，是各地商人审美意识、文化心态和人文思想的集中体现。这些建筑彩画具有浓厚的中原地区地域特色，蕴含着极其丰富、有着重要价值的工艺信息和历史信息，充分体现出装饰与绘画的双重特点和属性，代表了中原地区明清时期建筑装饰的水平和特色。（图7-2-26至图7-2-33）

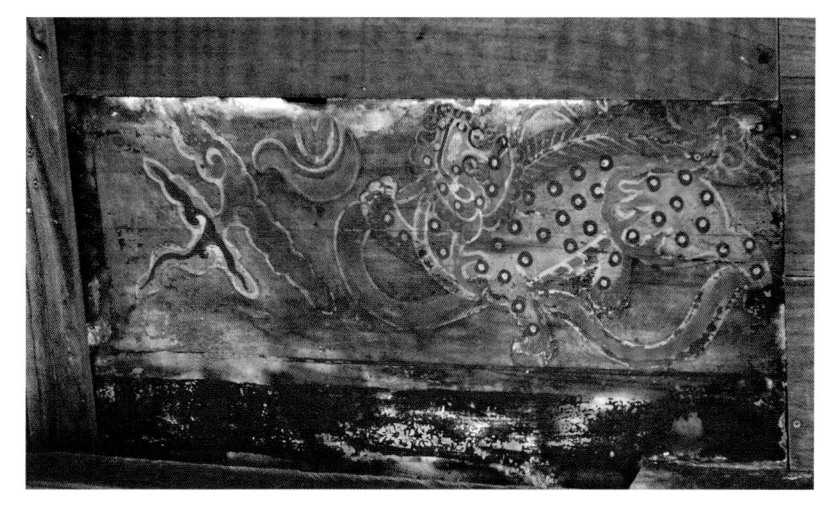

7-2-24 洛阳山陕会馆戏楼彩画——狮子、祥云

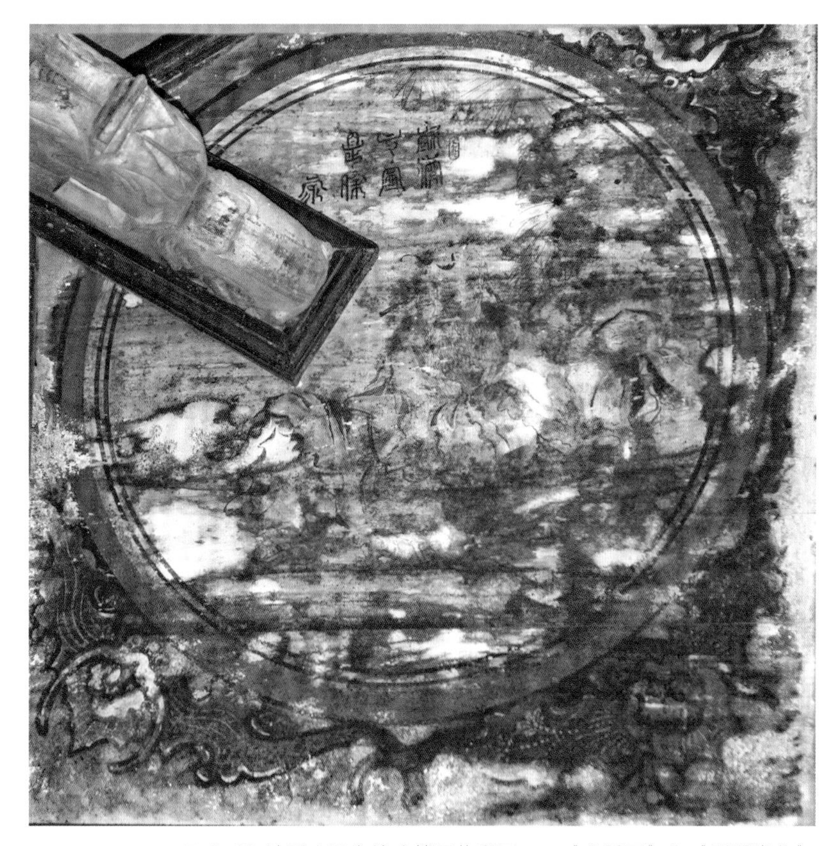

7-2-25 神垕山西会馆戏楼天花彩画——《八爱图》之《渊明赏菊》

7-2-26 周口关帝庙大殿五架梁彩画——凤钻牡丹

7-2-27 洛阳山陕会馆戏楼彩画——金龙戏珠

7-2-28 洛阳山陕会馆拜殿彩画——龙钻牡丹

7-2-29 洛阳山陕会馆大殿彩画——龙钻牡丹

7-2-30 社旗山陕会馆悬鉴楼彩画——松木板章丹地花卉

7-2-31 社旗山陕会馆悬鉴楼彩画——章丹地云龙

7-2-32 辉县山西会馆大殿五架梁间山花彩画

7-2-33 辉县山西会馆大殿七架梁间山花彩画

附录

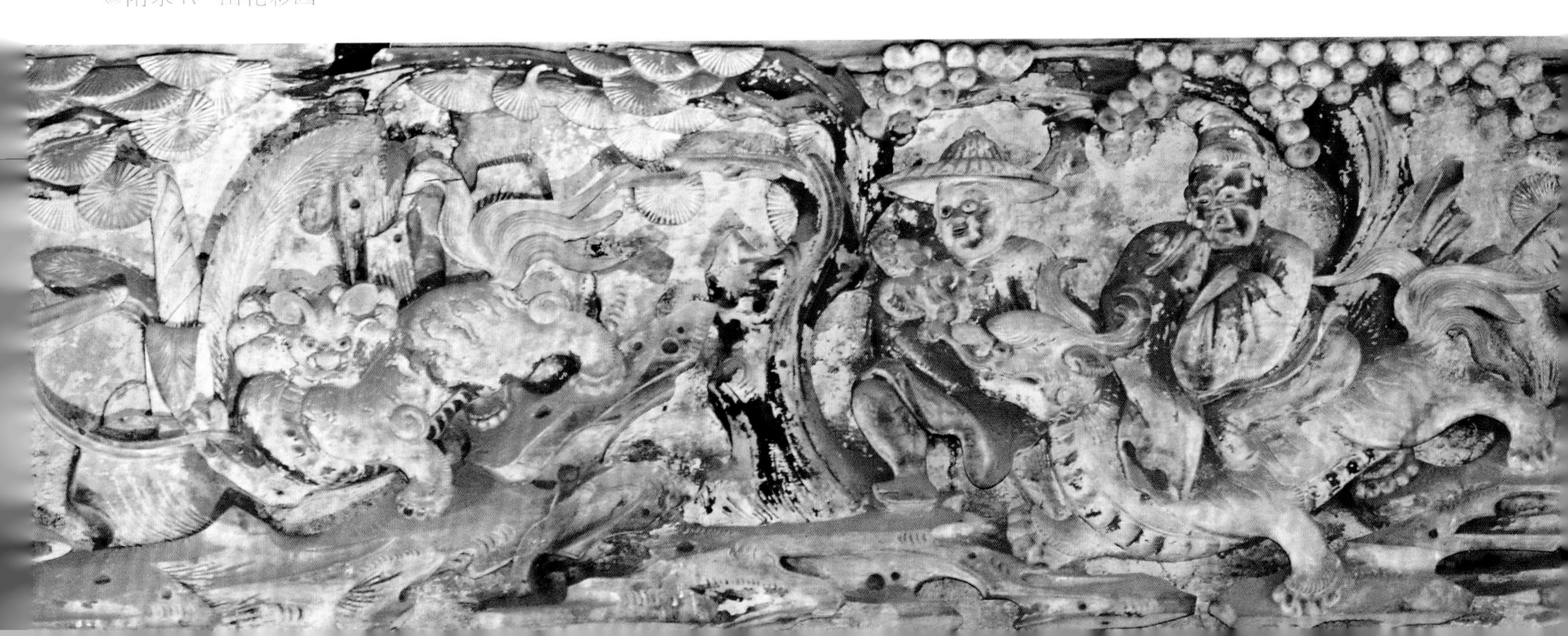

附录A 箍头

1

2

3

4

5

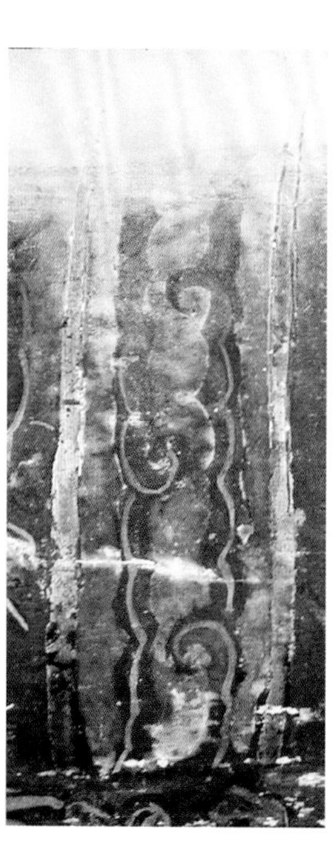
6

7

8

9

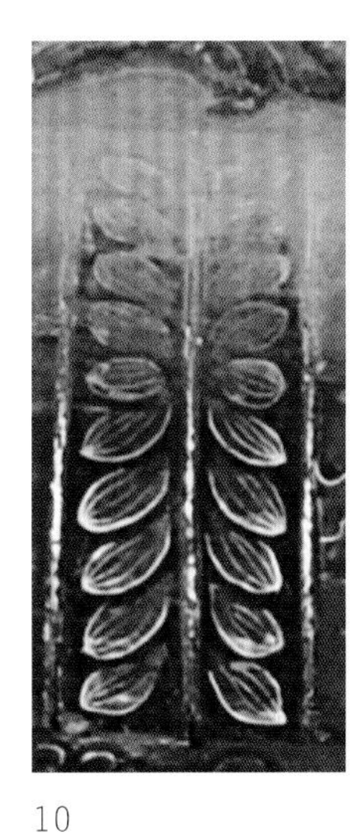

10

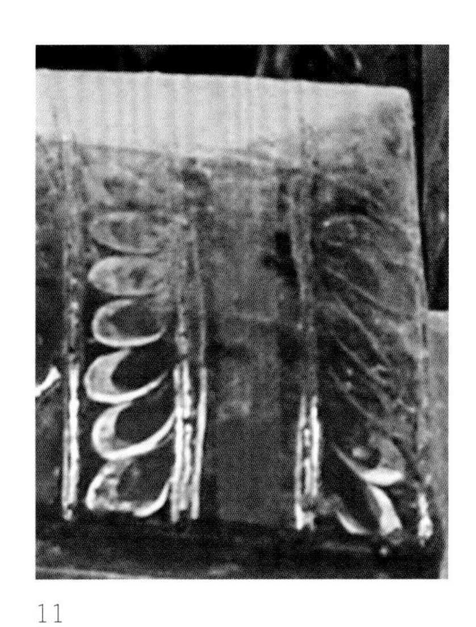

11

12

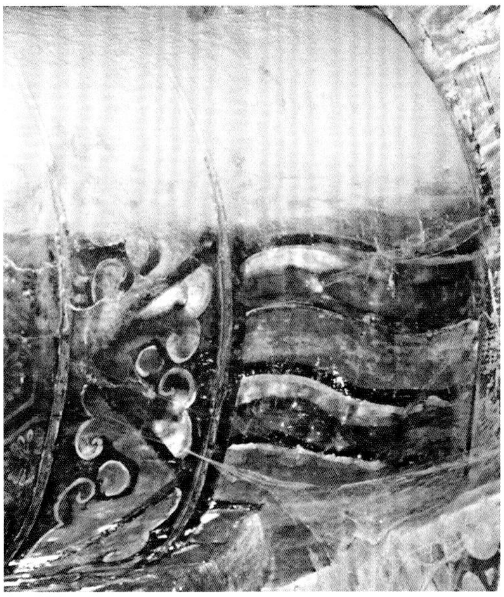

13

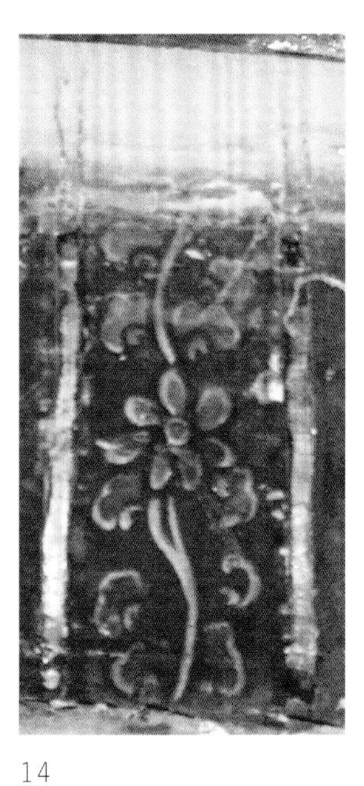

14

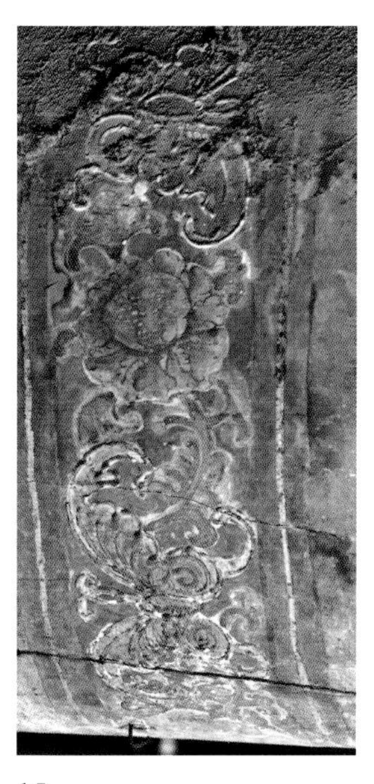

15

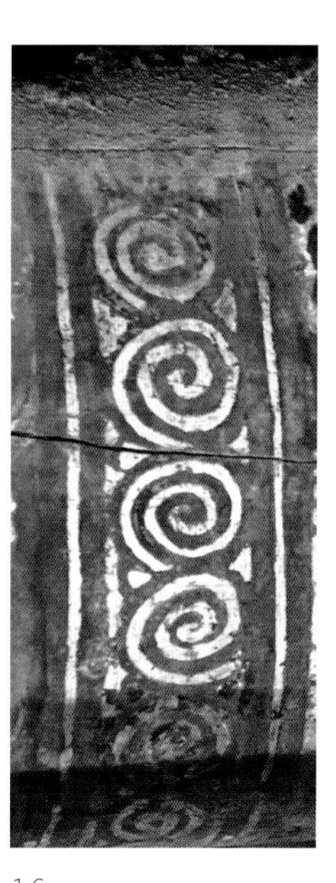

16

1. 正反如意
2. 连续卍字
3. 退晕扯不断纹
4. 锦纹
5. 退晕连续卍字
6. 水纹
7. 工字纹
8. 扯不断纹
9. 簇锦纹
10. 单线束腰仰覆莲瓣
11. 宽束腰仰覆莲瓣
12. 卷草副箍头 + 单退晕
13. 水纹副箍头 + 正反如意纹箍头
14. 西番莲
15. 连续蝴蝶牡丹沥粉贴金
16. 连续涡旋纹沥粉贴金
17. 柿蒂纹 + 扯不断纹
18. 折板纹

17

18

19

20

21

22

23

24

19. 折板纹＋扯不断纹

20. 红绿退晕扯不断纹

21. 红绿退晕扯不断纹

22. 扯不断纹束腰仰覆莲瓣

23. 水纹副箍头＋单如意纹箍头

24. 扯不断工字纹

附录 B　盒子

1

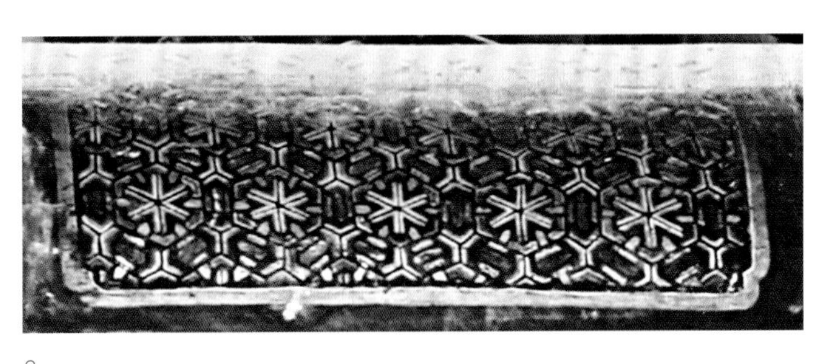

2

3

4

5

6

1. 单退晕点金连环
2. 点金六出锁纹
3. 点金四出锁纹
4. 点金六出锁纹
5. 点金六出锁纹
6. 花卉龟背锦纹

7

8

9

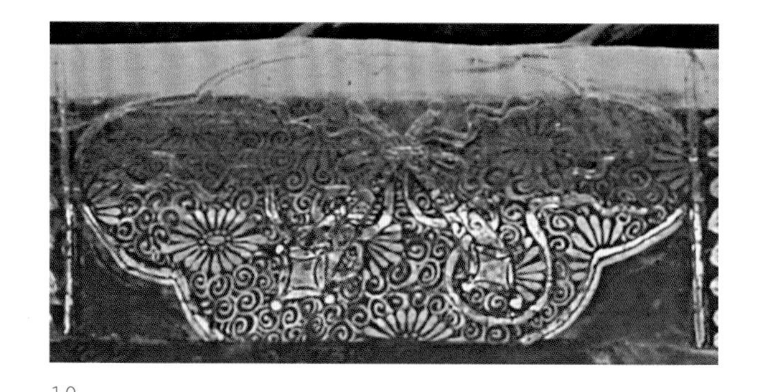
10

11

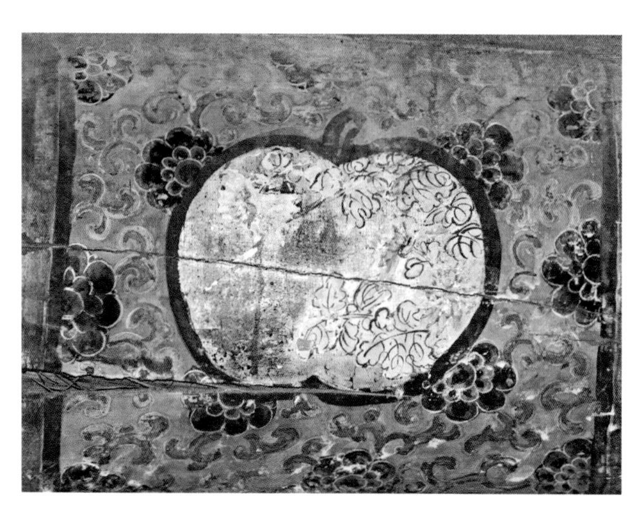
12

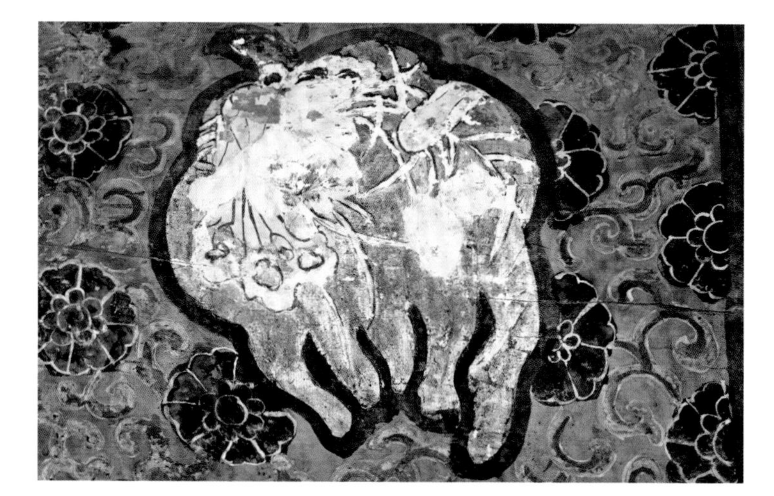
13

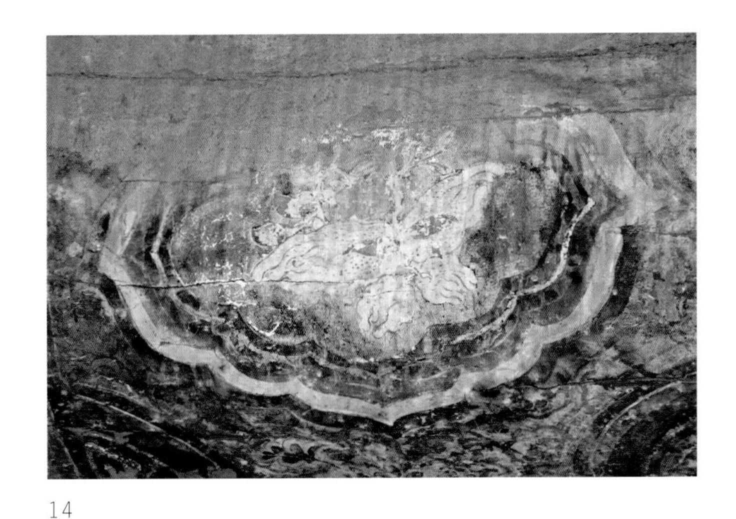

14

15

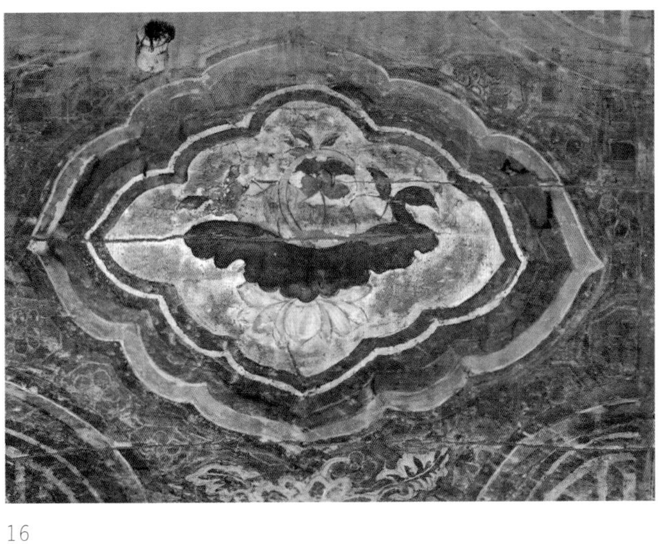

16

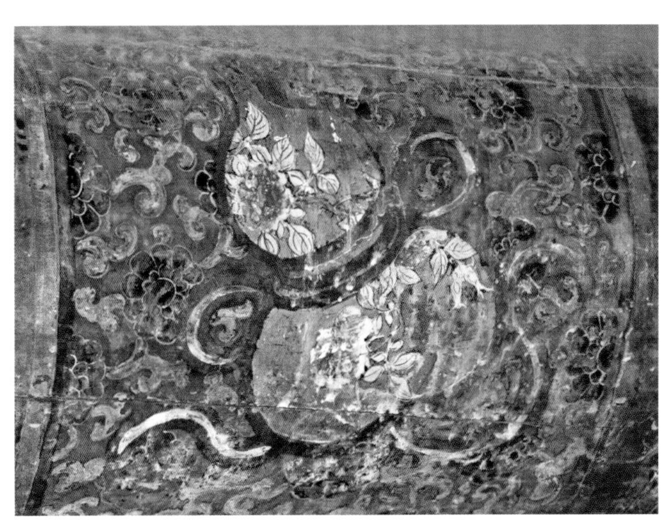

17

18

7. 点金寿字锦纹龟背锦

8. 青红相间锁纹龟背锦

9. 点青十字锁纹龟背锦

10. 花卉锦纹紫地沥粉贴金绶带犀角

11. 花卉锦纹紫地沥粉贴金绶带花卉

12. 花卉锦纹红地套苹果形泥金写意牡丹

13. 花卉锦纹红地套佛手形泥金花卉

14. 花卉锦纹青地套退单晕起尖海棠，盒子内泥金倒挂佛手、万寿果

15. 花卉锦纹青地套海棠盒子泥金边，盒子内泥金地写意葡萄

16. 花卉锦纹青地套退双晕起尖海棠盒子，盒子内泥金地倒荷花，正桃子、花卉

17. 花卉锦纹青地套葫芦形泥金写意牡丹

18. 花卉锦纹青地套盖碗形泥金写意牡丹

19

20

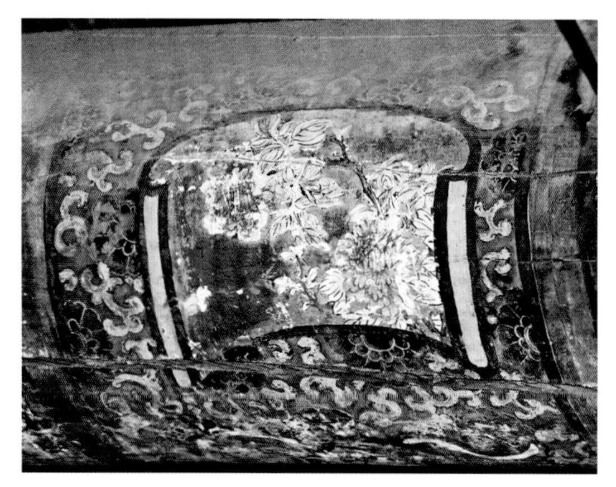

21

22

23

24

25

19. 花卉锦纹青地套泥金茶壶写意牡丹
20. 花卉锦纹青地套泥金盖壶写意牡丹
21. 花卉锦纹青地套泥金扇面写意牡丹
22. 花卉锦纹青地套起如意海棠盒子泥金地石榴花卉
23. 花卉锦纹青地套起尖海棠盒子退单晕泥金地骑牛人物
24. 花卉锦纹青地套如意涡旋纹盒子泥金地依熊红袍人物
25. 花卉锦纹青地套起尖海棠盒子退单晕泥金地依狮人物
26. 青红锦纹地套起尖海棠退单晕盒子内置人物——渔
27. 青红锦纹地套起尖海棠退单晕盒子内置人物——樵
28. 青红锦纹地套起尖海棠退单晕盒子内置人物——耕
29. 青红锦纹地套起尖海棠退单晕盒子内置人物——读

26

27

28

29

30

31

32

33

34

35

36

37

38

39

40

41

42

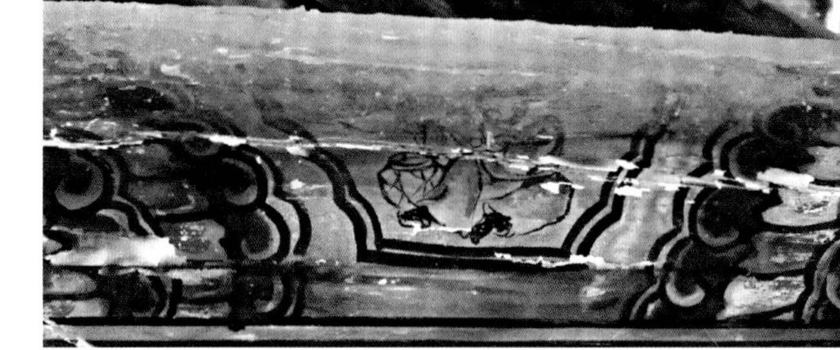

43

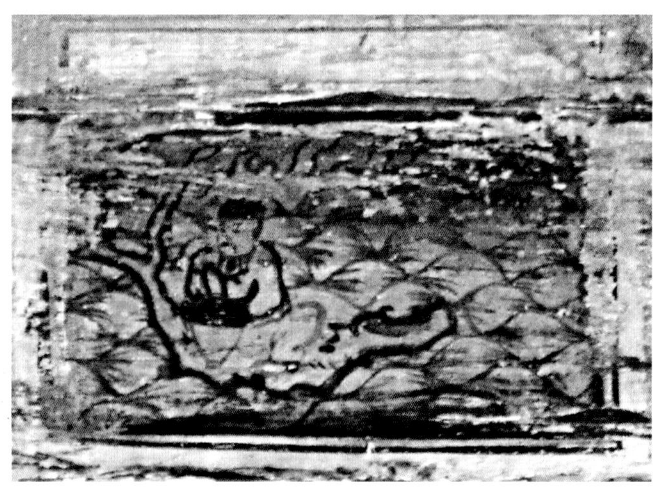

44

30. 青地持卷草仙童、丹炉、玉笛、盘长
31. 青地持卷草仙童、瓶插鸡冠花、书函
32. 泥金地白袍人物
33. 泥金地白袍人物、仙鹤
34. 戏曲人物 1
35. 戏曲人物 2
36. 包公审美案
37. 戏曲人物 3
38. 戏曲人物 4
39. 退晕骑马红发背长枪洋人过拱桥
40. 红发碧眼西洋人物晕染
41. 写意长幼人物
42. 写意人物 1
43. 写意渔人
44. 写意人物 2

45

46

47

48

49

50

51

52

53

54

55

45. 伏龙降虎
46. 斗鸡童子
47. 写意风景人物 1
48. 写意风景人物 2
49. 写意风景
50. 红地沥粉贴金梅引凤来，如意、盘长、犀角
51. 红地沥粉贴喜上眉梢，戟磬、如意、盘长、炉、瓶
52. 红地沥粉贴金梅引蝶、玉笛、盘长、果蔬
53. 七退晕烟云筒、瓶插芙蓉、双色西瓜
54. 青地双蝠朝牡丹花篮，退单晕
55. 青地瓶插梅花、犀角、盘长、石榴
56. 双桃三只红蝙蝠

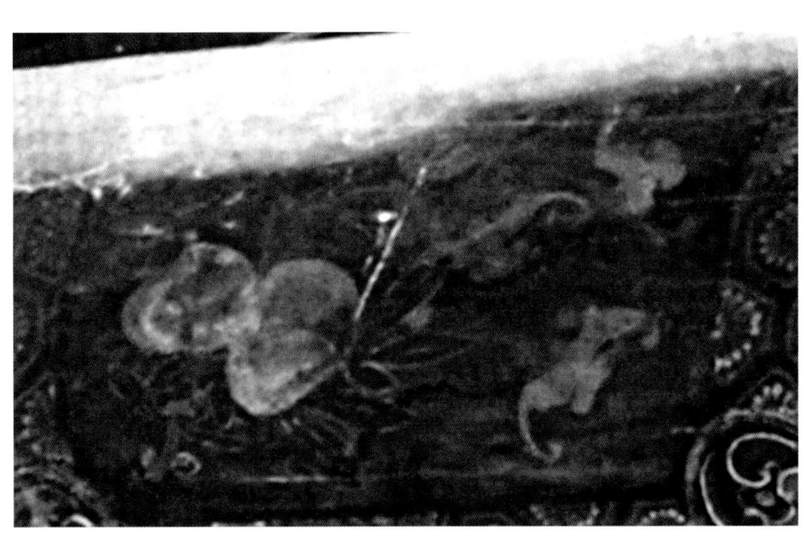
56

57

58

59

60

61

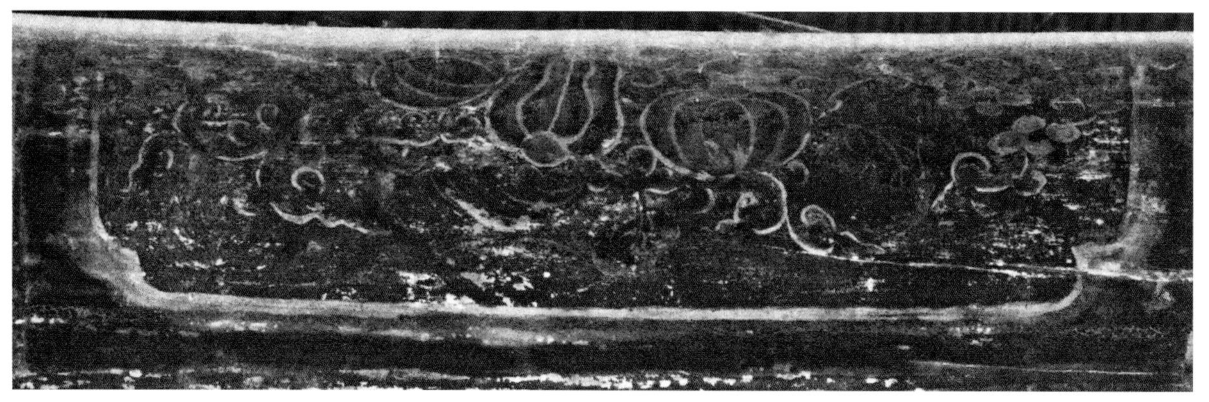
62

63

64

65

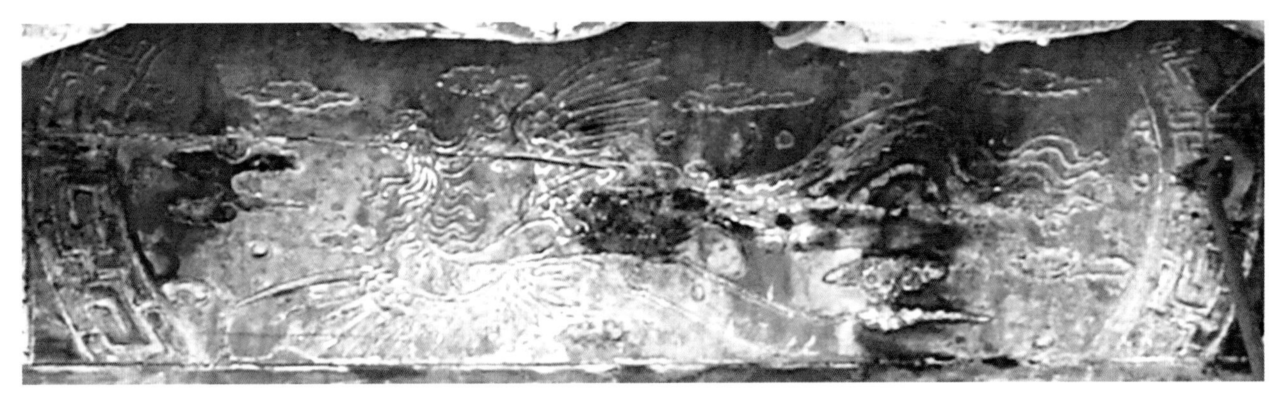
66

57. 青地荷莲、梅瓶、水仙
58. 七退晕烟云筒、瓶插鸡冠花、石榴果盘、玉兰
59. 红地佛手果盘、瓶、磬、笔筒
60. 红地瓶花、果盘、盘长
61. 红地五蝠拱寿，黑色五蝠黄色缘边
62. 青地红色瓜瓞连绵
63. 红地青色西番莲退单晕，缘黄边
64. 花卉锦纹地套黄色地花卉
65. 锦纹地套挑尖沥粉贴金海棠盒子佛手瓜果盘
66. 青地沥粉贴金翔凤
67. 绿地沥粉贴金石榴果盘、蒲扇盘长

67

68

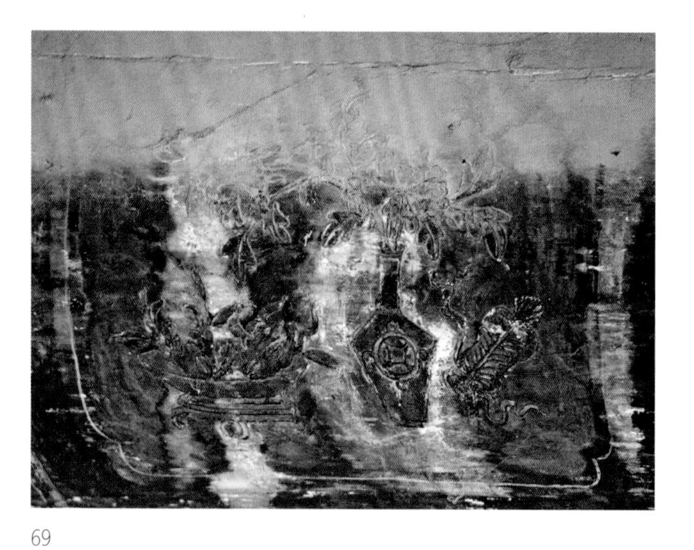

69

70

71

72

73

74

75

76

77

78

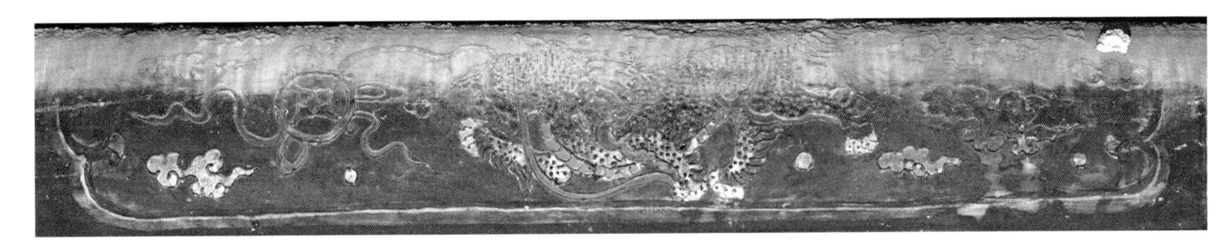

79

80

81

68. 香色地神兽
69. 青色地沥粉贴金佛手果盘、瓶插牡丹、蒲扇盘长
70. 香色地瓶插卷草西番莲
71. 深香色地卷草芙蓉
72. 黑色地三退晕烟云筒，晕染画法游鱼
73. 黑色地三退晕烟云筒
74. 黑色地写生清代官帽、银票、诗词折扇
75. 写生晕染黑黄双猫嬉戏、湖石、菊花
76. 写意喜上眉梢
77. 绿地单退晕黄色缘边卷草西番莲
78. 绿地单退晕凤翅瓣花卉
79. 青地沥粉贴金狮子戏绣球
80. 青地写生花卉
81. 绿地五彩点金麒麟送喜

82

83

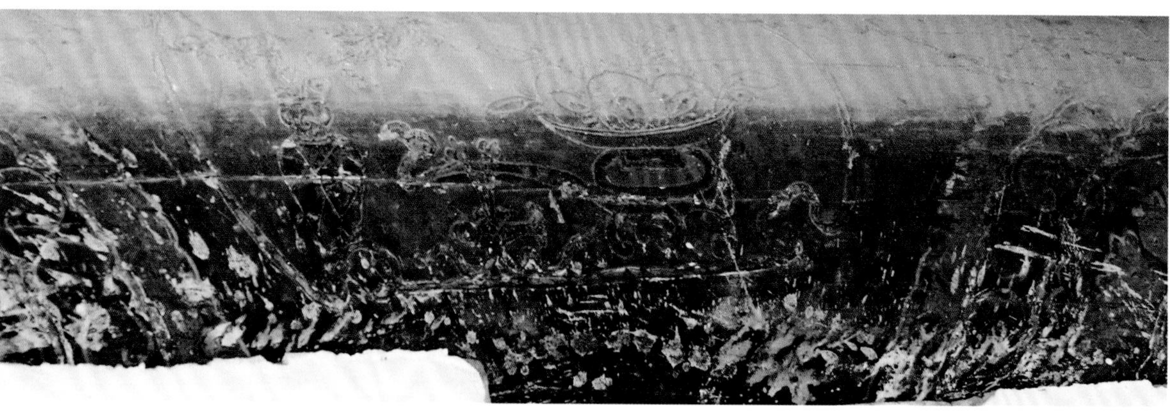

84

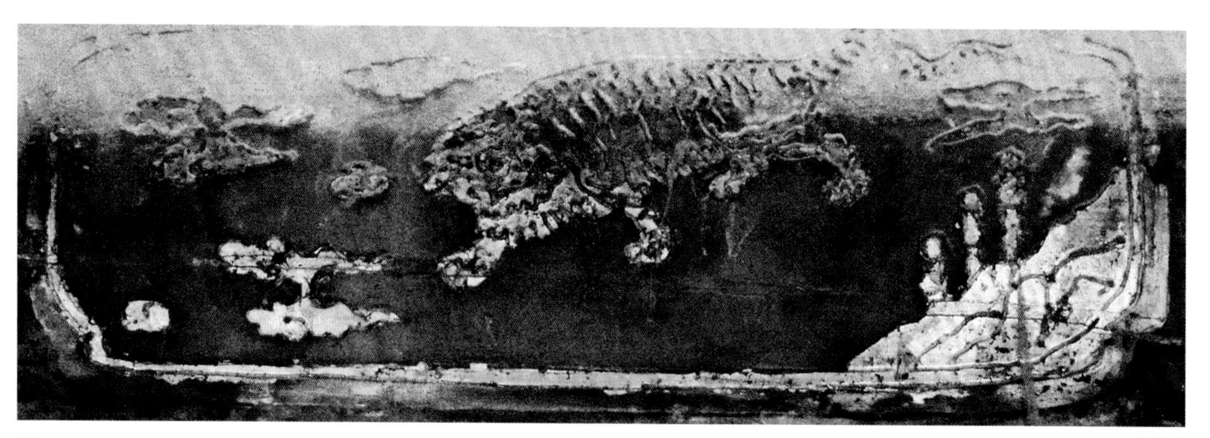

85

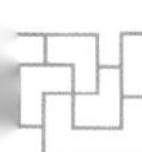

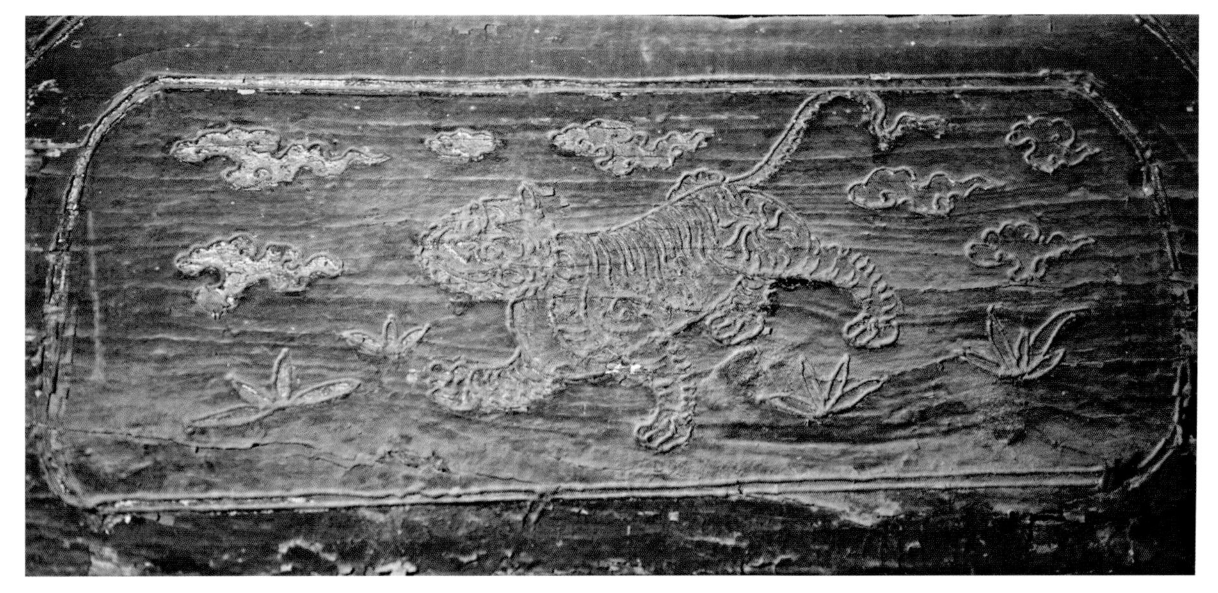

86

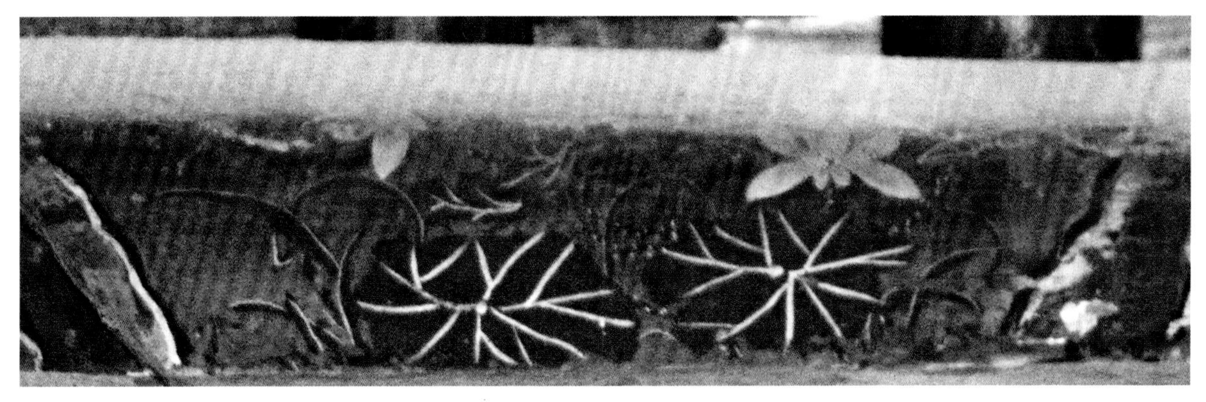

87

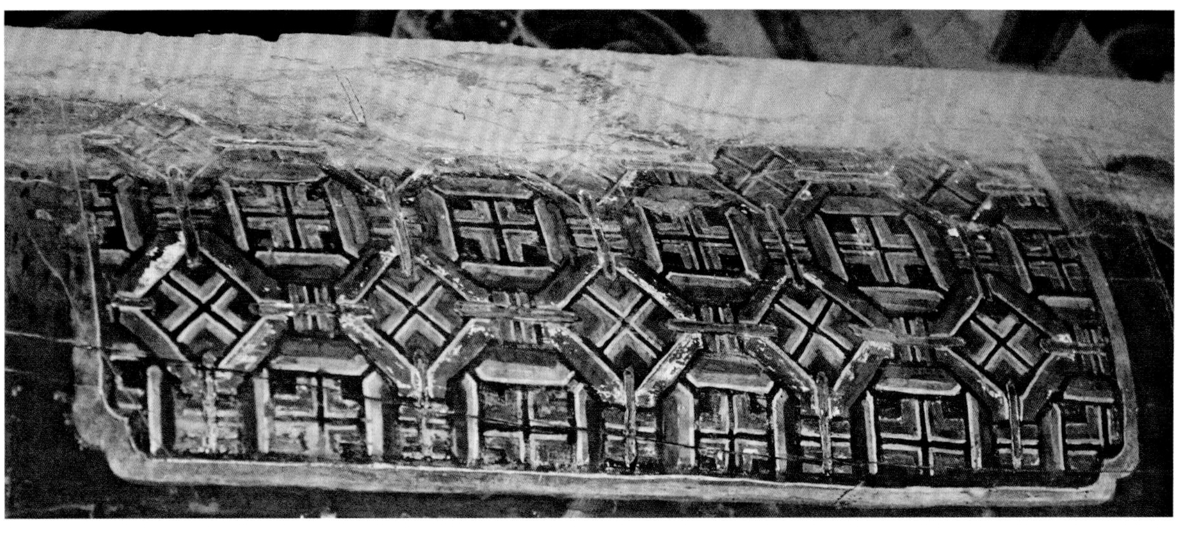

88

82. 绿地单退晕卷草莲花

83. 青地沥粉贴金瓶插芙蓉、戟磬、盘长、爵

84. 绿地沥粉贴金瓶插花卉、果盘、如意挑鱼

85. 绿地沥粉贴金虎

86. 青地沥粉贴金虎

87. 红地黑叶莲花

88. 点金方形锦纹

89

90

91

92

93

94

95

89. 晕染摔跤童子
90. 红鞋耍鹰童子
91. 晕染男像
92. 晕染抱婴女像
93. 戴红顶官员像
94. 晕染绿衣杂耍男童
95. 晕染托桃杂耍青衣童子

96

97

98

99

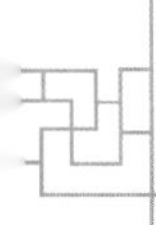

100

101

102

96. 晕染杂耍童子依如意形退三晕烟云筒
97. 晕染穿红肚兜童子
98. 晕染持莲红鞋青肚兜女童
99. 晕染倒立绿衣红鞋童子
100. 写意独鸟
101. 写意风景
102. 香色地缠枝芙蓉

103

104

103.绿袍财神

104.红袍财神

附录 C　旋花组合形式

1

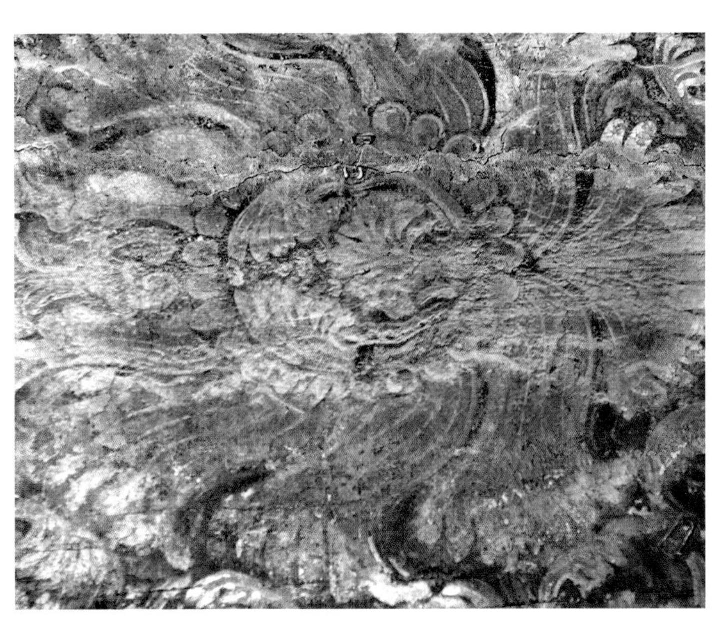

2

1. 一整两半旋花，头路旋瓣呈咬合花瓣状，外咬合花瓣为青色白缘边，内咬合花瓣为红色；二路旋瓣呈舒展羽翅状，白色缘边；旋眼呈正圆形，为两片咬合羽翅花瓣组成
2. 三抱瓣整旋花旋旋眼，两片咬合花瓣内卷呼应红色羽翅瓣，旋眼缘边红色点化

3

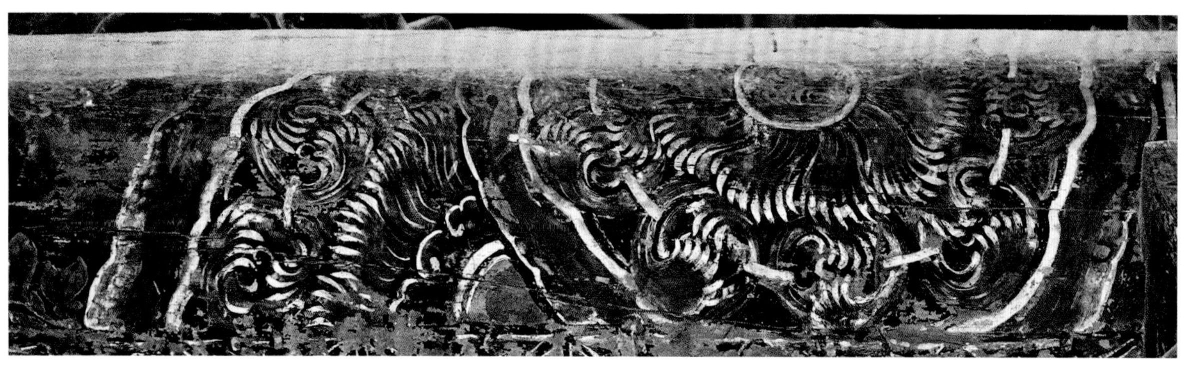

4

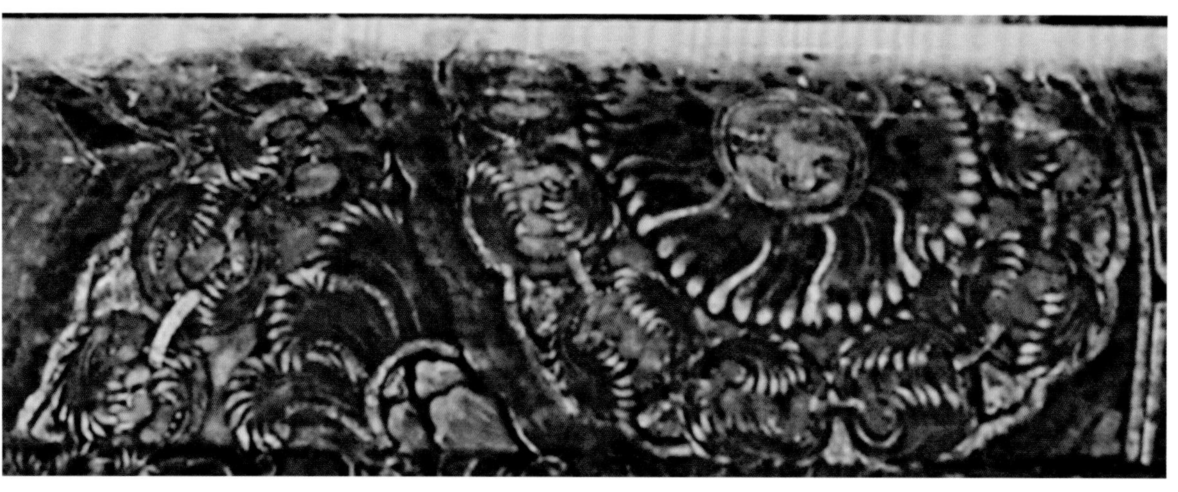

5

3. 一整两扇旋花 1

4. 一整两扇旋花 2

5. 一整两扇旋花 3

（图 3~ 图 8 红色旋花旋眼皆为圆形，由三片花瓣拱合而成，邻旋眼路旋瓣为羽翅形花瓣，局部贴金捞退）

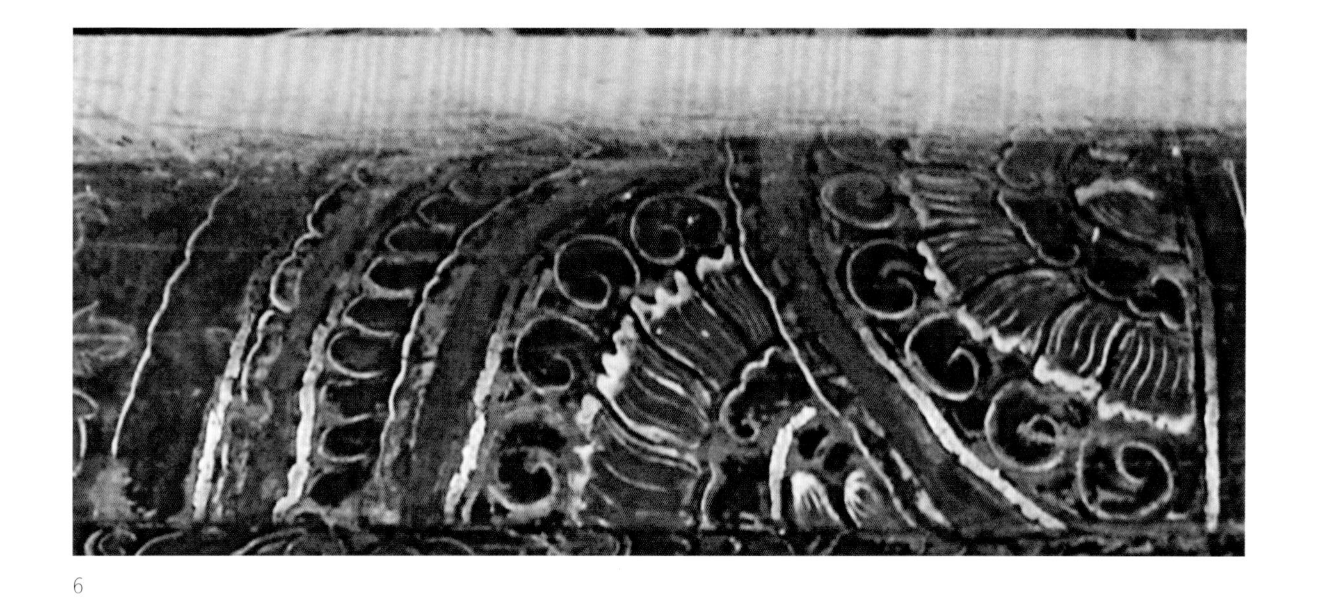
6

7

8

6. 一半两扇旋花 4
7. 一整两扇旋花 5
8. 一整两扇旋花 6

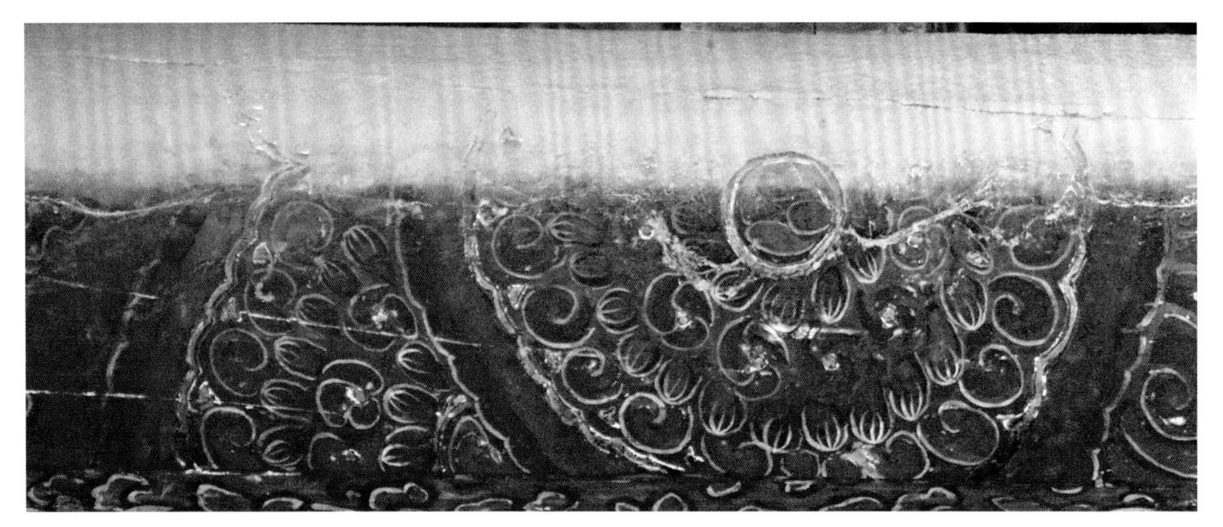

9

10

11

9. 一整两扇旋花 7

10. 一整两扇旋花 8

11. 一整两扇旋花 9

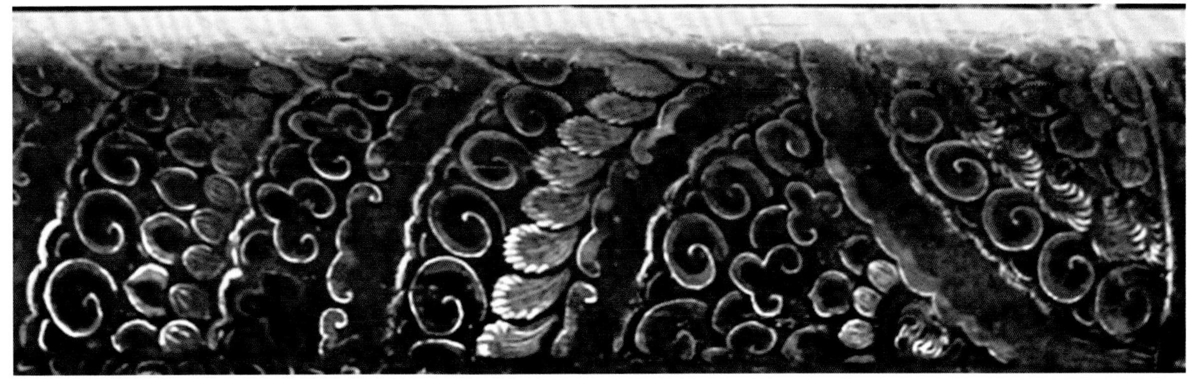

12

13

14

12. 一半两扇旋花 + 两路花瓣旋花

13. 一整两扇旋花 10

（图 9~ 图 13 旋花旋眼为红色圆形，由三片荷花瓣拱合而成，邻旋眼路旋瓣荷瓣形，局部贴金拶退）

14. 一整两扇旋花，整旋花旋眼成十字别形

15

16

17

18

19

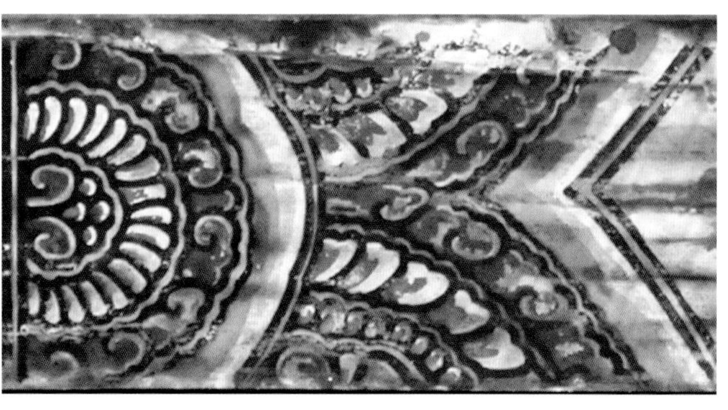
20

21

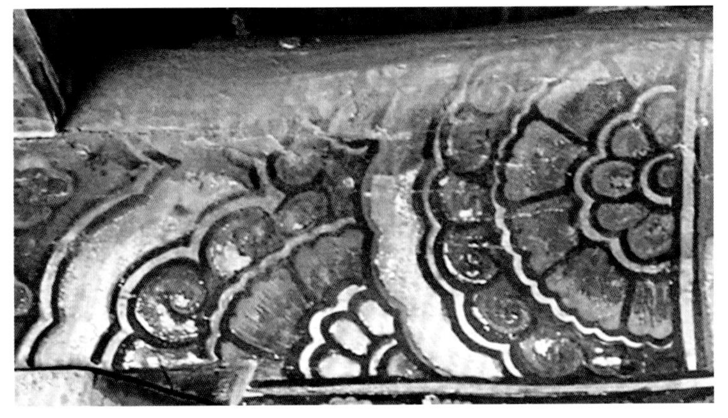

22

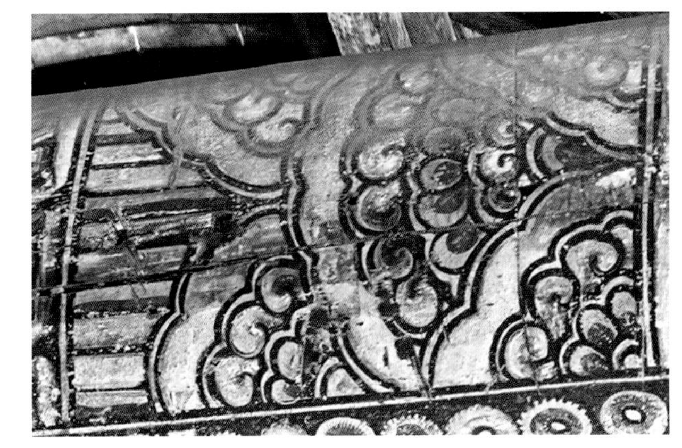

23

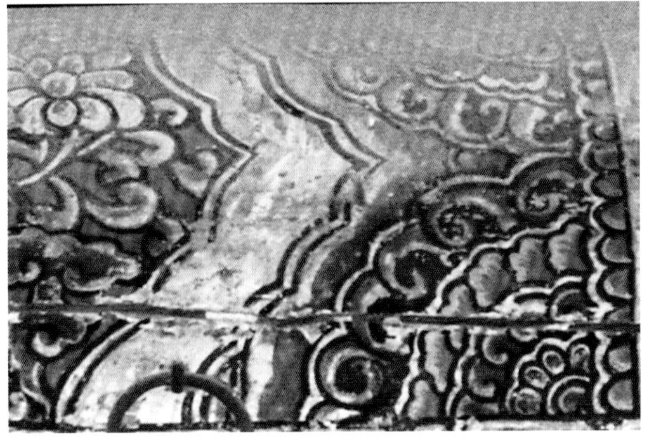

24

25

26

15. 一整两扇旋花，红色旋眼，局部捞退
16. 两扇旋花 + 两路旋花，红色旋眼，局部捞退
17. 一半两扇旋花，局部贴金捞退
18. 一半两扇旋花，破旋花旋眼退晕如意形
19. 一半两扇旋花，破旋花旋眼白缘边如意形
20. 一半两扇旋花，破旋花旋眼如意形
21. 一半两扇旋花 + 一扇（大）两扇（小）旋花
22. 一半两扇旋花
23. 两扇旋花 + 一扇（大）两扇（小）旋花
24. 两扇旋花

（图 18~ 图 26，邻旋眼路旋瓣为红色瓣白色缘边）

25. 两扇旋花 + 一扇旋花
26. 一半两扇旋花 + 一扇（大）两扇（小）旋花
27. 两扇旋花 + 两路旋花，局部沥粉贴金捞退

27

28

29

30

28. 一整四扇旋花 + 两路旋花

29. 一整四扇旋花，整旋花旋眼呈橄榄核状

30. 一半两扇旋花 + 一扇（大）两扇（小）旋花

附录D 方心头形式

1

2

3

1. 宝剑头形，外棱线红地
2. 宝剑头形，外棱线青地锦纹
3. 多折内颤，白色缘边，单色退晕

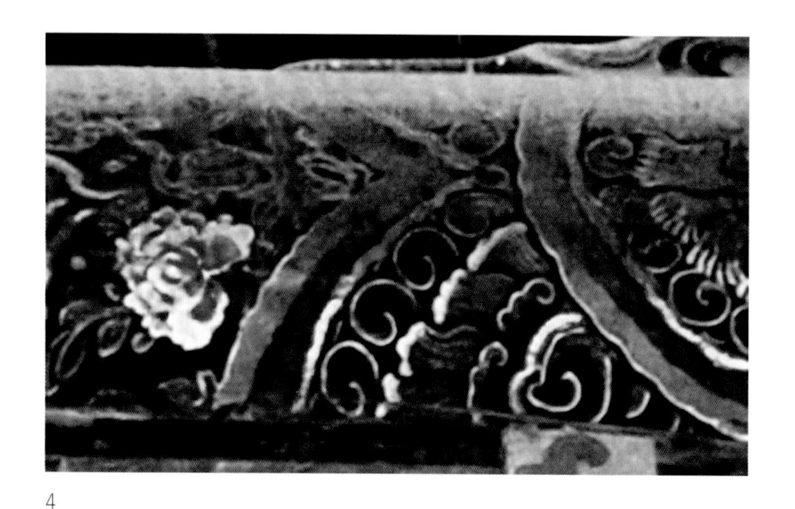
4

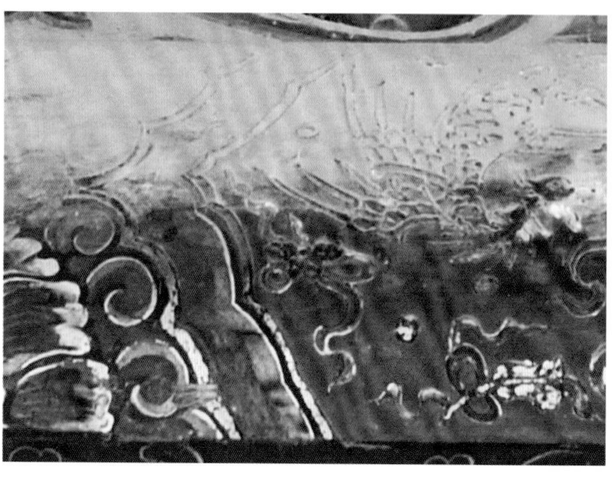
5

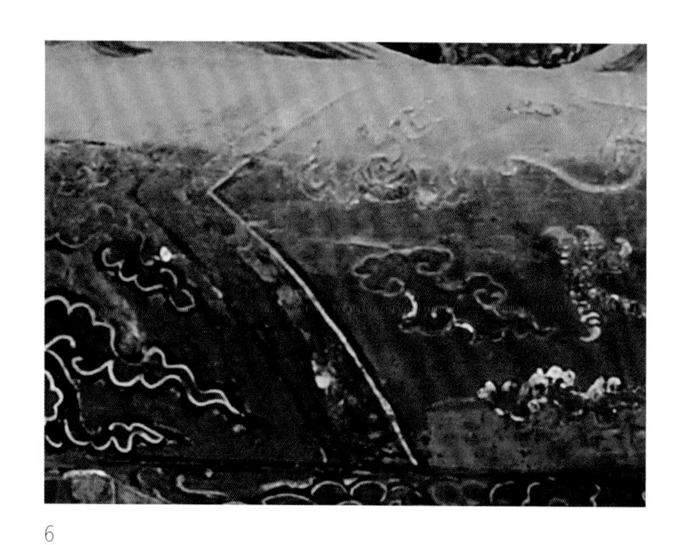
6

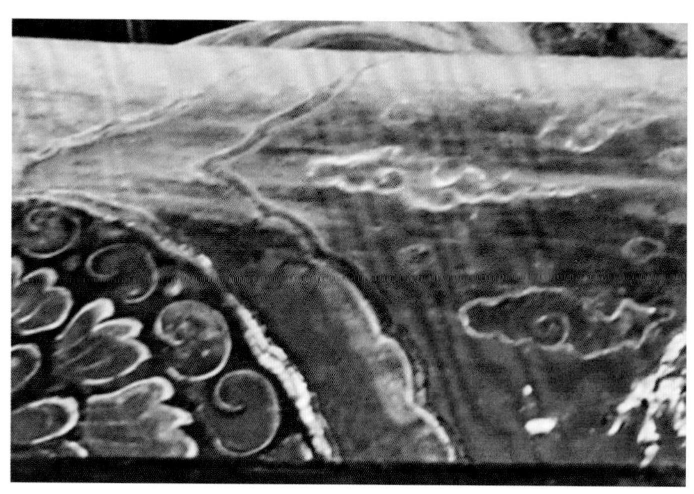
7

8

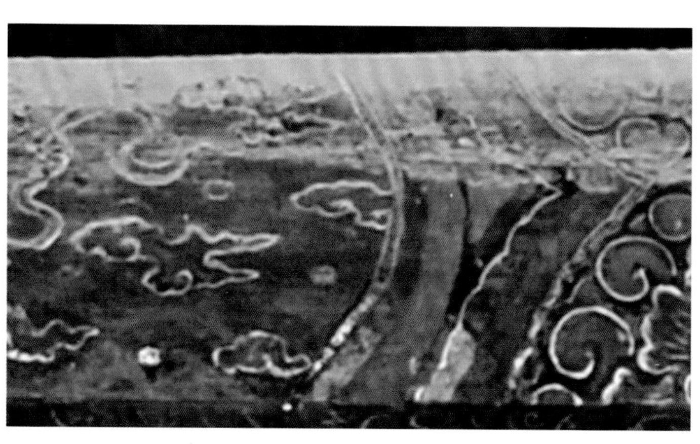
9

4. 多折内頔，白色缘边，单色退晕
5. 多折内頔，沥粉贴金
6. 宝剑头形，单退晕，白色缘线
7. 多折内頔，沥粉贴金
8. 多折内頔，如意形纹饰点缀，无退晕
9. 双层方心头，内弧外多折内頔，沥粉贴金退绿边

10

11

12

13

14

15

10、11. 多折内頔，如意形纹饰点缀，无退晕

12. 双角叶方心头，青绿间色，单色退晕

13~15. 双角叶方心头，沥粉贴金，青绿间色，单色退晕

16

17

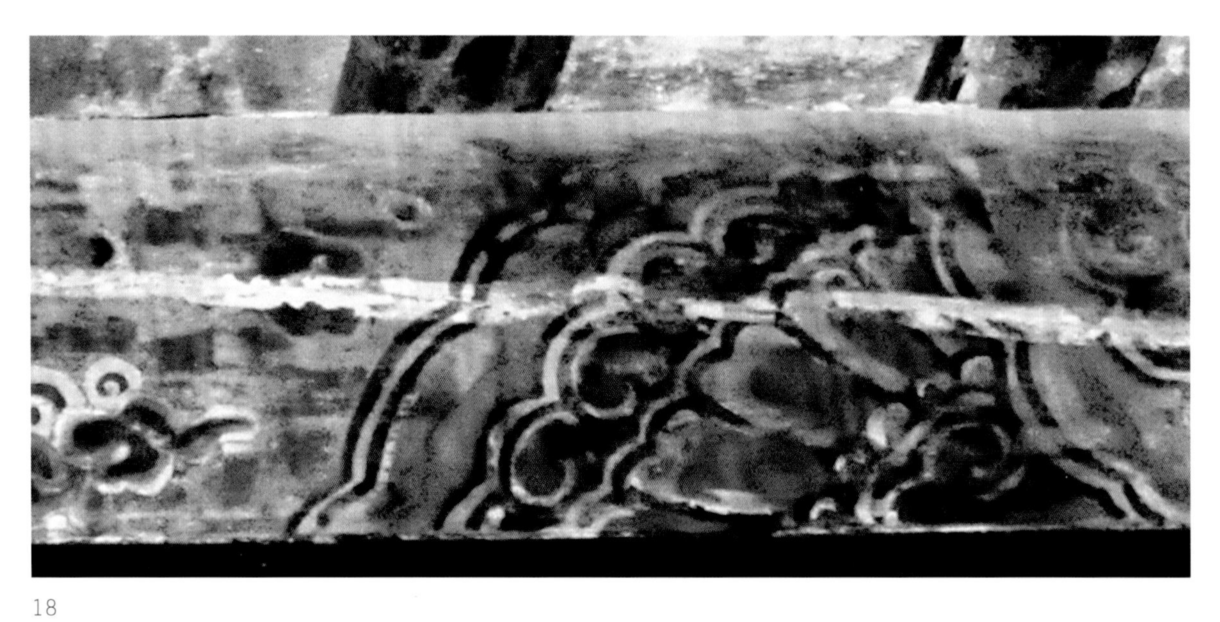

18

19

20

21

22

16.神兽吞口形，三色退晕

17.三折内皷，单色退晕

18、19.多折内皷，单色退晕

20.多折内皷，外缘边单色退晕

21.海棠头形，内缘贴金

22.海棠头形，黑色内缘，外边框附白缘边如意

23

24

25

26

27

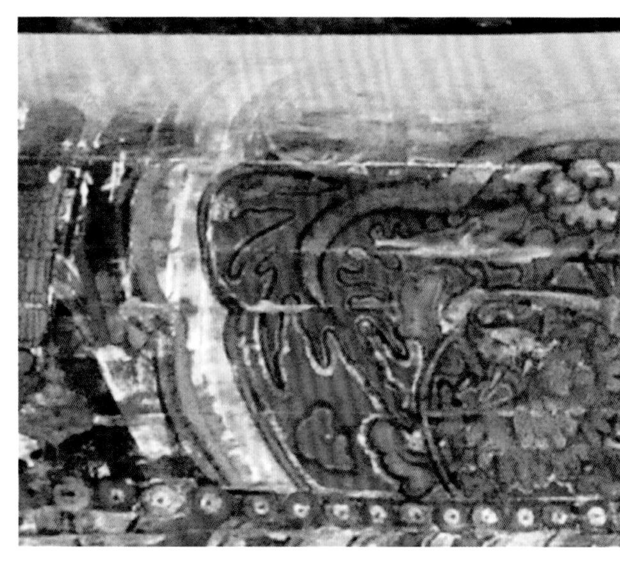
28

29

30

23、24. 多折内鰤，白色缘线

25. 兽头吞口形，白色缘边

26. 三折内鰤，黑色缘线，退单色晕

27. 宝剑头形，黑色缘线，退单色晕

28. 海棠头形，金色内缘线，退单色晕

29. 三折内鰤，金色缘线

30. 神兽吞口形，红色缘边

附录 E　方心纹饰

1

2

3

4

5

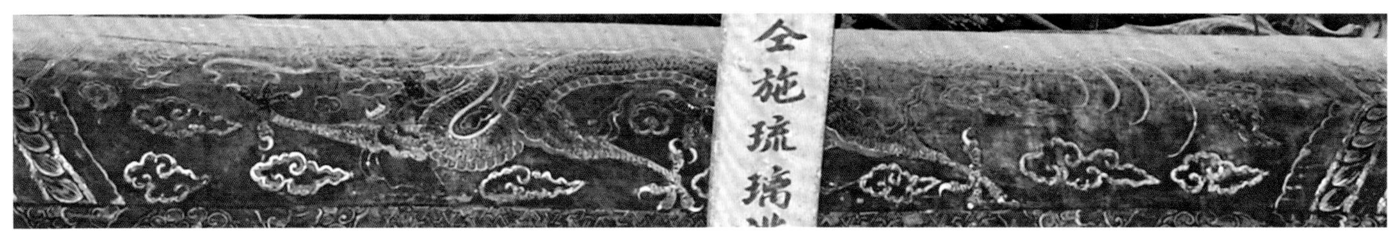

6

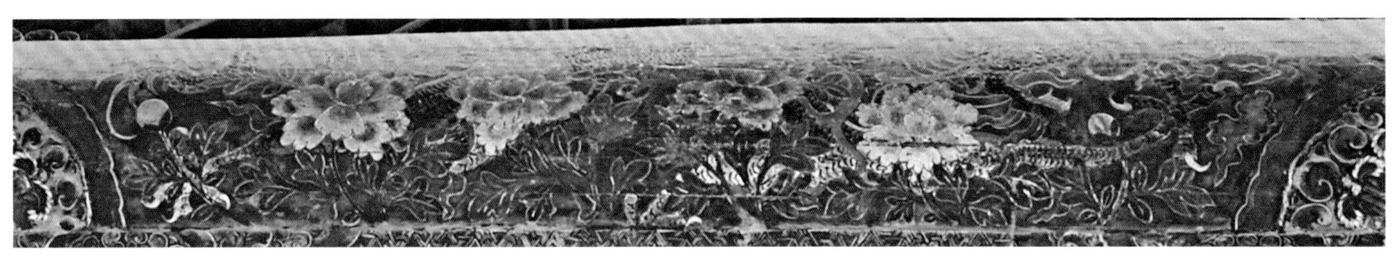
7

1. 无岔口有棱线，方心青地，裸露沥粉贴金云龙
2. 无岔口有棱线，方心红地，沥粉贴金龙钻牡丹
3. 无岔口有棱线，方心绿地，沥粉贴金凤如意盘长
4. 有岔口无棱线，方心青地缠枝芙蓉，局部沥粉退单晕
5. 有岔口无棱线，方心青地缠枝芙蓉，花朵退单晕
6. 有岔口无棱线，方心青地，裸露型沥粉贴金云龙
7. 有岔口无棱线，方心青地，沥粉贴金龙钻牡丹

8

9

10

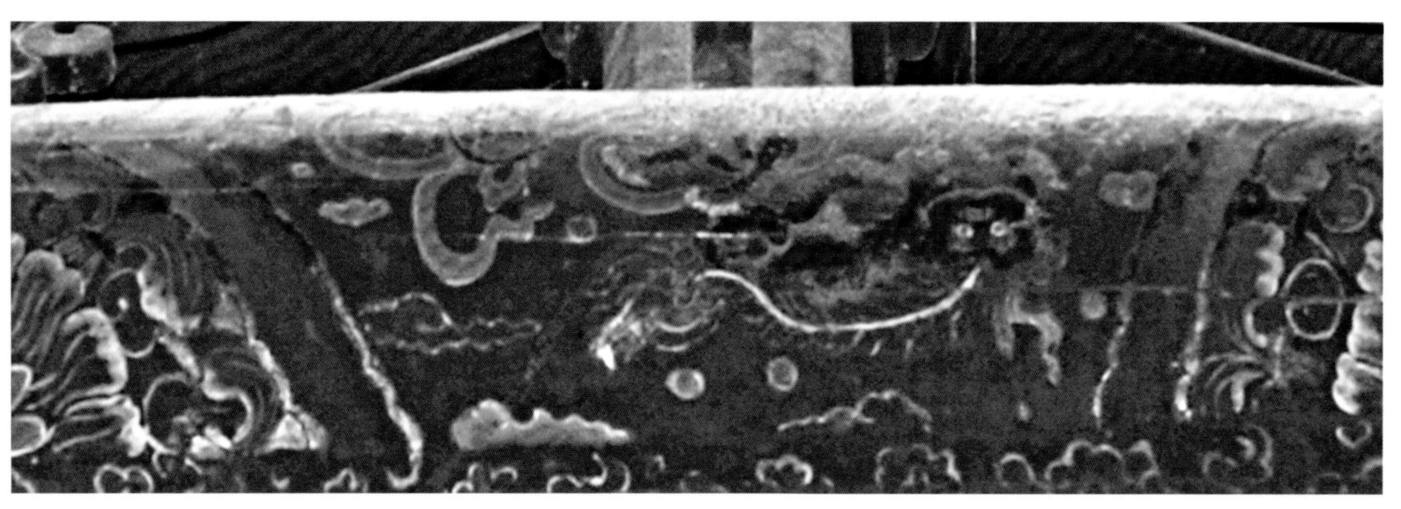

11

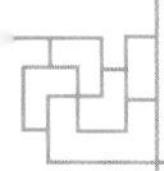

12

13

14

8. 有岔口无棱线，方心青地，沥粉贴金龙钻牡丹

9. 有岔口无棱线，方心青地，沥粉贴麒麟戏盘长、金凤

10. 有岔口无棱线，方心红地，沥粉贴金凤逐麒麟

11. 有岔口无棱线，方心青地，沥粉贴金狮子戏绣球

12. 有岔口无棱线，方心深香色地，黑戟、磬、如意、画筒、盘长

13. 有岔口无棱线，方心深香色地，黑色器物、盘长

14. 有岔口无棱线，方心红色地，黑色芙蓉白色缘边

15

16（a）

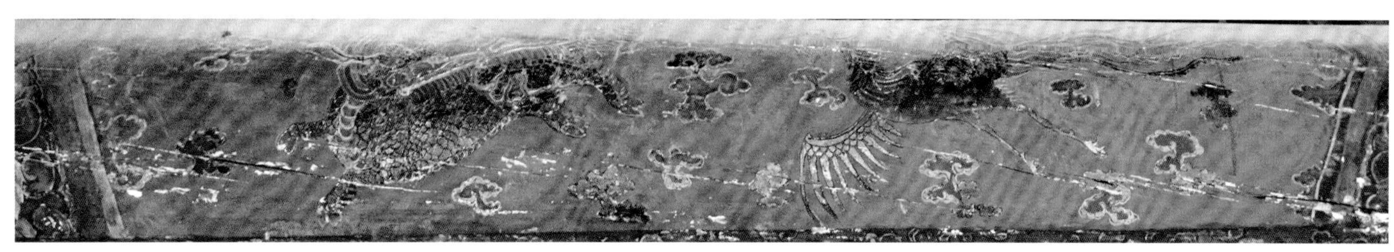
16（b）

17

18

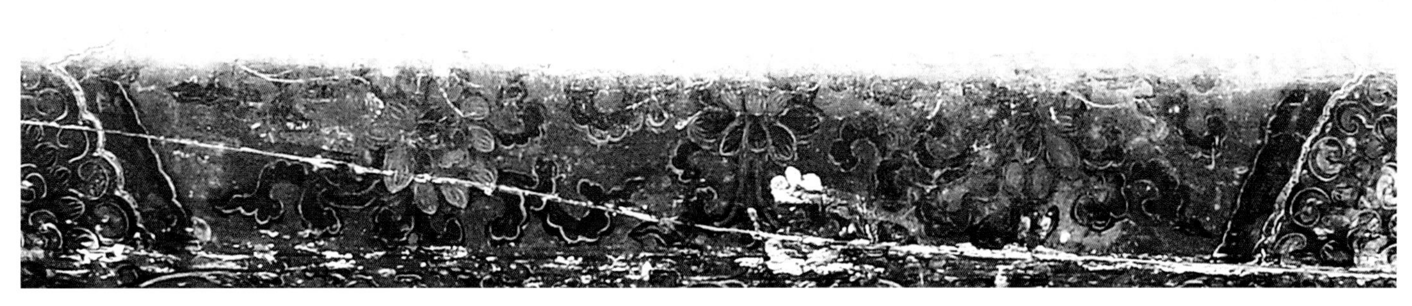

19

20

21

22

15.有岔口无棱线，方心黑色地，黑色芙蓉白色缘边，局部沥粉贴金

16(a)(b).有岔口无棱线，方心红色地，沥粉贴金凤逐麒麟

17.无岔口有棱线，方心绿地，沥粉贴金双凤朝阳

18. 无岔口有棱线，方心绿地缠枝花卉

19. 无岔口有棱线，方心绿地缠枝花卉

20. 无岔口有棱线，方心绿地缠枝花卉

21. 有岔口无棱线，方心绿地，沥粉贴金龙钻牡丹

22. 有岔口无棱线，方心红地，沥粉贴金龙钻牡丹

23

24

25

26

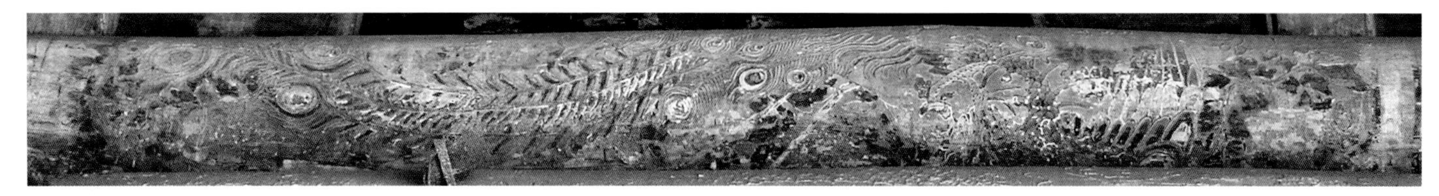

27

28

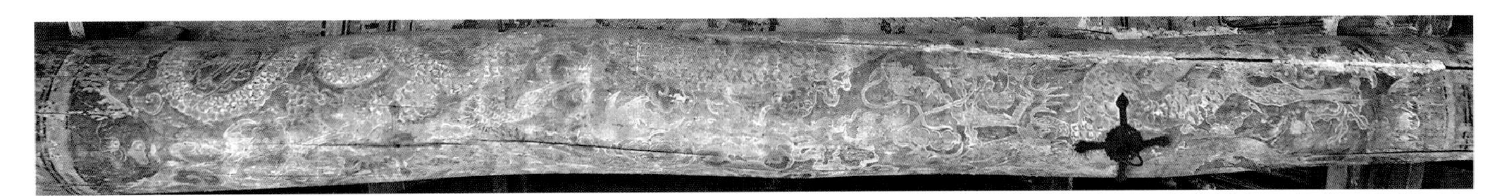
29

30

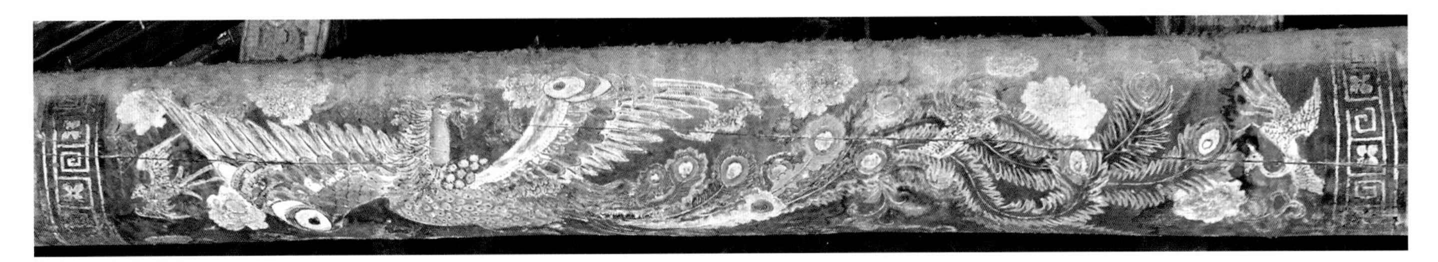
31

32

23. 有岔口无棱线，方心红地沥粉贴金龙钻牡丹，方心头饰退晕如意纹

24. 有岔口无棱线，方心青地沥粉贴金凤盘长犀角

25. 间色双角叶退单晕青地五狮（世）同堂

26、27. 黄地海墁沥粉贴金裸露形凤鸟戏牡丹

28、29. 沥粉贴金双角叶红地海墁沥粉贴金云龙

30. 红地海墁退单晕金缘边西番莲

31、32. 青地海墁沥粉贴金凤戏牡丹

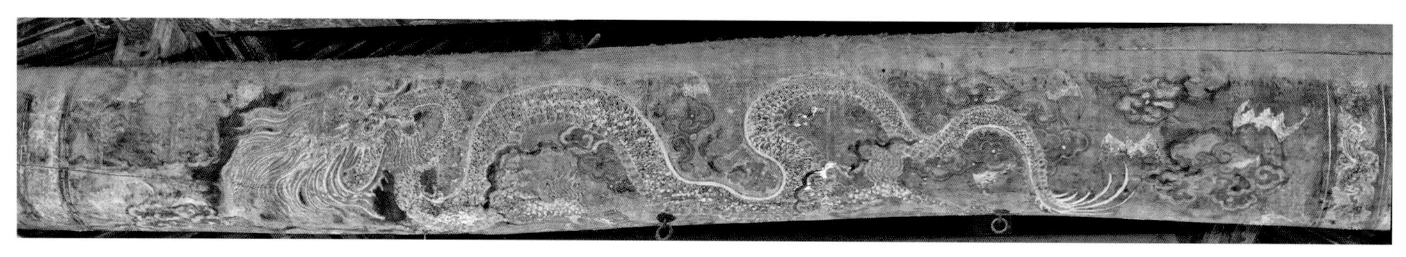
33

34

35

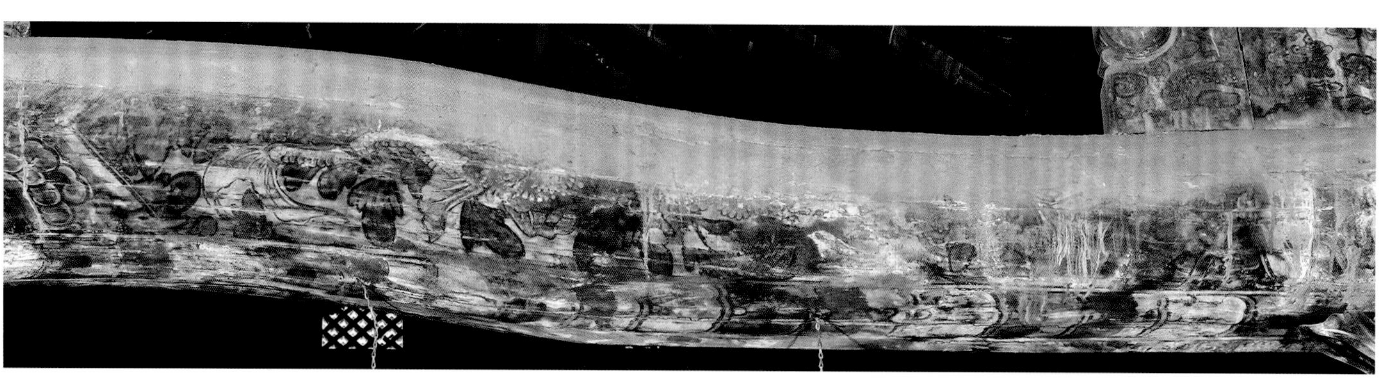
36

37

38

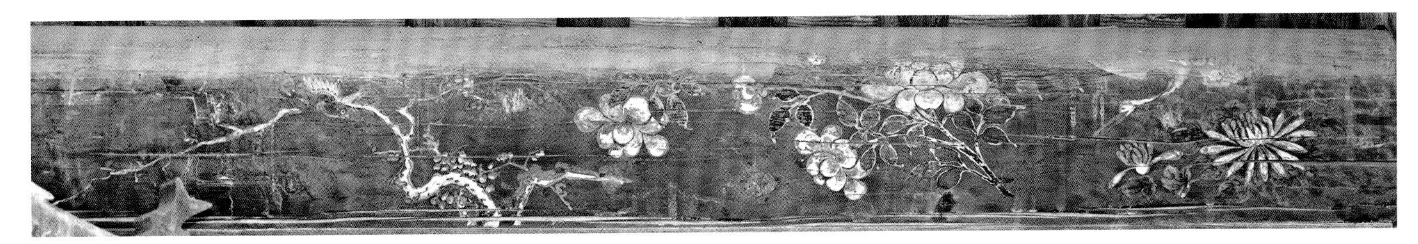

39

40

41

33、34. 朱地沥粉贴金海墁云龙

35. 有岔口无棱线，方心红地龙钻牡丹

36. 有岔口无棱线，方心红地鱼尾龙钻牡丹

37. 无岔口有棱线，方心红地龙戏牡丹

38. 章丹地海墁水云纹

39. 章丹地海墁花卉、喜上眉梢、鹤舞菊头

40. 海墁松木纹心置人物

41. 海墁松木纹心置茶馆人物

42

43

44

45

46

47

48

42. 海棠头式岔口无棱线，方心绿地二狮戏绣球
43. 海棠头式岔口无棱线，方心红地龙钻牡丹
44. 岔口退单晕无棱线，方心红地龙戏西瓜
45. 条状岔口无棱线，方心史书、笔筒、格言
46. 条状岔山无棱线，青地方心算盘、账簿、笔筒、宝剑、朝珠、官帽
47. 条状岔口无棱线，锦纹地方心套退晕四连筒红发戏鸟童
48. 条状岔口无棱线，锦纹地方心套退晕四连筒拔河儿童

49

50

51

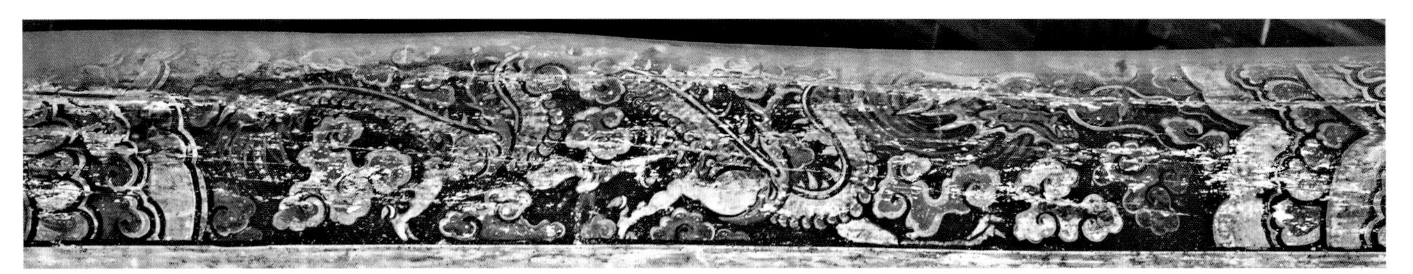

52

53

54

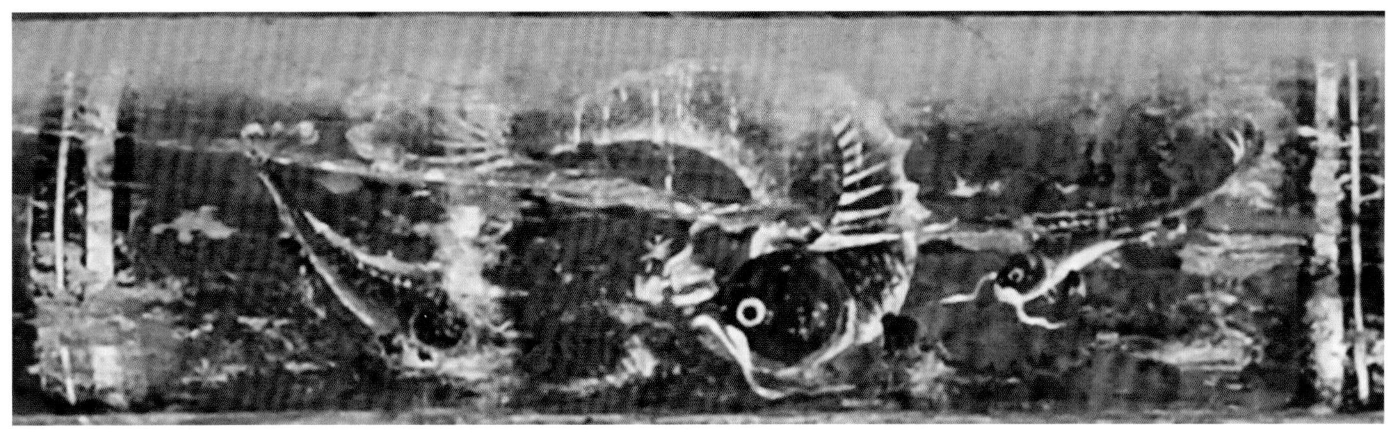

55

49. 多折内齫锦纹地套方心，桃、蒲扇、官帽、银票、书

50. 有岔口无棱线，红发鹰童置两边，方心内仙桃、算盘、桥牌、水烟筒、书函

51. 条状岔口无棱线，方心红地沥粉贴金云龙

52. 有岔口无棱线，方心青地云龙

53. 金青石色岔口无棱线，方心深香色地金狮

54. 金青石色岔口无棱线，方心红地龙钻牡丹

55. 条状岔口无棱线，方心红地青鱼嬉游

56

57

56. 双套方心，大方心有棱线无岔口，绿地花卉置有岔口有棱线青地花卉小方心

57. 双套方心，大方心有条状岔口无棱线，锦纹地套有岔口有棱线黄地人物小方心

附录 F　池子

1

2

1、2. 青地沥粉贴金缠枝西番莲

3(a)

3(b)

4

5

6

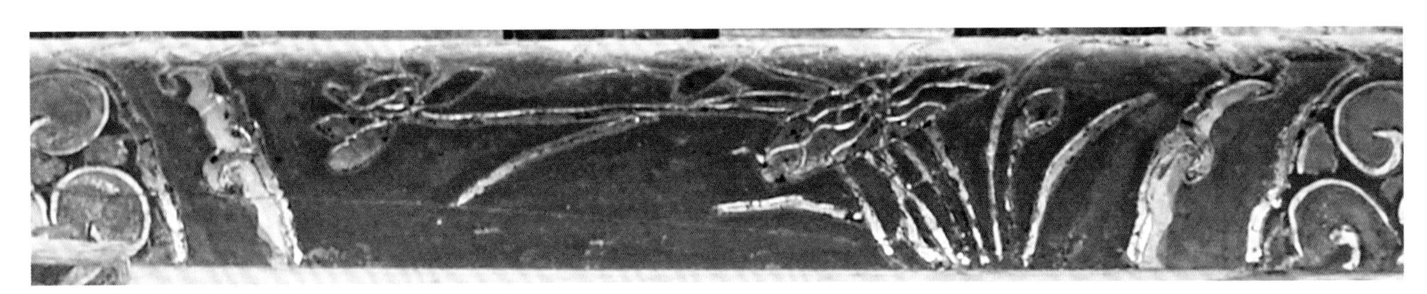
7

3（a）. 红地黑叶子菊花

3（b）. 红、黄菊花

4. 红地退单晕芙蓉花

5. 黄地卷草花卉

6. 青地卷草花卉

7. 青地沥粉贴金莲花

8（a）

8（b）

9

10

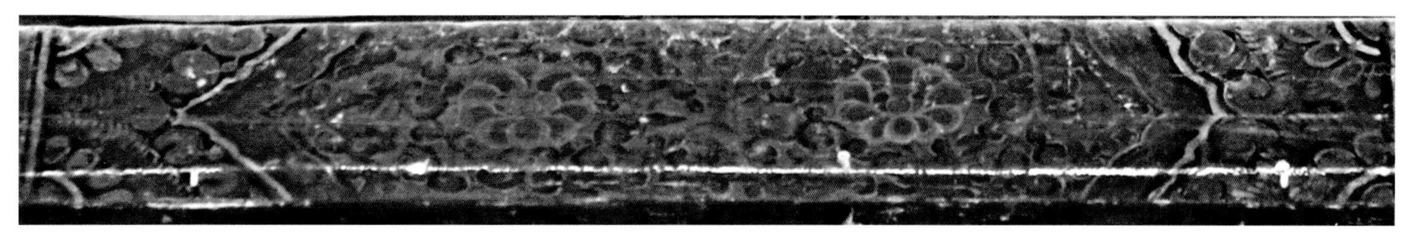

11

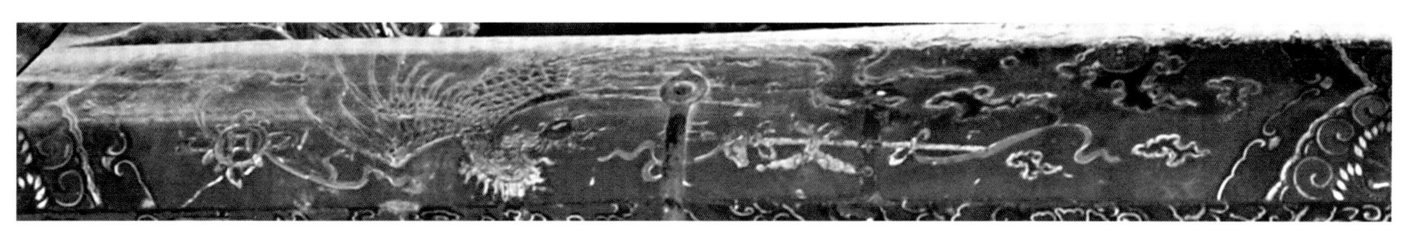

12

13

8(a).红地折枝芙蓉花

8(b).青地黄缘边花叶芙蓉花

9. 青地单退晕花卉

10.青地绣球花退单晕

11.红地退单晕花卉

12.绿地凤戏戟磬盘长

13.青地沥粉贴金绿羽翼虎

14

15

16

17

18

19

20

21

14. 青地沥粉贴金天马
15. 青地沥粉贴金异兽
16. 绿地沥粉贴金凤戏牡丹
17. 青地沥粉贴金犀牛望红弯月
18. 绿地沥粉贴金云龙
19. 青地沥粉贴金云龙
20. 青地沥粉贴金凤朝阳
21. 青地海屋添筹

22

23

24

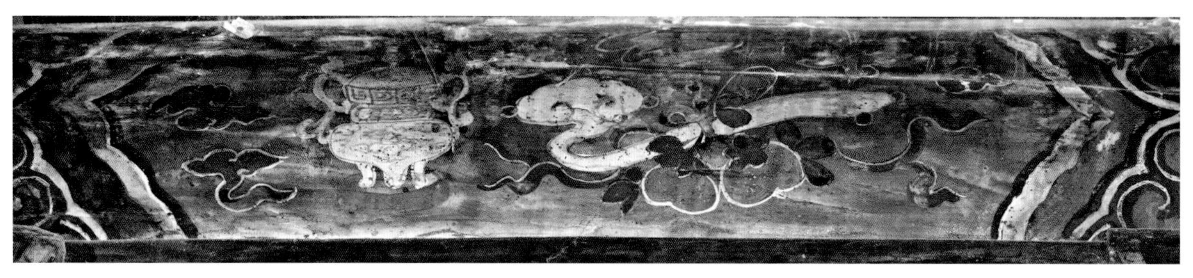

25

26

27

28

22. 香色地白鹤双桃
23. 香色地红戟黑磬黄缘边、犀角、祥云
24. 绿地沥粉贴金戟磬果盘、寿桃
25. 香色地红柿绕如意、炉
26. 卷草青地沥粉贴金如意双色盘长
27. 青地沥粉贴金磬、盘长
28. 黄地白色缘边双蝠拱寿

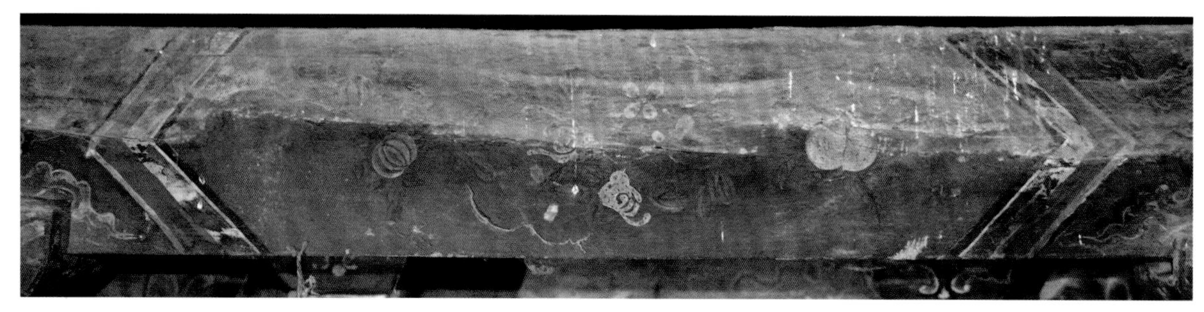

29

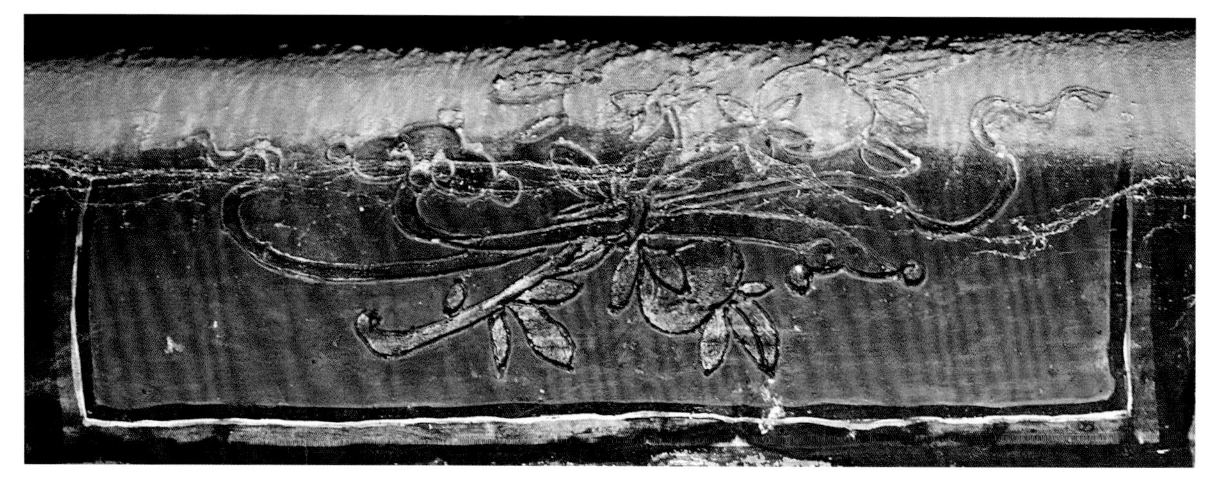

30

31

32

33

34

35

29. 绿地花卉仙果

30. 红地沥粉贴金如意柿了盘长

31. 香色地晕染荷藕、竹叶

32. 青色地黄色风竹

33. 黄色地瓶插兰花盘长、炉

34. 绿色地金色适合卍字图

35. 红色地瓜瓞连绵退单晕

36

37

38

39

40

36. 青地三鱼嬉戏
37. 青地沥粉贴金盘长蒲扇
38. 青地沥粉贴金红羽龙
39. 青地鱼戏
40. 红地写生牡丹

附录 G　天花、走马板

天花

1

2

3

4

1. 蝠（福）云（运）连绵
2. 狮子回头
3. 狮子滚绣球
4. 软八卦天花，圆鼓子外围青扯不断纹，内为乾坤八卦纹，内小心为黑红阴阳鱼。圆鼓子外岔口为向中红蝙蝠

5

6

7

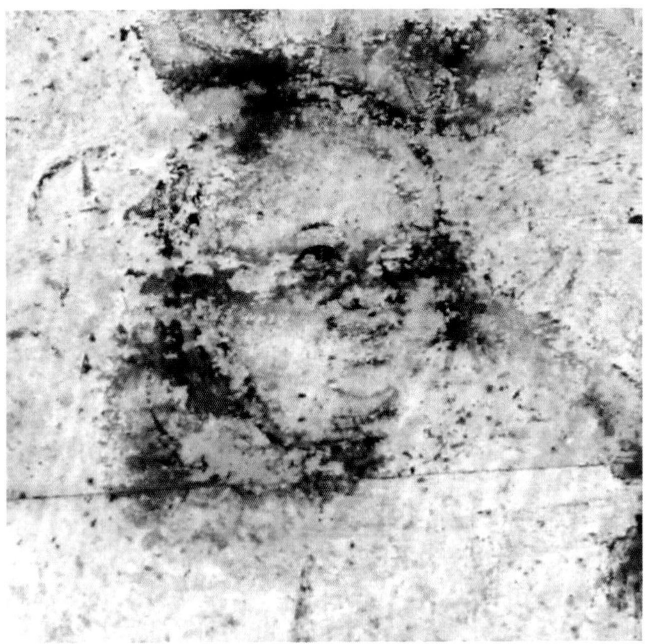

8

9

10

5. 青地活天花，圆鼓子内为五子闹弥勒，
   方鼓子岔口为向中蝙蝠

6. 青地福字活天花

7. 青地山水活天花

8. 青地人物活天花

9. 风景林木活天花

10. 花鸟活天花

11

12

13

14

11. 石上双鸟活天花
12. 陶渊明爱菊
13. 风景
14. 山水

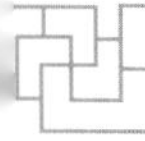

走马板

1

2

3

1. 杏林春燕
2. 墨荷
3. 菊园

4

5

6

7

8

9

10

4. 戏曲人物
5. 异域双人物
6. 仰视人物
7. 狩猎人物，一猎人托弓、一童双肩托鹿
8. 托桃寿星
9. 戏曲人物
10. 草船借箭

11

12

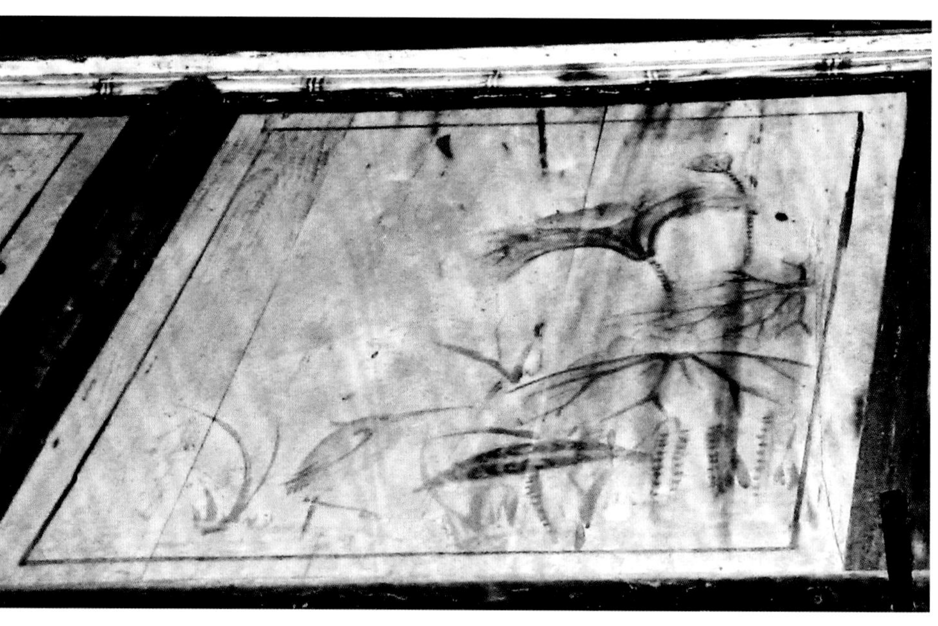
13

11.五老赏画

12.双雀栖枝头

13.一鹭莲科

附录 H　垫栱板

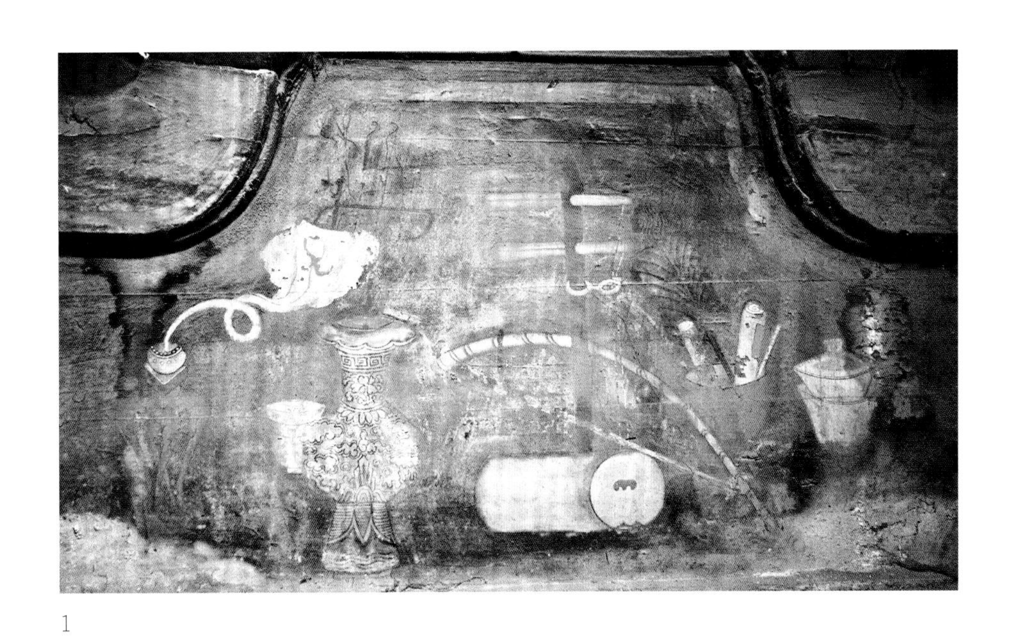

1

2

1. 二胡、瓷瓶插珊瑚、炉烟升红蝠、插卷轴画及翎毛画筒

2. 两尾红金鱼、玻璃瓶插万年青、方形画筒、果盘

3

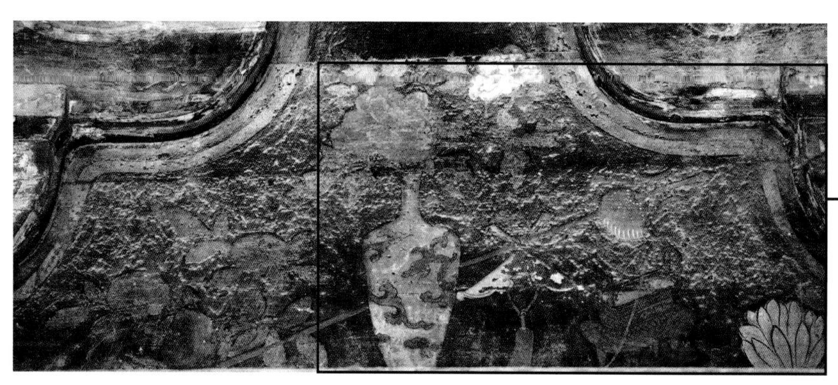

4

3. 瓶插芙蓉、博古器物

4. 瓶插退晕红、紫芙蓉，柿子、戟磬、鼎、兰花

5

6

7

5. 荷瓶插珊瑚、炉升如意烟、石榴、画筒

6. 古人笔桌屏画、瓶插芙蓉、异兽

7. 山水

8

9

10

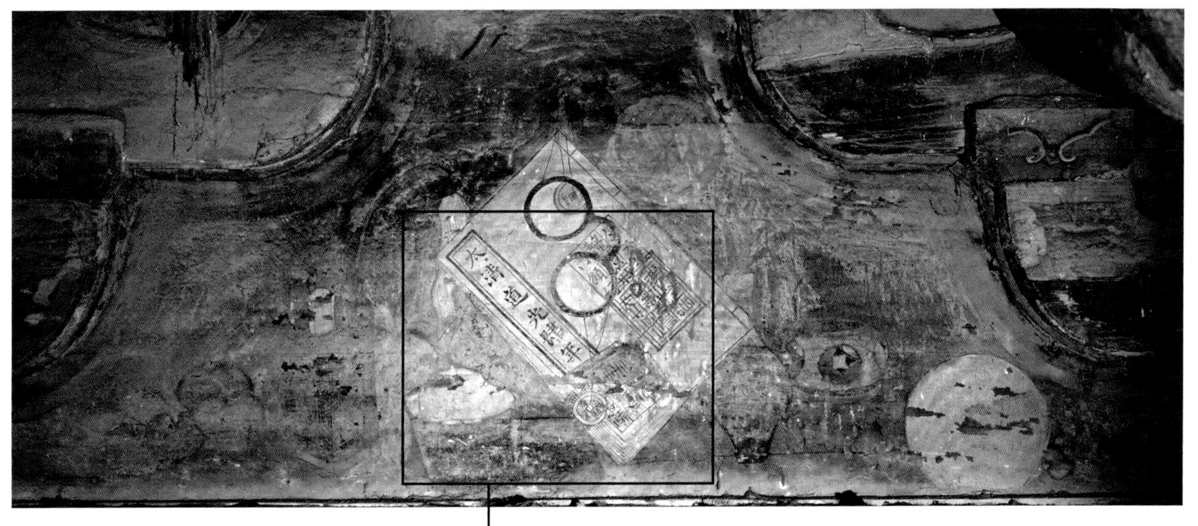

11

8. 果盘、博古、如意、石榴
9. 瓶插万年青、瓶插珊瑚、牡丹折扇、盘长
10. 绿盆栽黄色兰花、牡丹折扇、炉、画筒
11. 道光四年黄历、眼镜、拂尘、瓶插灵芝珊瑚

12

13

14

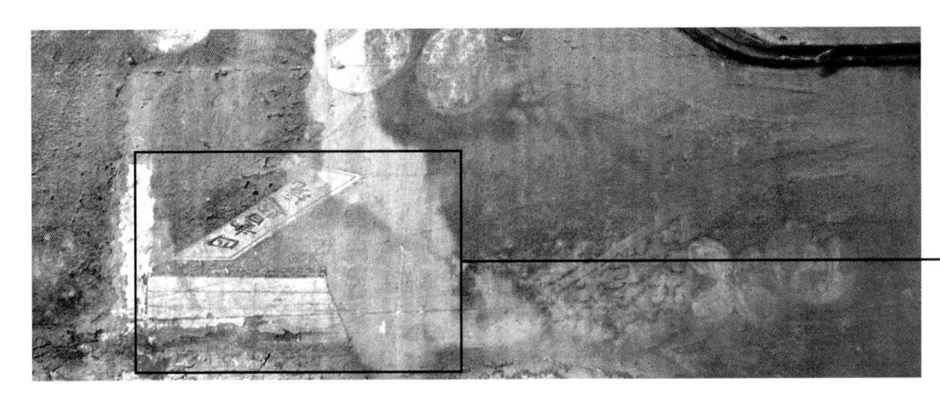

15

16

12. 西瓜果盘、瓶插梅花、如意盘长、香炉
13. 花卉如意柄蒲扇、带枝玉兰、芙蓉、瓶插花卉
14. 桃子、盉、牡丹
15. 《四书题境》、玉兰花朵
16. 一鹭莲科

17

18

17. 鱼跃龙门

18. 清代官员肖像、瓶插万年青、佛手

附录 K　山花彩画

1

2

1. 指画——松

2. 甲申春日竹

3

4

5

6

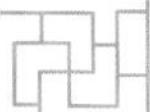

7

8

3. 松下相遇 1
4. 松下相遇 2
5. 琴高乘鲤
6. 骑牛老者
7. 神话人物 1
8. 神话人物 2

9

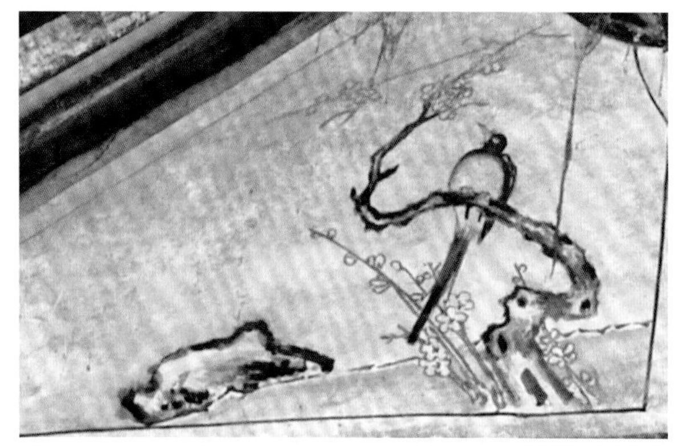

10

11

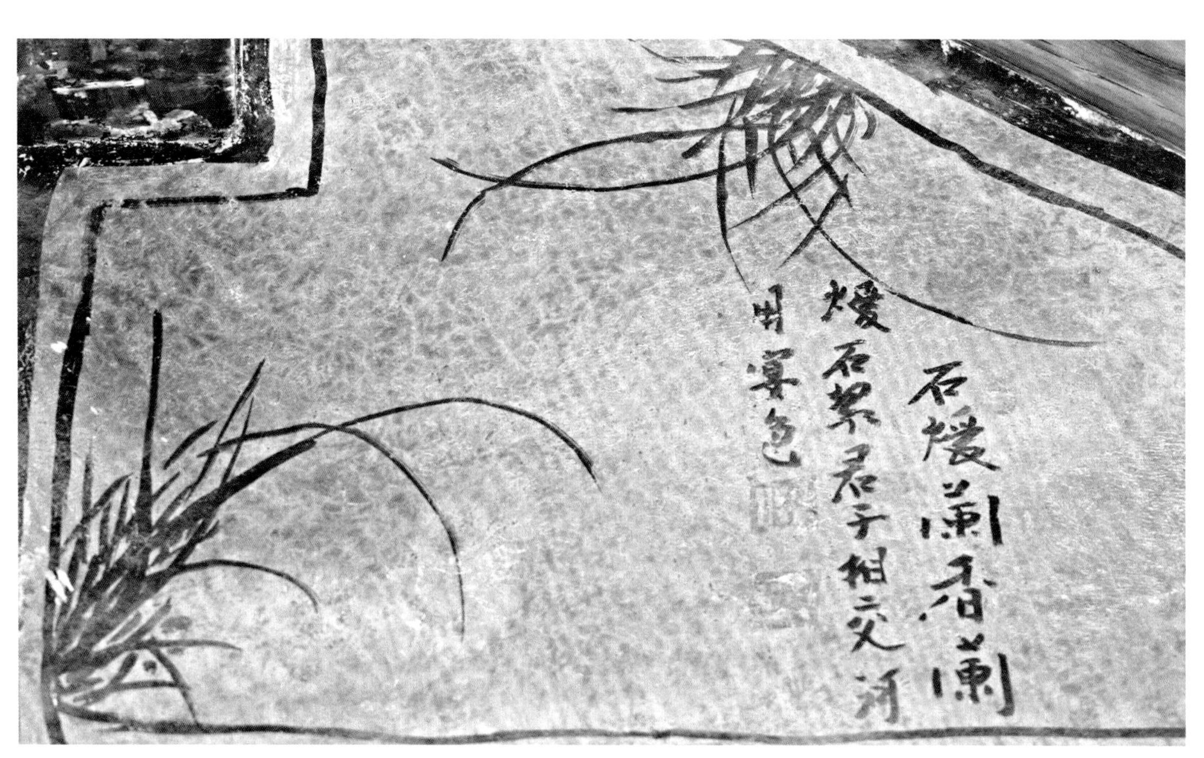

12

13

14

15

9.兰、石上鸟　　13.菊、兰
10.喜上眉梢　　14.兰 1
11.竹上双燕　　15.兰 2
12.君子相交

16

17

16. 湖石、兰、菊

17. 竹

18

19

20

18. 湖石、兰、菊
19. 牧童遥指
20. 杏山

21

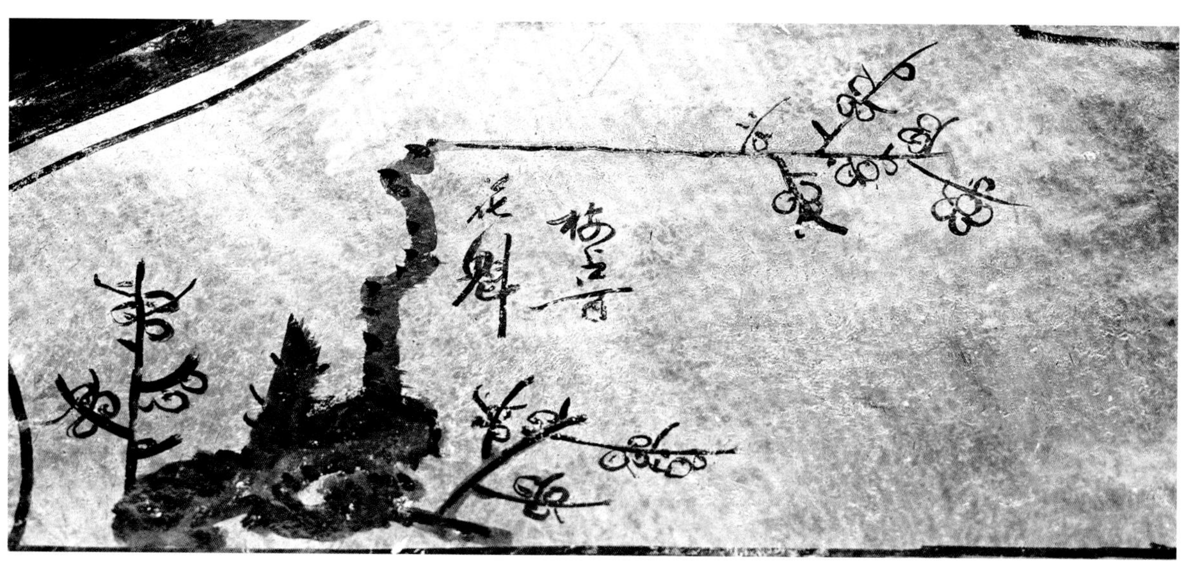

22

23

24

25

26

21.伏石人物

22.梅占百花魁

23.兰花

24.竹

25.菊、兰

26.牡丹

27

28

29

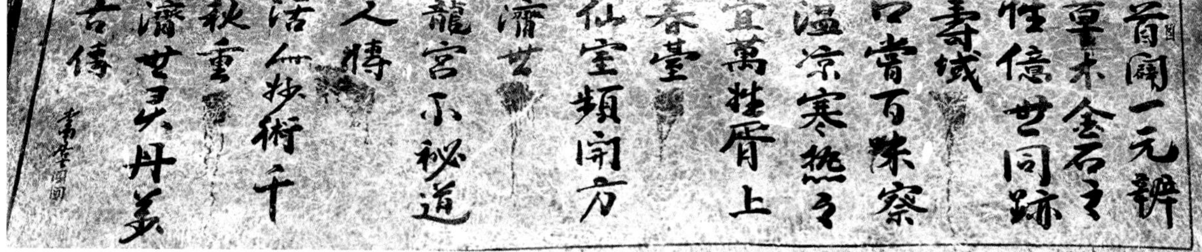

30

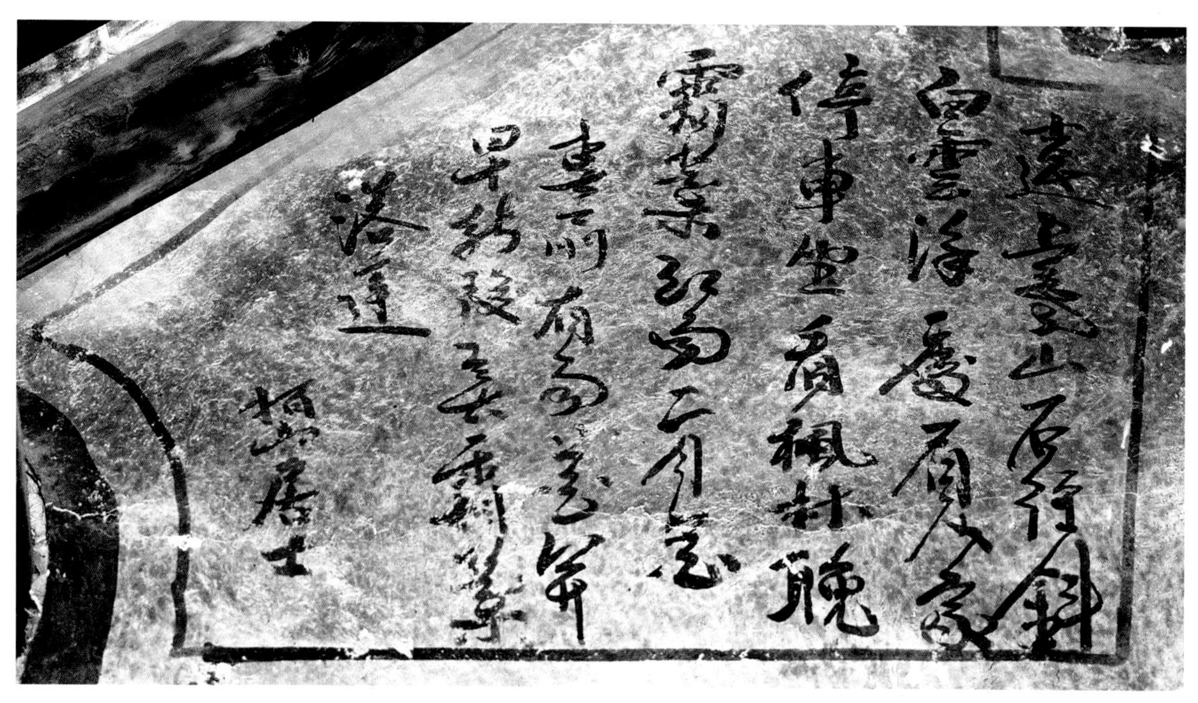

31

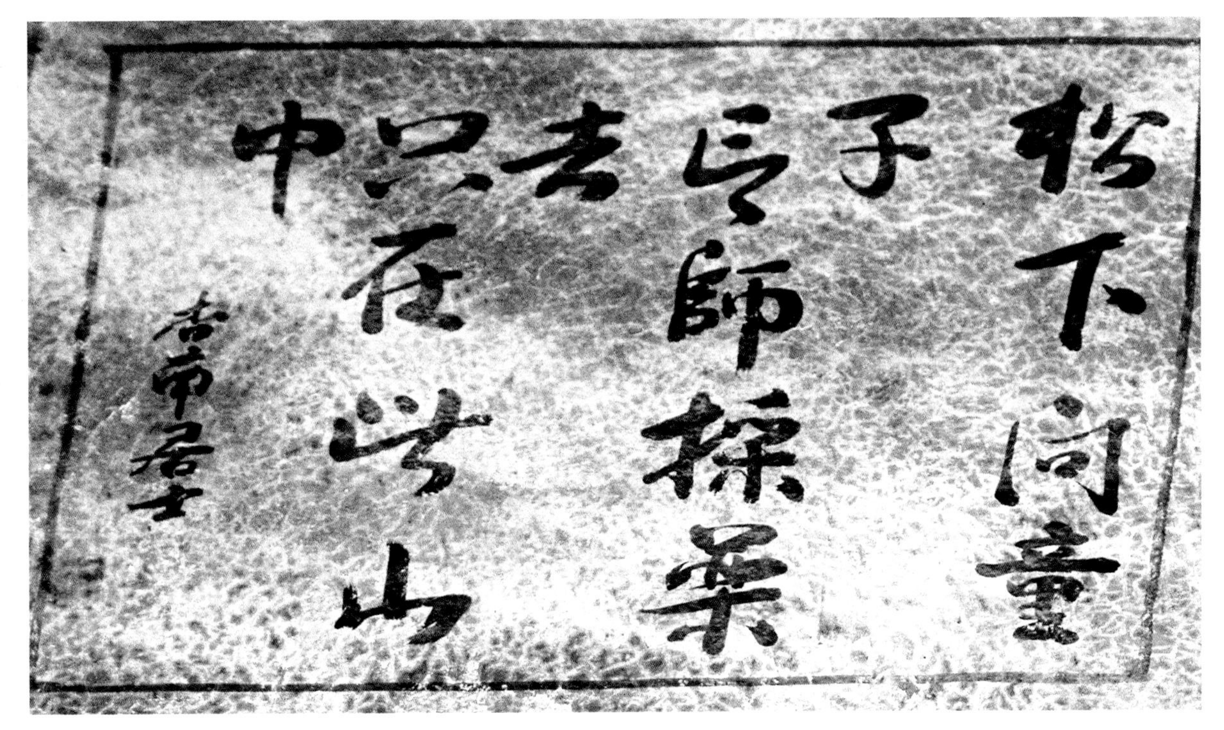

32

27. 风竹

28. 荷

29. 白菜（百财）

30. 中医歌诀

31. 七言古诗《山行》

32. 五言绝句《寻隐者不遇》

参考文献

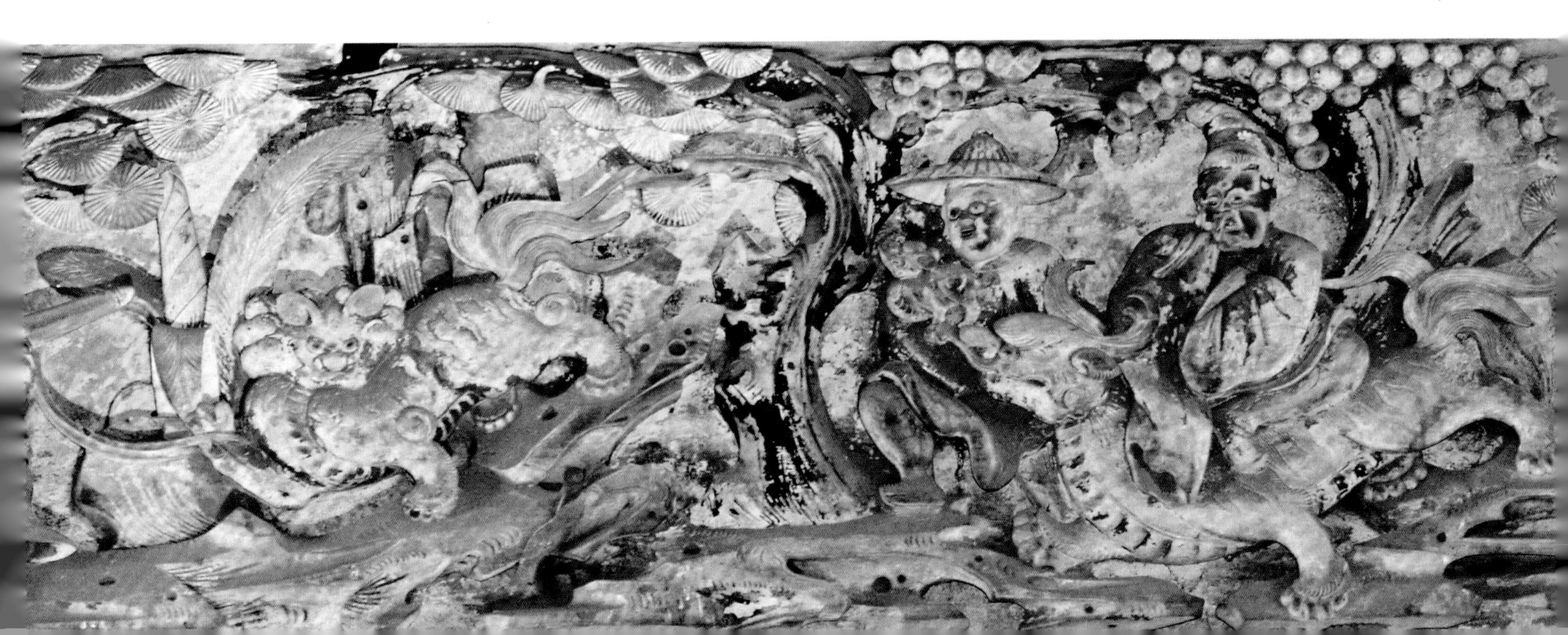

参考文献

[1] 王世襄 . 清代匠作则例 壹 [M] . 郑州：大象出版社 ，2000.
[2] 梁思成 . 清式营造则例 [M] . 北京：中国建筑工业出版社，1981.
[3] 中国营造学社 . 中国营造学社会刊 [M] . 北京：国际文化出版公司，1997.
[4] 王璞子 . 工程做法注释 [M] . 北京：中国建筑工业出版社，1995.
[5] 刘叙杰，郭湖生 . 刘敦桢文集 第三卷 [M] . 北京：中国建筑工业出版社，1987.
[6] 赵尔巽 . 清史稿 [M] . 北京：中华书局，1976.
[7] 孙大章 . 中国古代建筑史・清代建筑 第五卷 [M]，北京：中国建筑工业出版社，2002.
[8] 白寿彝 . 中国通史 第九卷 [M] . 上海：上海人民出版社，1989.
[9] 白寿彝 . 中国通史 第十卷 [M] . 上海：上海人民出版社，1989.
[10] 潘谷西 . 中国古代建筑史・元明建筑 第四卷 [M] . 北京：中国建筑工业出版社，2001.
[11] 何俊寿，王仲杰. 中国建筑彩画图集 [M]. 天津：天津大学出版社，2006.
[12] 蒋广全 . 中国清代官式建筑彩画技术 [M]. 北京：中国建筑工业出版社，2005.
[13] 马瑞田 . 中国古建彩画艺术 [M] . 北京：中国大百科全书出版社，2002.
[14] 边精一 . 中国古建筑油漆彩画 [M]. 北京：中国建筑工业出版社，2007.
[15] 林徽因 . 林徽因讲建筑 [M] . 北京：九州出版社，2005.
[16] 郭黛姮 . 华堂溢采：中国古典建筑内檐装修艺术 [M] . 上海：科学技术出版社，2003.
[17] 侯幼彬 . 中国建筑美学 [M] . 北京：中国建筑工业出版社，2009.
[18] 李允鉌 . 华夏意匠：中国古典建筑设计原理分析 [M] . 香港：广角镜出版社，1984.
[19] 吴庆洲 . 建筑哲理、意匠与文化 [M] . 北京：中国建筑工业出版社，2005.
[20] 马炳坚 . 中国古建筑木作营造技术 [M] . 北京：科学出版社，1991.
[21] 杨焕成. 杨焕成古建筑文集 [M]. 北京：文物出版社，2009.
[22] 国家文物局 . 中国文物地图集：河南分册 [M] . 北京：中国地图出版社，1991.
[23] 河南省文物局 . 河南文化遗产：全国重点文物保护单位 [M] . 北京：文物出版社，2007.
[24] 萧默 . 中国建筑艺术史 [M] . 北京：文物出版社，1999.
[25] 梁思成 . 营造法式注释 [M] . 北京：中国建筑工业出版社，1983.
[26] 刘敦桢 . 中国古代建筑史 [M] . 北京：中国建筑工业出版社，1995.
[27] 郭黛姮 . 中国古代建筑史：宋、辽、金、西夏建筑 [M] . 北京：中国建筑工业版社，2003.

[28] 郑州市文物考古研究所. 郑州宋金壁画墓 [M]. 北京：科学出版社，2005.
[29] 杜启明，张斌远，余小川. 中原文化大典 文物典 建筑卷 [M]. 郑州：中州古籍出版社，2008.
[30] 李路珂. 营造法式彩画研究 [M]. 南京：东南大学出版社，2011.
[31] 苏州博物馆. 太平天国忠王府彩画 [M]. 北京：文物出版社，2010.
[32] 楼庆西. 中国传统建筑装饰 [M]. 北京：中国建筑工业出版社，1999.
[33] 王世襄. 锦灰堆 [M]. 北京：生活·读书·新知三联书店，1999.
[34] 于倬云. 紫禁城建筑研究与保护 [M]. 北京：紫禁城出版社，1995.
[35] 翁同龢纪念馆. 彩衣堂建筑彩画艺术 [M]. 上海：上海科学技术出版社，2007.
[36] 梁思成. 梁思成全集 第七卷 [M]. 北京：中国建筑工业出版社，2001.
[37] 于倬云. 中国宫殿建筑论文集 [C]. 北京：紫禁城出版社，2002.
[38] 杨宝生. 中国建筑彩画粉本 [M]. 北京：中国建筑工业出版社，2018.
[39] 吴山. 中国历代装饰纹样 第四册（辽、金、元、明、清）[M]. 北京：人民美术出版社，1989.
[40] 杨红，王时伟，故宫博物院古建部. 建筑彩画研究 [M]. 天津：天津大学出版社，2016.
[41] 刘致平. 中国建筑类型及结构 [M]. 北京：中国建筑工业出版社，2000.
[42] 纪立芳. 江南建筑彩画研究 [M]. 南京：东南大学出版社，2017.
[43] 崔毅. 山西古建筑装饰图案 [M]. 北京：人民美术出版社，1992.
[44] 宇文洲. 青绿山水画技法 [M]. 北京：人民美术出版社，1998.
[45] 高大伟. 颐和园建筑彩画艺术 [M]. 天津：天津大学出版社，2005.
[46] 王树村. 中国民间美术史 [M]. 广州：岭南美术出版社，2004.
[47] 王兴亚. 明清河南集市庙会会馆 [M]. 郑州：中州古籍出版社，1998.
[48] 楼庆西. 中国古建筑二十讲 [M]. 北京：生活·读书·新知三联书店，2001.
[49] 中国会馆志编纂委员会. 中国会馆志 [M]. 北京：方志出版社，2002.
[50] 王树村. 中国民间画诀 [M]. 北京：北京工艺美术出版社，2003.
[51] 王日根. 中国会馆史 [M]. 上海：东方出版中心，2007.
[52] 陈捷，张昕. 五台山汉藏佛寺彩画研究 [M]. 南京：东南大学出版社，2015.
[53] 陈磊，杨予川. 河南木构建筑彩画：明清卷 [M]. 天津：天津大学出版社，2020.
[54] 王晓珍. 甘肃河湟地区汉藏古建筑彩画研究 [M]. 北京：中国文联出版社，2016.
[55] 王仲杰. 试论元明清三代官式彩画的渊源关系 [M] // 于倬云. 紫禁城建筑研究与保护. 北京：紫禁城出版社，1995.
[56] 吴梅. 营造法式彩画作制度研究和北宋建筑彩画考察 [D]. 南京：东南大学，2004.
[57] 骆平安，李菊芳，王洪瑞. 商业会馆建筑装饰艺术研究 [M]. 开封：河南大学出版社，2011.
[58] 赵立德，赵梦文. 清代古建筑油漆作工艺 [M]. 北京：中国建筑工业出版社，1999.
[59] 楼庆西. 中国古代建筑装饰 [C] // 吴焕加，吕舟. 建筑史研究论文集. 北京：中国建筑工业出版社，1996.
[60] 张昕. 晋系风土建筑彩画研究 [M]. 南京：东南大学出版社，2008.
[61] 赵刚，陈磊. 周口关帝庙 [M]. 郑州：河南文艺出版社，2017.
[62] 王仲杰. 明清官式彩画的保护问题 [C] // 中国紫禁城学会. 中国紫禁城学会论文集 第四辑. 北京：紫禁城出版社，2005.
[63] 王仲杰. 北京城皇城紫禁城城楼彩画配置分析 [C] // 中国紫禁城学会. 中国紫禁城学会论文集

第五辑（上）. 北京：紫禁城出版社，2007.
[64] 吴葱. 旋子彩画探源 [J]. 古建园林技术，2000（4）: 33-36.
[65] 陈磊. 河南文物建筑历史遗存彩画抢救调查（一）: 洛阳山陕会馆的彩画艺术 [N]. 中国文物报，2010-09-10（7）.
[66] 高业京. 隐于僻壤的明代晋系彩画珍品 [J]. 古建园林技术，2009（2）：54-56.
[67] 陈磊. 周口关帝庙建筑彩画艺术研究 [J]. 中原文物，2011（4）：89-92.
[68] 黄成. 明清徽州古建筑彩画艺术研究 [D]. 苏州：苏州大学，2009.
[69] 陈磊. 河南明清时期建筑彩画研究 [D]. 北京：清华大学，2013.
[70] 河南省古代建筑保护研究所，社旗县文化局. 社旗山陕会馆 [M]. 北京：文物出版社，1999.
[71] 许檀. 清代河南、山东等省商人会馆碑刻资料精选辑 [M]. 天津：天津古籍出版社，2013.

后记

看着即将正式刊印的厚厚书稿，我的心中没有丝毫的轻松。十余年前，凭着对古建筑彩画的热爱和一定要保护好彩画的决心，我义无反顾地闯进了古建筑彩画研究领域。至今虽有小成，但离自己的目标尚远。这部专著的内容，也只是自己的浅薄之见，定有不当之处，还请读者不吝指正。

2020 年，《河南木构建筑彩画——明清卷》出版后，我一直在思考，对河南古建筑彩画进行完面上的总体探究后，如何进一步做细、做深、做实。经诸多领导、师友启发，结合河南现存古建筑彩画的实际情况，我选定会馆建筑彩画作为下一步的研究方向。为此，我专门针对会馆建筑做了进一步的现场勘察、复核，完善、丰富了基础材料。“河南会馆建筑彩画调查研究”荣获了河南省社科联调研课题一等奖，“明清时期河南商业会馆建筑群装饰研究”获批 2020 年河南省社会科学规划项目。在这些工作的基础上，经过进一步的田野调查与资料整理，2021 年 11 月，形成了这部书稿，亦算是“河南省社会科学规划项目——明清时期河南商业会馆建筑群装饰研究”的阶段性成果。

在此，首先要感谢院领导，除平时在各方面给予大力支持外，还专门拨出经费用于出版，让我在研究中没有后顾之忧。马萧林院长和老局长杨焕成先生专门为本书作序，给我莫大的鼓励和信心，赵刚副院长在繁忙的工作之余，帮我把关三审稿件。还要感谢我的团队“河南省社会科学规划项目——明清时期河南商业会馆建筑群装饰研究课题组”成员：杨予川、陈晨、丁建杰、王珂、韩青，参与进一步的现场勘察、复核以及照片补拍工作，亓艳芝完成室内资料查找，陈頔、曹凯铭完成图书档案馆藏历史文献资料核对、整理及部分照片的修复处理，丁语、陈晨完成 CAD 图纸的转换处理。最后，要感谢天津大学出版社的郭颖老师认真细致的编辑工作，改正了书中的一些错误，为本书添色不少。

前路漫漫，我一定会继续努力。

陈磊

2021 年 12 月

图书在版编目（CIP）数据

明清时期河南商业会馆建筑群装饰研究：彩画艺术 / 陈磊著．— 天津：天津大学出版社，2021.12
ISBN 978-7-5618-7099-0
Ⅰ．①明… Ⅱ．①陈… Ⅲ．①商业会馆 - 古建筑 - 建筑装饰 - 装饰美术 - 研究 - 河南 - 明清时期 Ⅳ．① TU-092.961
中国版本图书馆 CIP 数据核字（2021）第 277094 号

MINGQING SHIQI HENAN SHANGYE HUIGUAN JIANZHUQUN ZHUANGSHI YANJIU: CAIHUA YISHU

策划编辑　郭　颖
责任编辑　郭　颖
装帧设计　张　鹏

出版发行	天津大学出版社
地　　址	天津市卫津路 92 号天津大学内（邮编：300072）
电　　话	发行部：022-27403647
网　　址	publish.tju.edu.cn
印　　刷	北京华联印刷有限公司
经　　销	全国各地新华书店
开　　本	235mm×302mm
印　　张	19.75
字　　数	312 千
版　　次	2021 年 12 月第 1 版
印　　次	2021 年 12 月第 1 次
定　　价	226.00 元